房屋建筑与市政工程勘察设计及审查常见问题分析与对策

本书编委会　主编

中国建筑工业出版社

图书在版编目（CIP）数据

房屋建筑与市政工程勘察设计及审查常见问题分析与对策/《房屋建筑与市政工程勘察设计及审查常见问题分析与对策》编委会主编. —北京：中国建筑工业出版社，2018.12

ISBN 978-7-112-23046-4

Ⅰ. ①房… Ⅱ. ①房… Ⅲ. ①房屋建筑学②市政工程 Ⅳ. ①TU22②TU99

中国版本图书馆CIP数据核字（2018）第267655号

本书以《河北省房屋建筑和市政基础设施工程施工图设计文件审查要点》为基础，针对设计人员和审图人员经验不足，对设计及审查常见各类问题加以分析，提出解决措施，对规范不明确、不具体的内容给予了具体规定，对快速提高设计、施工图审查等人员的技术水平很有帮助。全书共涉及8个专业，即8章，包括房屋建筑工程建筑专业、房屋建筑工程结构专业、房屋建筑工程给水排水专业、房屋建筑工程暖通专业、房屋建筑工程电气专业、市政工程、防空地下室、岩土工程勘察专业等。

本书可供从事房屋建筑和市政工程相关专业设计、审图等人员学习参考。

责任编辑：王　梅　杨　允
责任校对：芦欣甜

房屋建筑与市政工程勘察设计及审查常见问题分析与对策
本书编委会　主编

*

中国建筑工业出版社出版、发行（北京海淀三里河路9号）
各地新华书店、建筑书店经销
霸州市顺浩图文科技发展有限公司制版
北京建筑工业印刷厂印刷

*

开本：787×1092毫米　1/16　印张：13½　字数：337千字
2018年12月第一版　2019年8月第三次印刷
定价：**40.00**元
ISBN 978-7-112-23046-4
(33095)

《房屋建筑与市政工程勘察设计及审查常见问题分析与对策》编写委员会

主 任 委 员：徐向东

副主任委员：翟佳麟　杨君林　梁金国　王增文

委　　　员：郝贵强　朱　锐　习朝位　王长科　聂庆科　孔令涛　王振宗　赵明发　丛　军　宫海军　周保良　雷志民　刘雅金　张建梅

主　　　编：郝贵强

副　主　编：周保良　雷志民　刘雅金

编 写 人 员：王长科　张树雄　剧元峰　宫海军　褚振宇　史永健　周小可　张学玲　屈卫泉　梁　牧　罗伟会　闫志毅　王　丽　王琴英　李兴华　江培信　李奇斌　张家利　魏　征　苗建忠　谷会英

审 查 人 员：梁金国　习朝位　高明磊　孔令涛　聂庆科　王振宗　赵明发　丛　军　高腾野　关彤军　王胜英　戚广辉　刘晓超

前　　言

近年来，我国经济高速增长，城市建设也进入了快速发展时期。随着房屋建筑和市政基础设施工程数量的日益增多，项目规模越来越大，类型越来越复杂，由此暴露出来的问题也越来越多。究其主要原因：一是部分设计人员和施工图审查人员经验不足、对规范的理解不深不透造成的；二是规范条文内容不明确、不具体问题导致理解不一致，难以形成统一意见。为解决上述问题，河北省住房和城乡建设厅于2003年、2011年、2013年和2014年先后组织编写并修订了《建筑工程勘察设计常见质量问题分析与解决措施》一书，具有较强的针对性和实操性，对提高工程勘察设计及审查质量水平起到了很好的促进作用。

随着工程实践的发展与工程技术的进步，除了国家、行业和地方对设计标准、规范和规程进行适时修订外，业界对工程中常见问题的认识和解决方法也不断更新，同时国家对无障碍设施、光纤到户、充电桩等关乎百姓生活的服务设施也提出了更高标准的要求。为了适应发展并反映这些变化，保障工程勘察设计质量和工程安全，指导工程勘察设计及施工图审查人员全面理解和准确运用国家现行规范与强制性标准，我们组织有关单位和专家及时进行了修编，并确定新书名为《房屋建筑与市政工程勘察设计及审查常见问题分析与对策》，使其与《河北省房屋建筑和市政基础设施工程施工图设计文件审查要点》配套使用。本书总结了历年来国家和我省工程勘察设计质量检查及施工图设计文件审查时发现的常见质量问题，并加以分析，提出对策，对工程勘察设计及施工图审查人员解决实际问题，提高勘察设计质量水平，具有一定的实用价值和指导作用。

本书在编写过程中得到了有关施工图审查机构、工程勘察设计单位的大力支持，参编专家、审查人员反复斟酌付出了辛勤的劳动，在此深表感谢。同时向历年参与《建筑工程勘察设计常见质量问题分析与解决措施》编写、审查的专家致以敬意！

由于编写时间仓促，书中难免有不当之处，如有与国家现行规范、标准相矛盾的，应以国家现行规范、标准为准。同时，也真诚欢迎大家对我们的编写工作提出批评指正，提供有关素材，以便今后修订和更新。

编写委员会

2018年10月29日

目　　录

第1章　房屋建筑工程建筑专业

1.1　总平面设计

【问题1】 设计文件中无总平面图或总平面图内容不全、深度不够。

【分析与对策】 近年来，设计市场出现了建设单位将工程设计分解委托的情况。项目的单体设计委托给一家设计单位，总平面及外网委托给另一家设计单位。致使送审的施工图中无总平面图。没有总平面就无法判定其是否符合规划设计条件要求，是否满足日照、通风、防火、卫生、安全等方面的规定；无法判断其在人流交通组织和生态、环保方面的合理性。因此，不管总平面与单体设计是否为同一家设计单位设计，建设单位应将二者同时送审。

总平面设计深度不够。设计文件中无总平面图设计说明、没有主要技术经济指标、没有指北针、没有图例或图例不规范等；未表达建筑用地保留的地形、地物及四周的原有建筑；有的甚至不标注道路红线、用地范围；一些项目的总平面图只表示了拟建项目的位置示意。总平面建筑定位采用定位坐标的很少，一般采用与参照物相互关系和尺寸定位，且未明确与参照物的方位关系。

解决总平面设计深度问题，首要的是要求设计单位在总平面设计中认真执行《建筑工程设计文件编制深度规定》（2017年版）第4.2.4条的规定，保证总平面设计深度。审图应着重审查以下各点：

（1）保留的地形和地物；

（2）场地四界的测量坐标或定位尺寸，道路红线（或绿地绿线、河道蓝线、文保紫线、航空高度控制线）、建筑控制线、用地红线等的位置；

（3）场地四邻原有建筑及规划道路、绿化带等的位置，以及主要建筑物的位置、名称、层数；

（4）建筑物、构筑物（人防工程、地下车库等隐藏工程以虚线表示）的名称、编号、层数、定位坐标或相互关系尺寸；

（5）广场、停车场、运动场、道路、无障碍设施、排水沟、挡土墙、护坡的定位坐标或相互尺寸。

（6）室外工程管线宜地下敷设，地上架空敷设的管线必须满足消防车通行要求并应符合与建筑物的安全距离要求。工程管线布置应尽量短捷，减少转弯，减少交叉。

【问题2】 总平面设计中竖向设计缺项。

【分析与对策】 工程设计文件中没有竖向布置或内容不全，除完整的居住小区外，一般单项工程设计文件都将竖向布置图与总平面布置图合并。把竖向设计的内容简化到仅标注建筑物室内地坪（±0.00）的设计标高。未标注用地周边市政道路和相邻场地的控制标高；未标明场地排水坡向及其坡度、坡距及路面排水设施。个别设计仍有不确定建筑物的室内地坪标高，标注±0.00的绝对标高由甲方现场定的情况。

基地地面高程应以城市规划确定的控制标高为前提，综合考虑竖向、土方和雨水排除。竖向设计，尤其是建筑室内地坪高程直接影响到结构基础的埋深和设备管线设计，因此审图时要注意对标高设计的审核。对总平面图没有标高的，不允许“施工时现场确定”。设计人员应执行《建筑工程设计文件编制深度规定》（2017年版）第4.2.5条的规定，保证竖向设计不缺项。审图时需重点核查以下关键标高：

（1）场地四邻的道路、水面、地面的关键性标高；

（2）建筑物室内外地面设计标高，地下建筑的顶板面标高及覆盖土高度限制；

（3）道路的设计标高、纵向坡度、坡向及坡距、关键性标高；广场、停车场、运动场地的实际标高，以及院落的控制性标高；

（4）挡土墙、护坡或土坎顶部和底部主要标高及护坡坡度。

【问题3】 总平面定位仅有平面尺寸，不符合规定要求。

【分析与对策】 某些设计图中仅以相邻的某栋建筑为基准，标注了平面尺寸。没有定位坐标，没有建筑±0.000绝对标高的总平面定位图只能确定平面相对位置，不符合规定要求。建筑的±0.000绝对标高未确定是无法施工的总平面定位图。按照《建筑工程设计文件编制深度规定》（2017年版）第4.2.10条规定，当工程设计内容简单时，竖向布置图可与总平面图合并。按此规定，基地地形平坦、设计内容简单的工程在总平面图上加注必要的关键性设计标高就可以满足施工要求时，竖向布置和总平面允许合并为一张图。

【问题4】 建筑退距不满足规划要求。

【分析与对策】 建筑工程设计应以遵守规划设计条件为前提，各设区市城市规划主管部门都颁布了《城市土地使用与建设管理技术规定》，对不同道路红线宽度，两侧不同高度建筑退离道路红线的距离都有控制，工程项目设计前规划局都提出规划设计条件，不应出现违反退距要求建造的问题，但近来不少项目出现违反退距规定的现象。设计单位迁就建设单位，将建筑压线布置，致使地下建筑基础、地上入口平台和台阶均突入道路红线，这将影响到城市人流、车流交通安全、城市空间景观和城市地下管网的敷设。因此，设计审查应把好关，执行《民用建筑设计通则》GB 50352—2005第4.2.1条（强条）规定。

【问题5】 总平面图中汽车停车场与建筑物的防火间距不符合规定要求。

【分析与对策】 总平面图中的汽车停车场，有些设计不注意其与建筑物的防火间距要求，以致造成火灾隐患。《汽车库、修车库、停车场设计防火规范》GB 50067—2014第4.2.1条（强条）规定，停车场与耐火等级一二级、三级、四级的防火间距分别为6m、8m、10m，总平面布置停车场应严格执行规范规定。

【问题6】 幼儿园、中小学校园未形成独立的建筑基地。

【分析与对策】 某些设计总平面只有建筑定位和用地红线，没有室外活动场地布置，没有表示围墙、警卫室等，形不成独立的建筑基地。不符合《托儿所、幼儿园建筑设计规范》JGJ 39—2016 第2.1.1条和《中小学校设计规范》GB 50099—2011 第4.3.1条规定。设计和审查中应认真执行规范规定，完善总平面设计内容，形成完整独立的建筑基地。

1.2　建筑设计深度和基本规定

【问题1】 单体工程建筑设计深度不够、内容不全。

【分析与对策】 单体工程施工图设计深度不够、内容不全主要表现在以下方面：

（1）设计总说明内容不全、过于简单。没有按《建筑工程设计文件编制深度规定》（2017年版）第4.3.3条的要求分项编写。设计依据中未列设计依据性的文件名称和文号，设计依据的主要标准规范不全且有已废止的版本。因此施工图审查中应关注设计依据性文件和标准、规范的内容是否齐全、正确，是否为有效版本。项目概况中只列建筑面积指标、建筑层数和建筑高度，而对建筑物使用年限、建筑耐火等级、建筑屋面防水等级、地下室防水等级等内容未作表述。这些内容都是根据不同的建筑类别、建筑重要性以及建筑使用要求确定的。不同的等级标准，其相应的工程做法也不尽相同。这些内容不明确，将无法判断采用的工程做法是否满足要求。

（2）建筑各主要部分的工程做法、室内外装修做法交代不清或过于简单。工程做法是建筑施工的依据，应当具体、准确，没有歧义。有的工程设计、工程做法叙述过于简单，如装修做法仅写为“涂料墙面”“面砖墙面”“水泥地面”等；或者“见某某图集”“参照某某图集”等。工程施工时无法了解设计人的设计要求，不确定的做法给施工造成困难。

（3）平、立、剖面图中应当包含的内容不全，缺少详图。由于图纸所含内容不全面，有漏项，不能清晰反映工程设计的全部内涵；不能准确反映建筑物的平面关系、空间关系。这不仅给准确指导施工带来麻烦，而且对判断设计文件是否满足规范（特别是有关安全防护、防火、防水等方面）要求带来困难。

因此，应按《建筑工程设计文件编制深度规定》（2017年版）有关规定，切实在施工图设计中贯彻执行，使设计文件满足深度要求。

【问题2】 设计说明项目概况中未列出建筑基底面积指标。

【分析与对策】《建筑工程设计文件编制深度规定》（2017年版）第4.3.3条规定，设计说明项目概况中要求列明建筑面积、建筑基底面积等指标。但工程施工图中常缺少建筑基底面积指标。这项指标是办理工程建设项目各种手续，填写有关表格不可缺少的指标，不可遗漏。

也有些工程项目用占地面积替代建筑基底面积，以为建筑占地面积就是建筑基底面积，其实二者是不同的。建筑基底面积是指建筑物底层勒脚以上外围水平投影面积，建筑占地面积指建筑基底占地及其四周合理间距内的用地。

【问题3】 托幼、中小学建筑楼梯井净宽大于0.11m时，楼梯栏杆扶手未采取防止攀滑的安全防护措施。

【分析与对策】 托幼、中小学建筑的楼梯设计，有时出现楼梯井大于0.11m的情况，这对儿童的安全十分不利。为了保护少年儿童的安全，防止从楼梯井跌落，《中小学校设计规范》GB 50099—2011 第 8.7.5 条规定：楼梯井净宽不得大于 0.11m，大于 0.11m 时，应采取有效的安全防护措施。

【问题 4】 楼梯踏步高度、宽度与建筑类型要求不符。

【分析与对策】 有些设计存在按规范最低标准设计的现象。不仅住宅设计为减少公摊面积，千方百计压缩公共面积，认准楼梯踏步 260mm 宽、175mm 高，公共建筑也将楼梯踏步宽度按 260mm 设计，甚至将养老院的楼梯踏步也设计为 260mm 宽。这都不符合规范要求。

楼梯设计应满足《民用建筑设计通则》GB 50352—2005 第 6.7.10 条和相应专项规范的规定要求。

【问题 5】 民用建筑内的变配电室上、下方为居住、办公用房，未做屏蔽和隔声降噪处理。

【分析与对策】 民用建筑设计中，常把变配电室布置在地下一层或一层，变配电室内的变配电设备运行中产生电磁辐射和噪声，对人的健康造成不利影响。因此，《民用建筑设计通则》GB 50352—2005 第 8.3.1 条规定：当变配电室正上方、正下方为住宅、客房、办公室、教室等场所时，变配电室应做屏蔽和隔声降噪处理。此项规定虽然未列入强条，但因关乎人们身心健康，应引起足够的重视。

【问题 6】 公共建筑的公用厕所，男女厕位比例不当。

【分析与对策】 在公共建筑的公用厕所设计中存在女厕位偏少的情况。建筑中卫生设备的配置，因各类建筑使用性质不同，各专项规范都有规定，应按各专项建筑设计规范的规定执行。

1.3 各类建筑专门设计

【问题 1】 住宅建筑无直接采光的餐厅、过厅使用面积超过 $10m^2$。

【分析与对策】 在一些大进深住宅设计中，常出现使用面积大于 $10m^2$ 的暗厅（餐厅或过厅）。按规范规定，起居厅以外的过厅或餐厅可以无直接采光，但其面积不能太大，否则会降低该空间的使用效果及居住标准，或不得不开灯而增加能耗，违背了节能国策。因此，在住宅方案设计中，应贯彻《住宅设计规范》GB 50096—2011 第 5.2.4 条规定，控制暗厅的使用面积，使其不大于 $10m^2$。

【问题 2】 住宅建筑套内通往卧室的过道净宽小于 1.00m。

【分析与对策】 住宅的套型平面常见南北两间卧室之间布置卫生间或储藏室，设计为扩大卫生间或储藏室的宽度常将两个卧室间的过道宽度压得很窄，甚至只剩门洞的宽度。过道过窄给搬运大型家具造成困难。因而《住宅设计规范》GB 50096—2011 第 5.7.1 条规定，“通往卧室、起居室（厅）的过道净宽不应小于1.00m”。

【问题3】 12层及以上的住宅建筑所设担架电梯井道深度不符合要求。

【分析与对策】 “冀建质［2012］699号文”规定了担架电梯轿厢深度不得小于1.8m，对井道尺寸没有作规定，工程设计中的可容担架电梯井道很不统一，井道深度大多为2200mm或2300mm，个别的净深只有2000mm，这是不可能满足要求的。可容担架电梯的井道尺寸，应以电梯厂家提供的土建条件为准。国标13J404图集中入选的铃木电梯（中国）有限公司的担架电梯是一种主轿厢后部带尾箱的担架电梯，是现有担架电梯中的经济型，其载重800kg的电梯井道净宽为2150mm、净深2250mm。工程设计中的电梯井道深度、宽度应严格按电梯厂家提供的土建条件设计，不能主观臆断或凭感觉设计。设计和审图人员参加项目竣工验收时应对担架电梯的有关指标进行核查。

【问题4】 住宅建筑中电梯紧邻卧室布置不符合规范规定。

【分析与对策】 住宅卧室是最需要安静的地方，而电梯机房设备产生的噪声、电梯井道内产生的振动、共振和撞击声对住户的干扰很大，为保证卧室有个安静环境，《住宅设计规范》GB 50096—2011第6.4.7条（强条）规定“电梯不应紧邻卧室布置”。考虑到我国中小套型住宅建设的实际情况，在设计由兼起居的卧室、厨房和卫生间组成的最小套型时，当受条件限制，电梯不得不紧邻兼起居的卧室布置时，可以尽量将起居空间部分与电梯相邻并采取双层分户墙或同等隔声效果的构造措施。

施工图审查中，发现有将紧邻电梯的房间标为书房的，这是有意识地回避规范规定的不妥做法。在《住宅设计规范》中考虑住房现状，没有提出设书房的要求，只是家庭人口少，住房宽裕的家庭才将其中的一间卧室作书房使用。从使用要求讲，书房对环境安静的要求并不比卧室低，设计时应按卧室的要求来对待。书房也不能直接紧邻电梯布置，可在其间以储藏间等次要房间隔开。

【问题5】 住宅建筑向凹口天井开窗的卧室，开窗面积不满足采光要求。

【分析与对策】 建筑进深较大的单元住宅，为解决布置在中部的卧室采光，平面布置时设凹口天井，用卧室向凹口天井内开窗的办法解决卧室采光。由于凹口过窄（有采用凹口天井两侧墙开间尺寸900的），致使开向其内的窗户面积达不到《住宅设计规范》GB 50096—2011第7.1.5条（强条）规定的“窗地面积比不低于1/7”的要求。解决这一问题的唯一办法是加大凹口宽度，使向凹口内开窗房间的采光窗洞口面积达到要求。

【问题6】 在托儿所、幼儿园建筑设计说明及装修做法中没有明确交代室内墙角、窗台、暖气罩、窗口竖边等阳角部位做成圆角。

【分析与对策】 幼儿活泼好动，喜欢玩耍或相互打闹。但幼儿的自我控制能力较弱，加上皮肤娇嫩，如果在其经常活动区域有较硬的棱角存在，容易使幼儿擦伤。故《托儿所、幼儿园建筑设计规范》JGJ 39—2016第4.1.10条规定：“墙角、窗台、暖气罩、窗口竖边等阳角处应做成圆角。”

【问题7】 托儿所、幼儿园建筑的外门未设门斗。

【分析与对策】《托儿所、幼儿园建筑设计规范》JGJ 39—2016 第 4.1.7 规定："严寒和寒冷地区托儿所、幼儿园建筑的外门应设门斗"。河北省地处严寒、寒冷地区，为防止冬季寒风袭入，托儿所、幼儿园建筑的主要出入应设门斗。

【问题 8】 托儿所、幼儿园建筑的活动室、寝室设单扇门不符合规范规定。

【分析与对策】 在幼儿园建筑设计中，有将幼儿活动室、寝室的门设为单扇门的情况，单扇门门扇重，儿童开启困难。针对儿童的特点，《托儿所、幼儿园建筑设计规范》JGJ 39-2016 第 4.1.6 条规定："活动室、寝室、多功能活动室等幼儿使用的房间应设双扇平开门，门净宽不应小于 1.20m"。活动室、寝室设单扇门不符合规定。

【问题 9】 托儿所、幼儿园建筑的楼梯及扶手的设计不满足规范要求。

【分析与对策】 托儿所、幼儿园建筑的楼梯及扶手，除了要满足《民用建筑设计通则》GB 50352—2005 要求外，还要符合《托儿所、幼儿园建筑设计规范》JGJ 39—2016 第 4.1.11 条、第 4.1.12 条对楼梯踏步高度、宽度及栏杆间距等规定，特别是对托儿所、幼儿园的楼梯除设成人扶手外，还应在梯段两侧设幼儿扶手，其高度不应大于 0.60m。

【问题 10】 中小学校普通教室和专用教室的朝向不满足要求。

【分析与对策】 中小学校普通教室和专用教室的设计应重视其使用功能要求，合理安排建筑朝向，解决好日照、采光和通风。平面布置时应特别注意有朝向要求的专用教室安排。审图中常见到将美术教室布置在南向，将小学的科学教室、中学的生物教室布置在北向的情况。美术教室上写生课要求光源稳定，避免直射阳光，因而《中小学校设计规范》GB 50099—2011 第 5.7.3 条规定"美术教室应有良好的北向天然采光"。小学的科学教室，须满足学生观察植物生长过程，有植物培养和放置盆栽的要求，中学的生物实验室也有植物培养的要求，故《中小学校设计规范》GB 50099—2011 第 5.3.4 条和第 5.3.19 条都有"冬季需获得直射阳光"的规定，设计应满足规范的要求。

【问题 11】 中小学校教室前端侧窗窗端墙的长度小于 1.00m。

【分析与对策】 中小学校教室的侧窗，设计人习惯于按开间居中设窗，致使教室前端的窗端墙过短，造成教室黑板出现眩光、影响教学效果。为避免黑板眩光，《中小学校设计规范》GB 50099—2011 第 5.1.8 条规定：各教室前端侧窗窗端墙的长度不应小于 1.00m。该规定在教室设计时应该做到。

【问题 12】 中小学校教学用房的开启门扇影响走道疏散问题。

【分析与对策】《中小学校设计规范》GB 50099—2011 已实施多年了，至今仍有教室的门是向内开的，也有个别设计虽将教室门外开了，但门扇开启后挤占疏散通道，未贯彻《中小学校设计规范》GB 50099—2011 第 8.1.8 条"各教学用房的门均应向疏散方向开启，开启的门扇不得挤占走道的疏散通道"的规定。究其原因主要是没有很好地学习规范，对中小学校的安全重视不够。中国建筑标准设计研究院编制了 11J934-1、11J934-2 两本图集，对规范条文作了图示。为各类教学用房和场地布置提供了平面尺寸、技术要求和常见做法，为设计人员设计中小学提供了有益的参考。

【问题 13】 中小学校校园主要出入口未设置缓冲场地。

【分析与对策】 “压红线建房”“寸土不让”已成为业主们的建设原则，尤其是县城的建设项目，建设单位都这样要求。反映到学校的校园出入口设计，传达室、大门也多是与围墙取平，门前不留缓冲场地。这种做法对学生的安全十分不利。学生进校和放学时的拥堵情况是大家亲历目睹的，校门口人流、车流交叉对学生安全是严重的威胁，有时还会影响到市政交通。校门前退让出一定的缓冲距离是重要的安全措施。因此《中小学校设计规范》GB 50099—2011 第 8.3.2 条规定：“中小学校校园出入口应与市政交通衔接，但不应直接与城市主干道连接，校园主要出入口应设置缓冲场地。”

【问题 14】 中小学校临空部位的防护栏杆承受最小水平推力不符合规范要求。

【分析与对策】 中小学校建筑楼梯、外廊、平台、阳台等临空部位的防护栏杆多选用标准图集中的构造做法，河北省 12J8 图集中的楼梯栏杆分三类，其中一、二类栏杆的水平推力都是按 1.00kN/m 设计的，不符合《中小学校设计规范》GB 50099—2011 第 8.1.6 条（强条）“防护栏杆最薄弱处承受的最小水平推力应不小于 1.5kN/m”的规定，三类栏杆是适用于中小学校的。设计选用防护栏杆时一定要注意栏杆的类型，切不可只看形式随意索引，错选了栏杆类型，则栏杆承受水平推力可能不符合规范要求，难以保证使用安全。安全事大不容忽视。

【问题 15】 综合建筑内设置的电影院交通疏散问题。

【分析与对策】 随着社会的发展，各地都出现了在商厦、市场等商业综合建筑内设置多厅电影院的模式。这种建筑模式，可以利用这些建筑中的餐饮、购物、休闲的各种设施，并且可以相互促进各自的使用效率，从而获得更好的经济效益。但电影院观众的交通和安全疏散，往往存在一些问题。因此，在设计中应遵守《电影院建筑设计规范》JGJ 58—2008 第 3.2.7 条（强条），“综合建筑内设置的电影院应设置在独立的竖向交通附近，并有人员集散空间；应有单独出入口通向室外，并应设置明显标识”的规定。观众除了从商场内部出入外，还应有至地面的单独出口，并设有电梯，以提高电影院专用疏散通行能力，解决晚场电影在商场停止营业后的交通疏散和在非正常情况下的安全疏散问题。

【问题 16】 综合医院放射科的防护未按规范要求设计。

【分析与对策】 综合医院中，放射科的诊断室、治疗师所使用的设备，工作时会发生各种射线，为避免相邻房间人员长期受到这些射线影响，产生对人体不利的后果，《综合医院建筑设计规范》GB 51039—2014 第 5.8 节、第 5.10 节规定了医院放射科设计要求。设计时要充分了解所用设备的性能要求、放射当量等情况，并按照有关防护的专门规定进行设计，不能等同于普通的室内装修设计。

【问题 17】 医院建筑设计中，对医院楼梯及垂直交通部分的设计不满足医院建筑的特殊要求。

【分析与对策】 由于医院建筑的使用者多为体弱者或者患者，故医院建筑对楼梯及垂直交通有一些和一般民用建筑不同的要求。《综合医院建筑设计规范》GB 51039—2014 第5.1.4、第5.1.5条对医院建筑中电梯、楼梯设置要求做出了具体规定，设计时应充分注意这些规定与其他建筑的不同处。

【问题 18】 在饮食建筑设计中，对厨房、加工间重视不够。没有进行具体布置，或布置不合理，不符合厨房加工流程、安全卫生等要求。

【分析与对策】《饮食建筑设计标准》JGJ 64—2017 第4.3.3条（强条）对饮食建筑的厨房、加工间设计规定："厨房区域应按原料进入、原料处理、主食加工、副食加工、备餐、成品供应、餐用具洗涤消毒及存放的工艺流程合理布局，食品加工处理流程应为生进熟出单一流向"。其中，"冷食间"由于卫生要求尤为严格，规范条文还作了进一步的具体规定。但在一些设计中，出现厨房部分未做任何布置，或者其布置工艺流程不合理，没有做到原料与成品分开、生食与熟食分开以及冷食制作间等不符合规范要求的情况。设计时应引起足够重视，按规范规定认真执行。

【问题 19】 图书馆、博物馆建筑防火设计中防火分区的划分不符合规范规定。

【分析与对策】 在建筑防火设计中，如何划防火分区是一项重要内容，《建筑设计防火规范》GB 50016—2014（2018年版）第5.3节对民用建筑的防火分区作了相关规定。但在部分特殊功能的建筑中，相关专门规范对其防火分区另有规定，例如，《图书馆建筑设计规范》JGJ 38—2015 第6.2.2条、6.2.3条、6.2.4条对图书馆建筑中各类书库、阅览空间等的防火分区划分有专门规定；《博物馆建筑设计规范》JGJ 66—2015 第7.2.8条对博物馆藏品库区的防火分区面积有专门规定等。在此类建筑设计时，应认真执行这些专门规定。

【问题 20】 商店营业部分的公用楼梯梯段宽度不符合规范规定。

【分析与对策】 在综合楼下的商店设计中，常有设计人员认为商店规模不大，经疏散宽度计算所需楼梯总宽度＜2.40m，设两部梯段宽度1.20m的楼梯已满足疏散计算的宽度要求。设计忽视了商业建筑人员密集，且手中都提有物品的使用特点，不符合《商店建筑设计规范》JGJ 48—2014 第4.1.6条"楼梯梯段最小净宽1.40m"的规定。

【问题 21】 地下汽车库地面出入口距城市道路红线或基地道路红线过近，未设置减速安全设施。

【分析与对策】 地下汽车库出入口设置应符合《民用建筑设计通则》GB 50352—2005 第5.2.4条的要求："地下车库出入口与道路垂直时，出入口与道路红线应保持不小于7.5m安全距离；地下车库出入口与道路平行时，应经不小于7.5m长的缓冲车道汇入基地道路"。有些小区地下车库汽车坡道的地面出入口直接通向城市道路，距城市道路红线小于7.5m，不满足《民用建筑设计通则》GB 50352—2005 的规定，这将影响到行人和车行的安全。同样，建筑基地内地下车库的出入口与基地道路的关系，也应满足不小于7.5m的安全距离。

机动车库基地出入口车流集中，容易发生交通事故，为保障基地出入口的通行安全，《车库建筑设计规范》JGJ 100—2015 第 3.1.7（强条）规定：机动车库基地出入口应设置减速安全设施。

【问题 22】 新建的二、三层养老院未设电梯。

【分析与对策】 随着我国人口老龄化的发展，养老服务机构建设项目增多。一些民办的养老机构建设，由于资金方面的原因，建二、三层的楼房不设电梯的情况时有发生，这是不符合《老年人照料设施建筑设计标准》JGJ 450—2018 第 5.6.4 条（强条）的规定。考虑到老年人由于身体机能的衰退，往往无法承受步行上下楼梯的运动量及生理反应，同时还考虑使用轮椅老人上下楼的安全与方便。因此，规范规定“二层及以上楼层、地下室、半地下室设置老年人用房时应设电梯，电梯应为无障碍电梯，且至少 1 台能容纳担架。”

【问题 23】 落地玻璃门、窗处忽略安全防护问题。

【分析与对策】 在设计落地玻璃门、窗时，仅注意到玻璃应采用“安全玻璃”，而忽略了其他防护。应按《建筑玻璃应用技术规程》JGJ 113—2015 第 7.3.1 条、第 7.3.2 条规定采取警示保护措施和防碰撞设施。

1.4　建筑专项设计

【问题 1】 无障碍设计的深度不够、内容不全，说明中没有无障碍专项说明。

【分析与对策】 实施无障碍设计已近 20 年了，但有的设计和审图人员还没有对无障碍设计给予足够重视，以人为本、保障残疾人权益、创造高品质无障碍设施的意识不强。住宅建筑未按要求设置无障碍住房；建筑物和道路系统无障碍设计的部位不全面、做法不到位；缺少无障碍标识系统的现象时有发生。为此，设计应针对不同建筑和场所类型，分析归纳出无障碍设计的部位，并在设计说明中单独成篇逐条列出，在图纸中一一落实互相对应。

【问题 2】 平坡出入口地面坡度大于规范规定。

【分析与对策】 近年来商业建筑为方便顾客，出现了平坡式出入口的设计。但有的设计地面坡度偏大，不符合《无障碍设计规范》GB 50763—2012 第 3.3.3 条“平坡出入口的地面坡度不应大于 1∶20”的规定。既要做平坡出入口就要符合规范要求。还有以汽车坡道兼无障碍坡道的情况。

【问题 3】 住宅设计中入口坡道分段设置，其中一段放在楼梯段下面，不能满足供轮椅通行的走道和通道净宽不应小于 1.20m 的要求。

【分析与对策】 “供轮椅通行的走道和通道净宽不应小于 1.20m”是《住宅设计规范》GB 50096—2012 第 6.6.4 条（强条）规定，也是《无障碍设计规范》GB 50763—2012 第 3.5.1 条规定的室内走道最小净宽的限值。为保证走道和通道净宽不小于 1.20m，应从门厅另辟通道，不经过楼梯间。

【问题 4】 建筑入口平台深度不满足要求。

【分析与对策】 建筑入口平台深度经常设计为 1.50m，而且外开门直接开向平台。由于外门开启后占去了平台一部分，影响轮椅通行，《无障碍设计规范》GB 50096—2012 第 3.3.2 条第 4 款规定，“在门完全开启的状态下，建筑物无障碍出入口的平台的净深度不应小于 1.50m”。

【问题 5】 设有无障碍坡道的建筑入口的门不符合轮椅通行要求。

【分析与对策】 设有无障碍坡道的建筑入口，应保证残疾人的无障碍通行。但门的设计往往不符合无障碍通行的要求，如：设计采用弹簧门、旋转门；采用平开门但门把手位置不当或设有门槛；门内外空间局促不满足轮椅回转要求等。为保障无障碍通行条件，门的无障碍设计应符合《无障碍设计规范》GB 50096—2012 第 3.5.3 条的有关规定。

【问题 6】 地下室迎水面主体结构未采用防水混凝土。

【分析与对策】 混凝土自防水结构作为工程主体的防水措施，《地下工程防水技术规范》GB 50108—2008 第 4.1 节有明确规定要求。有些设计项目没有明确地下室的防水等级和防水混凝土的抗渗等级，给审图和施工造成困难。建筑专业在设计说明中应标明地下室的防水等级和防水混凝土的抗渗等级，并分别符合《地下工程防水技术规范》GB 50108—2008 第 3.2 节和第 4.1 节的有关规定要求。

【问题 7】 地下室的卷材防水层铺设不交圈。

【分析与对策】 有的设计未在防水混凝土底板下做卷材防水。认为地下室外墙的卷材防水是防地表水。地下水位较深时，底板有一道防水混凝土自防水即可，再做卷材防水是浪费，这种说法不正确。底板下不做卷材防水，防水层不交圈，水就会通过底板渗漏。《地下工程防水技术规范》GB 50108—2008 第 4.3.3 条规定：“卷材防水用于建筑物地下室时，应铺设在结构底板垫层至墙体防水设防高度的结构基面上；用于单建式的地下工程时，应从结构底板垫层铺设至顶板基面，并应在外围形成封闭的防水层”。

【问题 8】 涂料防水层的防水质量如何控制?

【分析与对策】 近年来涂料防水在工程中应用较多，特别是水泥基渗透结晶型防水涂料用得更多。从应用情况看，反映了不少问题。一是涂层厚度不好控制，二是单位用量与抗渗透性的关系，再加上这类材料目前市场比较混乱，产品质量良莠不齐，严重影响工程的防水质量。水泥基渗透结晶型防水涂料中的活性成分拥有量是一定的，想要得到更多的生成物堵塞混凝土结构的毛细孔隙，必须有一定的厚度及单位面积用量。所以，设计采用时，一定要严格规定其涂层厚度及其用量。按《地下工程防水技术规范》GB 50108—2008 第 4.4.6 条规定：“掺外加剂、掺合料的水泥基防水涂料厚度不得小于 3.0mm；水泥基渗透结晶型防水涂料的用量不应小于 1.5kg/m^2，涂层厚度不应小于 1.0mm；有机防水涂料的厚度不得小于 1.2mm。采用其他的防水涂料时都应满足规范规定的相应厚度及单位用量。”

【问题9】 建筑屋面的防水等级与建筑类别及其重要性不匹配。

【分析与对策】 工程设计中，屋面防水等级的确定受低标准观念的影响比较严重。有些设计人员不管设计项目的建筑类别、重要程度、使用功能要求，屋面的防水等级一律按Ⅱ级，这不符合《屋面工程技术规范》GB 50345—2012第3.0.5条（强条）规定。重要的公共建筑和高层建筑的防水等级应为Ⅰ级，按两道防水设防；一般建筑的防水等级为Ⅱ级，一道防水设防；对于防水有特殊要求的屋面，应进行专项防水设计。屋面防水等级的确定，应符合规定要求。

【问题10】 建筑屋面防水设计中如何理解“一道防水”的概念？

【分析与对策】 所谓一道防水设防，是指具有单独防水能力的一道防水层。符合《屋面工程技术规范》GB 50345—2012第4.5.5条、第4.5.6条规定的最小厚度的防水层都是一道防水设防。上人屋面的细石混凝土虽有一定的防水性能，但不能作为一道防水设防。为正确理解“一道防水设防”的概念，《屋面工程技术规范》GB 50345—2012第4.5.8条规定下列情况不得作为屋面的一道防水设防：

（1）混凝土结构层；

（2）Ⅰ型喷涂硬泡聚氨酯保温层；

（3）装饰瓦及不搭接瓦；

（4）隔气层；

（5）细石混凝土层；

（6）卷材或涂膜厚度不符合本规范规定的防水层。

【问题11】 种植屋面的防水层不符合耐根刺要求。

【分析与对策】《种植屋面工程技术规程》JGJ 155—2013第5.1.7条（强条）规定，种植屋面防水层应满足Ⅰ级防水等级设防要求，且必须至少设置一道具有耐根刺功能的防水材料。耐根刺防水材料品种较多，改性沥青防水卷材是常用材料。《规程》第4.3.1条规定改性沥青耐根刺防水卷材的厚度不应小于4.0mm。所以，设计采用一道3mm厚SBS改性沥青防水卷材和一道4mm厚SBS改性沥青耐根刺防水卷材配合，满足Ⅰ级防水要求。但有的设计人以为4mm厚SBS改性沥青防水卷材满足耐根刺要求，将工程做法的屋面防水层简化为4＋3mm厚SBS改性沥青防水卷材，致使防水层不满足种植屋面的要求。SBS改性沥青耐根刺防水卷材是含有化学阻根剂的，并不是厚度不小于4mm的普通SBS改性沥青防水卷材就具备耐根刺功能。设计人对材料的性能和功效应有清楚的概念。

1.5 建筑防火设计

【问题1】 多层住宅和高层住宅的划分问题。

【分析与对策】 现行《建筑设计防火规范》GB 50016—2014（2018年版）对住宅建筑不再按层数作高层、多层住宅分类，统一按照建筑高度划分。建筑高度不大于27m的住宅建筑为多层住宅建筑（包括设置商业网点的住宅建筑）；建筑高度大于27m的住宅建筑为高层住宅建筑（包括设置商业网点的住宅建筑）。而且规定建筑高度大于54m的为一类高层住宅；大于 27m 不大于 54m 的为二类高层住宅。

【问题 2】 关于高层公共建筑采用剪刀楼梯的问题。

【分析与对策】 有的审图人员认为高层住宅可以采用剪刀楼梯，而其他高层建筑不允许。《建筑设计防火规范》GB 50016—2014（2018 年版）第 5.5.10 条规定：高层公共建筑的疏散楼梯，当分散设置确有困难且从任一疏散门至最近疏散楼梯间入口的距离不小于 10m 时，可以采用剪刀楼梯间，但应符合下列规定：

（1）楼梯间应为防烟楼梯间；

（2）梯段之间应设置耐火极限不低于 1.00h 的防火墙；

（3）楼梯间的前室应分别设置；

（4）楼梯间内的加压送风系统不应合用。

【问题 3】 两个安全出口之间的距离不小于 5.00m 如何理解？

【分析与对策】 在建筑工程中，有的设计人员和审图人员对《建筑设计防火规范》GB 50016—2014（2018 年版）第 5.5.2 条规定："建筑内的安全出口和疏散门应分散布置，且建筑内每个防火分区或一个防火分区的每个楼层、每个住宅单元每层相邻两个安全出口以及每个房间相邻两个疏散门最近边缘之间的水平距离不应小于 5.0m"的理解上存在问题，常为 5.0m 是哪到哪的距离产生歧义。规定很明确，是指疏散门最近边缘之间的水平距离，拐弯时可累加计算。

【问题 4】 带中庭的多层民用建筑首层是否可以不设防火卷帘。

【分析与对策】 3 层以下的工程是可行的。但当共享厅面积较小且层数较多时，易形成竖井拔火效应。从防止火灾蔓延的角度看，层数较多的建筑中庭周围宜每层设置防火卷帘。

【问题 5】 高层建筑的裙房安全疏散能否按多层建筑设计？

【分析与对策】 高层建筑的裙房其建筑高度控制与多层建筑没有区别，但裙房与高层建筑相连，一旦发生火灾损失严重。因此，裙房安全疏散设计应遵循以下原则：

当裙房与高层建筑以防火墙分隔时，裙房的安全疏散可按多层建筑设计。

当裙房与高层建筑有穿插无法完全分隔时，裙房的安全疏散应随高层建筑设计。

【问题 6】 下面带商业的住宅其剪刀楼梯的宽度和前室面积如何控制？

【分析与对策】《建筑设计防火规范》GB 50016—2014（2018 年版）取消了综合楼和商住楼的概念，要求不同使用功能场所之间应进行防火分隔，建筑及其各功能场所的防火设计应根据规范的相关规定执行。据此，建筑中的住宅楼梯与商业楼梯应分开设置，住宅楼梯宽度应按《住宅设计规范》GB 50096—2011 第 6.3.1 条规定执行，其净宽不应小于 1.1m，前室面积不应小于 4.5m^2。

【问题 7】 地下车库安全疏散可否借用住宅楼梯？

【分析与对策】 地下车库与住宅地下部分的连通门可以作为地下车库的第二疏散口，但车库与住宅部分应按不同防火分区进行防火设计。有的工程其连通门既是防烟前室或楼梯间的门，又是防火墙上的门，此连通门应为甲级防火门。

【问题8】 住宅相邻住户间防火分隔部位如何判定？

【分析与对策】 住宅设计中遇有封闭阳台的情况时，很多设计在户与户防火分隔构造措施上采取控制主体窗间墙间距的做法。这种做法不符合防火要求。封闭阳台也是成套住房的组成部分，阳台内有居家活动的各种物品。所以应控制封闭阳台处的水平防火分隔墙间距。开敞阳台的水平防火分隔墙应控制住宅主体外墙上窗与窗的水平间距。

【问题9】 高层住宅凹槽内的相对窗口如何采取防火措施？

【分析与对策】 高层住宅的凹槽一般比较狭窄，当凹槽内窗口相对时，其间距不满足防火构造措施要求，设计时可采用乙级防火窗或错开设置。

【问题10】 建筑幕墙的防火构造要求。

【分析与对策】 建筑幕墙多采用玻璃和金属材料制作。当幕墙受到高温作用时，会造成大面积的玻璃破碎，金属材料会变形，以致脱落，造成火势在水平和竖直方向蔓延而酿成大火，危害人身和财产的安全。针对发生火灾的经验教训，工程中要求采取防火构造措施。《建筑设计防火规范》GB 50016—2014（2018年版）第6.2.5条（强条）规定：除本规范另有规定外，建筑外墙上下层开口之间应设置高度不小于1.20m的实体墙或挑出宽度不小于1.00m、长度不小于开口宽度的防火挑檐；当室内设置自动喷水灭火系统时，上下层开口之间的实体墙高度不应小于0.80m。当上下层开口之间设置实体墙确有困难时，可设置防火玻璃墙，但高层建筑的防火玻璃墙的耐火完整性不应低于1.00h；单、多层建筑的防火玻璃墙的耐火完整性不应低于0.50h。外窗的耐火完整性不应低于防火玻璃墙的耐火完整性的要求。

【问题11】 厂房、仓库设计项目未标明“火灾危险性等级”。

【分析与对策】 在工业厂房和仓库的防火设计中，厂房生产的火灾危险性分类以及仓库储存物品的火灾危险性分类是设计的重要依据。其建筑物的耐火等级、防火间距、建筑物内防火分区的划分以及安全疏散等都要根据厂房（仓库）的“火灾危险性等级”来确定。设计时应根据厂房内生产的工艺流程、采用的原材料及产品的燃烧性能、仓库内储存物品的类别等因素确定“火灾危险性等级”；并根据不同的“火灾危险性等级”按照规范有关规定要求采取相应措施。“火灾危险性等级”和“建筑耐火等级”是不同的概念，不可相互替代。

【问题12】 建筑的耐火等级与建筑物性质或分类不匹配；建筑构件的耐火极限与建筑耐火等级不匹配。

【分析与对策】 建筑耐火等级应根据建筑物使用性质、火灾危险性、疏散和扑救难度等因素确定，《建筑设计防火规范》GB 50016—2014（2018年版）对工业及民用建筑不同部位构件的耐火等级和耐火极限作了规定，设计时应据此确定，不能过高或过低，过高易造成浪费，过低则不能满足消防要求，造成安全隐患。建筑耐火等级确定后，建筑构件的耐火极限应满足规定要求。对应关系应符合《建筑设计防火规范》GB 50016—2014（2018 年版）表 3.2.1 和表 5.1.2 规定。

【问题 13】 什么类别的多层公共建筑安全疏散楼梯应采用封闭楼梯间？

【分析与对策】《建筑设计防火规范》GB 50016—2014（2018 年版）第 5.5.13 条规定，下列多层公共建筑的疏散楼梯，除与开敞式外廊直接相连的楼梯间外，均应采用封闭楼梯间：

（1）医疗建筑、旅馆、老年人建筑及类似使用功能的建筑；

（2）设置歌舞娱乐放映游艺场所的建筑；

（3）商店、图书馆、展览建筑、会议中心及类似使用功能的建筑；

（4）六层及以上的其他建筑。

除此之外，人员密集场所（概念见 2017 年版《要点》第 25 页）也应采用封闭楼梯间。

【问题 14】 建筑物首层出入口疏散门的设计要求。

【分析与对策】 建筑物首层出入口的疏散门是建筑的安全疏散出口，应为向疏散方向开启的平开门。不应采用侧拉门、吊门和旋转门。对于大型公共建筑需要设置电子感应自动门或旋转门的，必须同时在其侧边设置安全疏散用的平开门。与无障碍坡道相连时须满足无障碍通行的规定要求。

【问题 15】 建筑物的首层门厅扩大封闭楼梯间或防烟前室有哪些规定？

【分析与对策】 门厅是人流疏散的重要部位，门厅隔墙的耐火性能直接影响疏散安全。《建筑设计防火规范》GB 50016—2014（2018 年版）第 6.4.2 条第 4 款规定：封闭楼梯间的首层可将走道和门厅等包括在楼梯间内形成扩大的楼梯间，但应采用乙级防火门与其他走道和房间分隔；第 6.4.3 条第 6 款规定：防烟楼梯间的首层可将走道和门厅等包括在楼梯间前室内形成扩大的前室，但应采用乙级防火门与其他走道和房间分隔；首层门厅（包括扩大部位）与其他部位的隔墙的耐火极限不应低于 2.00h。设计时应合理确定扩大门厅的范围，不应随意划分，以避免造成浪费和不便。

【问题 16】 公共建筑的厨房与其他部分在防火分隔方面有哪些要求？

【分析与对策】 公共建筑中的厨房容易发生火灾，设计应采取防火分隔措施。隔墙耐火极限应不低于 2.00h，隔墙上的门窗应为乙级防火门窗；当厨房为独立防火分区时，其隔墙即为防火墙，耐火极限不应低于 3.00h，防火墙上的门窗应为甲级防火门窗。

【问题 17】 裙房与高层建筑主体之间的防火分隔？

【分析与对策】 裙房在使用功能上是高层建筑的组成部分，在防火设计中，裙房与高层建筑主体之间未采用防火墙分隔时，裙房的防火要求应按高层民用建筑相关条款规定进行设计；裙房与高层建筑主体之间设置防火墙时，裙房的防火要求按单、多层建筑的相关条款规定进行设计，但当单、多层建筑的疏散楼梯间无外窗时应按防烟楼梯间进行设计。

【问题 18】 相邻商业服务网点水平防火分隔墙有何要求？

【分析与对策】 商业服务网点的每个分隔单元均为独立的防火单元，单元之间应采用耐火极限不低于 2.0h 且无门窗洞口的防火隔墙相互分隔。相邻单元两侧外墙门窗洞口之间水平距离应不小于 1.0m。商业网点开口一侧全部敞开不符合防火构造规定要求。

【问题 19】 商业服务网点建筑面积 $300m^2$，是否可再设夹层？

【分析与对策】 商业服务网点的定义中有 3 个要素：位于住宅下部、层数不超过两层、分隔单元建筑面积不大于 $300m^2$ 的小型营业性用房。按此定义 $300m^2$ 是指一层或一层及二层建筑面积之和。已达 $300m^2$ 的一层装修分隔成二层使用不能视为商业服务网点。

【问题 20】 商业服务网点的安全疏散距离。

【分析与对策】 一、二级耐火等级的商业服务网点当分隔单元的单层建筑面积大于 $200m^2$ 时其安全出口不应少于 2 个；其室内最远一点至一层安全出口的直线距离应符合《建筑设计防火规范》GB 50016—2014（2018 年版）第 5.4.11 条规定，有楼层时楼梯长度按其水平投影长度的 1.50 倍计算（一般情况下最远疏散距离为 22m；建筑物内全部设置自动喷水灭火系统时可增加 25%，即为 27.5m）。对于设计中注明二次装修完成的楼梯，设计图纸应对楼梯的技术数据（如：最小步宽、步高及其耐火极限等）提出要求。

【问题 21】 住宅的一、二层改为其他功能用房后，楼梯是否可以共用？

【分析与对策】 住宅建筑附建公共用房包括物业管理、公用设备用房、商业服务网点等（见《住宅设计规范》GB 50096—2011 第 2.0.25 条）。住宅以户为防火单元进行防火设计，住宅建筑人员相对比较固定，火灾时以自救为主。因此控制火源、限定人群是必要的手段，其他功能用房中的人员不应通过住宅楼梯疏散，安全出口应分开设置。《住宅建筑规范》GB 50368—2005 第 5.2.4 条规定住宅与附建公共用房的出入口应分开布置，建筑设计防火规范也有同样规定要求。

【问题 22】 建筑内的竖井设计有哪些注意事项？

【分析与对策】 电缆井、管道井、排烟道、排气道、垃圾道等竖向井道，应分别独立设置。井壁的耐火极限不应低于 1.00h，井壁上的检查门应采用丙级防火门。

建筑内的电缆井、管道井应在每层楼板处采用不低于楼板耐火极限的不燃材料或防火封堵材料封堵。

建筑内的电缆井、管道井与房间、走道等相连通的孔隙应采用防火封堵材料封堵。

【问题 23】 防火墙有什么设计要求？

【分析与对策】 防火墙是防止火灾蔓延至相邻建筑或相邻防火分区且耐火极限应不低于 3.00h 的不燃性墙体。对防火墙的设计要求如下：

（1）防火墙应直接设置在建筑的基础或框架、梁等承重结构上，框架、梁等承重结构的耐火极限不应低于防火墙的耐火极限；

（2）防火墙应从楼地面基层隔断至梁、楼板或屋面板的底面基层；

（3）防火墙上不应开设门窗洞口，必须开时应采用甲级防火门窗；

（4）设备的各类管道穿越防火墙时，其空隙应采用防火封堵材料封堵；

（5）风管穿越防火墙时，风管上的防火阀、排烟防火阀两侧各 2.0m 范围内的风管应采用耐火风管或风管外壁采取防火保护措施，且耐火极限不应低于防火墙的耐火极限。

以上要求应以图纸全面表达，不便于图纸表达时必须以文字说明。

【问题 24】 如何理解裙房与主楼的关系？

【分析与对策】《建筑设计防火规范》GB 50016—2014（2018 年版）第 2.1.2 条将裙房定义为"在高层建筑主体投影范围外，与高层建筑相连的建筑高度不超过 24m 的附属建筑"。在理解上有的设计人员或审查人员认为 24m 以下就是裙房，更有甚者将主体高层建筑 24m 以下也视为裙房，导致消防设计严重违规。

【问题 25】 商业服务网点的范围如何认定。

【分析与对策】《建筑设计防火规范》GB 50016—2014（2018 年版）第 2.1.4 条将商业服务网点定义为："设置在住宅建筑的首层或首层及二层，每个分隔单元建筑面积不大于 $300m^2$ 的商店、邮政所、储蓄所、理发店等小型营业性用房"。从概念看，"商业服务网点"应在住宅建筑主体范围之内而不应超出上部住宅范围。但实际工程设计中常出现与此不符的情况。为了全省规范统一，暂规定：在不违反现行防火规范有关条款和城市规划的前提下，临城市道路的沿街面，为整齐划一可以突出住宅范围，但突出距离不应大于 4.0m（住宅外墙外边至突出部分外墙外边）。

【问题 26】 防火分隔与防火分区有何区别？

【分析与对策】 防火分隔是防止火灾蔓延到相邻区域而采取的防火阻隔措施，防火分隔包含防火分区；防火分区是在建筑内部采用防火墙、楼板及其他防火分隔设施分隔而成，能在一定时间内防止火灾向同一建筑的其余部分蔓延的局部空间。防火分隔是定性的概念，而防火分区在各个方面均有量的规定，如防火分区的面积、防火墙、防火门以及楼板的耐火极限等。《建筑设计防火规范》GB 50016—2014（2018 年版）取消了综合楼的概念，要求对不同功能的使用空间进行防火分隔，这并不是要求不同的使用功能之间必须划分防火分区，应视具体情况确定，该采取防火分隔的采取防火分隔措施，该设置防火分区的应进行防火分区划分。

【问题 27】 首层安全疏散出口通向内庭院是否可行？

【分析与对策】 有的设计项目因安全疏散楼梯首层出口距离室外较远，就选择较近的庭院疏散，但较小的封闭庭院并不是安全地带。只有当庭院的短边长度不小于 24m、设有可进入消防车的出入口或局部开放时才可以认为符合安全疏散要求。封闭的内院或天井不符合安全疏散要求。

【问题 28】 高层住宅开向前室的户门数量如何控制？

【分析与对策】 建筑高度大于 33m 的住宅建筑应采用防烟楼梯间。同一楼层或单元的户门不宜直接开向前室，确有困难时，开向前室的户门不应大于 3 樘且应采用乙级防火门。

【问题 29】 住宅建筑的防火构造措施有哪些要求？

【分析与对策】 住宅建筑以户为防火单元，户与户之间，单元与单元之间均应有防火分隔措施。按《建筑设计防火规范》GB 50016—2014（2018 年版）第 6.2.5 条规定：住宅建筑外墙上相邻户开口之间的墙体宽度不应小于 1.0m；否则应在开口之间设置突出外墙不小于 0.60m 的隔板。实体墙和隔板的耐火极限和燃烧性能均不应低于相应耐火等级建筑外墙的要求。第 6.4.1 条规定疏散楼梯间、前室及合用前室外墙上的窗口与两侧户窗洞口最近边缘的水平距离应不小于 1.0m。

【问题 30】 防火墙的耐火极限。

【分析与对策】 有的设计不管什么情况遇到防火墙就写耐火极限是 3.0h。但规范规定民用建筑内划分防火分区其防火墙的耐火极限均为 3.0h；厂房和仓库内划分防火分区其防火墙的耐火极限一般为 3.0h，但甲、乙类厂房和甲、乙、丙类仓库内的防火墙，其耐火极限不应低于 4.0h。

【问题 31】 住宅建筑高度如何计算？

【分析与对策】 建筑高度在现行《建筑设计防火规范》GB 50016—2014（2018 年版）附录 A 第 A.0.1 条有明确规定，但由于其第 6 款规定："对于住宅建筑，设置在底部且室内高度不大于 2.2m 的自行车库、储藏间、敞开空间，室内外高差或建筑的地下或半地下室的顶板面高出室外设计地面的高度不大于 1.5m 的部分，可不计入建筑高度。"这是《建规》与《高层混凝土结构规程》合并时出现的新规定，但从 2016 年版《建规》总则中"注 2"来看，原意是指建筑层数的规定。近来有的设计人员不管什么情况，只要遇到住宅建筑工程在计算建筑高度时一概采用首层地面为计算高度基准点的做法。经过咨询规范编写组的有关专家，建议："多层住宅的建筑高度可按此款执行，高层住宅的建筑高度计算应从室外设计地平算起"。

【问题 32】 住宅的燃气厨房外有封闭阳台时是否认为有直接外窗？

【分析与对策】 住宅特别是高层住宅建筑的燃气厨房往往配有封闭的服务阳台，《住宅设计规范》GB 50096—2011 第 8.4.3 条第 3 款规定："户内燃气灶应安装在通风良好的厨房、阳台内"（强条）。条文解释中"通风良好"应理解为有直接采光和自然通风。因此当厨房与阳台之间设有门窗隔断时，燃气灶安装于厨房内不符合规定，燃气灶安装于阳台内则符合规定。当燃气灶安装于厨房内且封闭阳台局部设有通风口时也可以认为符合规定要求。

【问题 33】 消防救援窗口如何设计?

【分析与对策】《建筑设计防火规范》GB 50016—2014（2018 年版）第 7.2.4 条增设了消防救援窗口的规定，要求：“厂房、仓库、公共建筑的外墙应在每层的适当位置设置可供消防人员进入的窗口（强条）”。近年来，有些洁净厂房、冷链仓库、大型商场、商业综合体、会展中心、设置玻璃幕墙或金属幕墙的建筑等，在外围护墙上很少设置可直接开向室外并可供人员直接进入的外窗，致使火灾时消防人员无法以最快速度接近火源进行灭火施救，错过了最佳灭火时机，以至于造成较大损失。因此，在建筑的外墙设置可供专业消防人员使用的入口，对于方便消防员灭火救援是十分必要的。要求如下：

（1）供消防救援人员进入的窗口其净宽和净高均不应小于 1.0m；

（2）窗台高不宜大于 1.2m；

（3）救援窗口的间距不宜大于 20m；

（4）每个防火分区不应少于 2 个；

（5）设置位置应与消防车登高操作场地相对应；

（6）窗口的玻璃应易于破碎；

（7）救援窗应有在室外易于识别的明显标志。

【问题 34】 钢结构丁戊类厂房、仓库是否应设防火保护?

【分析与对策】 有些工业类项目，设计时只要火灾危险性为丁戊类，就不管采用什么结构形式都不作防火保护。《建筑设计防火规范》GB 50016—2014（2018 年版）第 3.2.10 条规定“一、二级耐火等级单层厂房（仓库）的柱，其耐火极限分别不应低于 2.50h 和 2.0h”。因此，钢结构的丁戊类厂房、仓库应有防火保护措施。

1.6 建筑节能设计

【问题 1】 建筑节能设计标准有国标又有省标，是否既可执行省标也可执行国标?

【分析与对策】 近年来，进冀的外地设计单位不断增加，有些设计单位对河北省的省标不熟悉，以为国标是全国通用的，只要按国标设计就没有问题，这种观点是错误的。地方标准编制的基本原则是要严于国标，不能低于国标。地方标准都是要经过住房和城乡建设部审查备案的，省标也有其权威性，有省标的要执行省标，这也是标准规范管理的原则。

【问题 2】 集体宿舍的建筑节能设计中分户墙及分户楼板的保温问题。

【分析与对策】 分户楼板、分户墙的保温设计，是为了尽可能保证用户能耗计量的相对公平性。但基本不影响建筑整体能耗。集体宿舍不涉及分户计量，节能备案表中的分户墙、分户楼板保温可不填写。

【问题 3】 托儿所、幼儿园建筑节能设计依据标准问题。

【分析与对策】 托儿所、幼儿园建筑应按居住建筑进行节能设计。进行托儿所、幼儿园建筑设计时，除应符合《托儿所、幼儿园建筑设计规范》JGJ 39—2016 相关规定外，尚应符合国家现行有关标准的规定。

《托儿所、幼儿园建筑设计规范》JGJ 39—2016 条文说明第 1.0.5 条规定，托儿所、幼儿园建筑设计应符合《严寒和寒冷地区居住建筑节能设计标准》JGJ 26、《夏热冬冷地区居住建筑节能设计标准》JGJ 134、《夏热冬暖地区居住建筑节能设计标准》JGJ 75 的规定。

《严寒和寒冷地区居住建筑节能设计标准》JGJ 26—2010、《夏热冬冷地区居住建筑节能设计标准》JGJ 134—2010、《夏热冬暖地区居住建筑节能设计标准》JGJ 75—2003 条文说明中都明确规定居住建筑包括托儿所、幼儿园建筑。

【问题 4】 住宅建筑节能设计中，当阳台门为全玻璃门（无门芯板）时，此门是按外窗（全玻璃）节能设计，还是按阳台门（有门芯板）节能设计？

【分析与对策】 阳台门为全玻璃门时，该门应按外窗（全玻璃）进行节能设计。

【问题 5】 阳台门窗可否选用推拉门（或推拉门联窗）？

【分析与对策】 在住宅建筑中，有些设计阳台门窗选用推拉门（或推拉门联窗），理由是外面还有一层阳台窗。这个理由只是想当然的说法，没有依据。推拉门（或推拉门联窗）安装于外围护墙（节能目标部位）上，其气密性随时间不断减弱，结果导致其气密性不满足要求，推拉门窗不是节能产品，除非此处不是节能外围护部位。

【问题 6】 节能设计计算书的深度问题。

【分析与对策】 有些设计项目节能设计计算书内容不全面，深度不够，无法判断其是否满足节能标准的规定。

节能设计计算书应包括以下内容：

（1）设计依据：列出设计依据的规范、标准；

（2）工程概况：说明工程名称、建设地点、使用性质、建筑面积、建筑层数及高度、建筑朝向、结构类型等情况；

（3）节能设计的简要说明；

（4）节能计算：按照标准要求，分别计算建筑体形系数、各朝向窗墙面积比、各部围护结构的传热系数。计算书要有计算过程，不可只列结果。外墙需分别计算主体墙的传热系数、热桥部位的传热系数，并依其各占墙面的比例按加权平均的方法算出外墙的平均传热系数。利用软件进行节能计算的，需注明软件名称、开发单位及应用版本；

（5）节能设计的判定：将计算结果与节能设计标准规定的指标对照，全部满足标准规定的可直接判定建筑热工性能符合设计标准要求。若需做权衡判断的，按照标准相关规定对围护结构热工性能做权衡判断；

（6）结论：计算书的最后须对本工程的节能设计是否符合设计标准要求得出结论。

【问题 7】 建筑节能设计专篇不满足深度要求。

【分析与对策】 节能专篇有缺项现象，特别是热桥部位所采取的隔断热桥的保温措施；非采暖房间与采暖房间的隔墙构造做法及其传热系数；底面接触室外空气的架空或外挑楼板采取的保温措施，传热系数；外窗框料材质和玻璃规格等常不被写入专篇。公建节能设计中经常遗漏窗墙比小于0.4时，窗玻璃的可见光透射比的要求。

建筑节能设计专篇应符合《建筑工程设计文件编制深度规定》(2017年版) 4.3.3条规定及河北省住房和城乡建设厅相关要求，并参照《河北省房屋建筑和市政基础设施工程施工图设计文件审查要点》(2017年版) 第5.2.4条和5.2.5条对节能专篇内容的要求编写。

1.7 绿色建筑设计

【问题1】 绿色建筑设计和审查依据标准问题。

【分析与对策】 为了大力发展绿色建筑，以绿色、生态、低碳理念指导城乡建设，近年来住房和城乡建设部在完善绿色建筑技术标准体系方面做了大量工作。2006年发布了《绿色建筑评价标准》GB/T 50378—2006；2010年发布了《民用建筑绿色设计规范》JGJ/T 229—2010；2013年发布了《绿色工业建筑评价标准》GB/T 50878—2013和《绿色保障性技术导则》；2014年发布了新修编的《绿色建筑评价标准》GB/T 50378—2014。新标准将适用范围由住宅建筑和公共建筑中的办公建筑、商场建筑和旅馆建筑，扩展至各类民用建筑。同时在评价方法上也作了相应的调整。

河北省住房和城乡建设厅近年也发布了《绿色建筑技术标准》DB13 (J)/T 132—2012和《绿色建筑评价标准》DB13 (J)/T 113—2015。

至今，绿色居住建筑、绿色公共建筑、绿色工业建筑都有了相应的标准，这些标准使设计、审查都有了依据。施工图审查人员应认真学习和贯彻执行这些标准，为推动河北省绿色建筑的健康发展把好关。

【问题2】 绿色建筑的评价指标体系。

【分析与对策】 绿色建筑评价指标体系由节地与室外环境、节能与能源利用、节水与水资源利用、节材与材料资源利用、室内环境质量、施工管理、运营管理7类指标组成。各类指标均包括控制项和评分项。评价体系还统一设置加分项。控制项的评定结果为满足或不满足；评分项和加分项的评定结果为分值。设计评价时，不对施工管理和运营管理2类指标进行评价。设计评价的5类指标得分乘以权重系数后相加即得出绿色建筑总得分。

【问题3】 绿色建筑的等级确定。

【分析与对策】 绿色建筑分为一星级、二星级、三星级三个等级。三个等级的绿色建筑均应满足评级标准所有控制项的要求，且每类指标的评分项得分不应小于40分。当绿色建筑总得分分别达到50分、60分、80分时，绿色建筑等级分别为一星级、二星级、三星级。

【问题4】 绿色建筑施工图设计文件的要求。

【分析与对策】 绿色建筑设计应体现集成的理念。在设计过程中，规划、建筑、结构、给水排水、暖通空调、电气、燃气、室内设计、景观、经济等各专业应紧密配合。在方案以及初步设计阶段应进行绿色设计策划，需首先确定建筑拟达到现行国家标准《绿色建筑评价标准》GB/T 50378—2014 或地方标准《绿色建筑评价标准》DB13 (J)/T 113—2015 中的星级等级，以及节地与室外环境、节能与能源利用、节水与水资源利用、节材与材料资源利用、室内环境质量等方面的实施目标。各专业应根据确定的实施目标采取相应的绿色措施，采用适宜的绿色技术。在各专业的施工图设计文件中应具体体现采取的绿色措施和绿色技术，并在设计说明中设绿色设计措施专项；建筑专业在设计总说明中则应增设绿色设计专篇，详细说明节地与室外环境、节能与能源利用、节水与水资源利用、节材与材料资源利用、室内环境质量五类指标贯彻情况和采取的措施；说明五类指标中控制项达标情况和评分项得分情况，以及在技术、产品选用上性能提高和创新方面的情况及加分；说明建筑设计阶段达到的星级标准。

送审项目绿色设计说明、设计图纸与《绿色建筑施工图设计审查备案表》内容应一致。

绿色建筑的评价应以单栋建筑或建筑群为评价对象。评价单栋建筑时，凡涉及系统性、整体性的指标，应基于该栋建筑所属工程项目的总体进行评价。

对多功能的综合性单体建筑，应按《河北省绿色建筑施工图审查要点》(试行版) 全部评价条文逐条对适用的区域进行评价，确定各评价条文的得分。

第2章　房屋建筑工程结构专业

2.1　结构设计总说明

【问题1】 结构设计总说明中未说明建筑物的使用环境、主要功能。

【分析与对策】 结构设计总说明中应说明建筑物使用环境的影响：如腐蚀性、超高温、超低温、振动、工业项目中吊车的台数、起重量、环境类别、使用功能等特点。应明确建筑物的分类，如住宅建筑、公共建筑、工业建筑、商业建筑、学校建筑等。并在设计总说明中明确建筑物的主要功能。

《混凝土结构设计规范》GB 50010—2010（2015年版）第3.1.7条作为强制性条文规定：设计应明确结构的用途，在设计使用年限内未经技术鉴定或设计许可，不得改变结构用途和使用环境。

【问题2】 结构设计总说明未根据岩土工程勘察报告说明建设场地、地形、地貌特征、场地类别，以及液化、软土地基等不良地质内容。

【分析与对策】 结构设计总说明中应说明场地特征。设计说明中应明确有利、一般、不利和危险地段。建筑物（特别是高层建筑）不应建在危险地段，应满足《建筑抗震设计规范》GB 50011—2010（2016年版）第4.1.9条要求。

在结构抗震设计中，对不符合《建筑抗震设计规范》第4.1.7条第1款规定的，应避开主断裂带或提高抗震措施等。

《住宅建筑规范》GB 50368—2005强制要求：对不利地段，应提出避开要求或采取有效措施；严禁在抗震危险地段建造住宅建筑。

【问题3】 结构设计总说明中未明确提出有关施工、荷载和钢筋代换等要求。

【分析与对策】 设计与施工是一个有机联系整体，共同决定工程质量。应把设计意图明确表达清楚，结构设计总说明中应提出施工要求并适宜施工，实现设计意图。

（1）关于填土地基特别是山区，因地形复杂，当建筑物建在填土地基上，建筑物局部竖向构件置于填土土层上，而设计没有提出任何对地基的质量要求，存在安全隐患。

《建筑地基基础设计规范》GB 50007—2011第6.3.1条作为强制条文作了明确规定，设计应采取措施满足规范要求。同时对施工质量应提出要求，满足本条文的规定。对基坑施工应在总说明中提出要求，满足《建筑地基基础设计规范》第9.1.9、第10.3.2条的要求。对软弱地基采用复合地基时，地基承载力特征值的确定应满足《建筑地基基础设计规范》第7.2.8条要求。

（2）关于荷载与作用：施工图设计文件中应对栏杆、悬挑构件、女儿墙等提出水平荷载、检修荷载要求；应对轻钢结构檩条的集中检修、安装荷载限值提出要求；应对地下室顶板的允许施工荷载、回填土允许厚度、建筑楼板及主体施工荷载限值提出要求；应对钢托梁、连体桁架连接层，转换构件等的施工荷载提出要求；应说明钢结构施工时的合拢温度。

（3）关于钢筋代换问题：钢筋代换在施工中经常发生，涉及结构安全，《建筑抗震设计规范》GB 50011—2010（2016 年版）第 3.9.4 条作为强制性条文做出了明确规定，结构施工图设计说明应明确钢筋代换要求。

（4）对钢筋的要求：详见《混凝土结构设计规范》GB 50010—2010（2015 年版）第 4.2.2 条。

（5）钢结构设计一般分两个阶段，分别为钢结构设计图和钢结构施工详图两个阶段。钢结构设计图应由具有相应资质的设计单位完成。钢结构施工详图应由具有相应资质的钢结构加工制造企业或委托设计单位完成。这些要求应在设计总说明中明确。施工详图必须满足施工图设计要求，并得到设计单位确认。

（6）地下水位较高时，应进行抗浮设计。需要在施工阶段降水的工程，应提出降水要求，明确降水方式，降水起始及停止时间等。

（7）应对悬挑构件，后浇带、加强带的混凝土结构的施工提出要求。如：预留后浇带缝的处理、养护、支撑要求，模板拆除时间及支撑时间要求等。

【问题 4】 总说明未对既有建筑的加固、改建、扩建等提出要求。

【分析与对策】 既有建筑的加固、改建、扩建，应对原有建筑物进行鉴定，根据鉴定结果进行设计。设计时应在总说明中明确设计原则，具体要求详见《混凝土结构设计规范》GB 50010—2010（2015 年版）第 3.7 节。

总说明中应专门说明：

（1）原有建筑物概况、设计、建成年代、新增加的内容，改造完成后建筑物高度、层数、层高、用途、材料、结构体系等。

（2）既有建筑物执行规范、标准，改建后设计执行规范、标准，后续使用年限、类别等。

建议对既有建筑的加固、改造、扩建等注明应由相关单位组织专家对设计方案进行可行性论证。

【问题 5】 结构设计总说明中未明确建筑物±0.000 设计标高对应的绝对高程值。

【分析与对策】 建筑物±0.000 设计标高相对应的绝对高程值应在总说明中明确注明。部分工程的勘察报告中采用假设高程，结构设计人应会同勘察单位和建设单位等共同确定绝对高程与假设高程的换算关系，并在图纸中注明。这直接涉及基础选型、埋深和持力层的选择，特别是对于桩基础，当进行试桩或打桩时，应注明建筑物±0.000 设计标高对应的绝对高程值，以便确定桩端持力层的位置、桩长和单桩承载力等。

【问题 6】 设计基准期和设计使用年限有何差别？

【分析与对策】 设计基准期是为确定可变作用及与时间有关的材料性能等取值而选用的时间参数。设计基准期是一个基准参数，它的确定不仅涉及可变作用，还涉及材料性能，是在对大量实测数据进行统计的基础上提出来的，一般情况不能随意修改。设计文件中，不需要给出设计基准期。

《建筑结构可靠度设计统一标准》GB 50068—2001 总则中规定，我国建筑工程设计基准期为 50 年。设计使用年限分别采用 5 年、25 年、50 年和 100 年，对应于临时性建筑、容易替换的建筑结构构件、普通房屋和构筑物、纪念性建筑和特别重要的建筑结构。

设计使用年限是设计时选定的一个时期，在这一给定的时期内，设计规定的结构或结构构件只需进行正常的维护而不需进行大修就能按预期目的使用，完成预定的功能。设计使用年限是《建筑工程质量管理条例》对房屋建筑规定的最低保修期限“合理使用年限”的具体化。结构在规定的设计使用年限内应具有足够的可靠性，满足安全性、适用性和耐久性的功能要求。设计文件中应明确使用年限。

对于普通房屋和构筑物，在设计文件的总说明中应明确结构（含基础）的设计使用年限为 50 年，纪念性建筑和特别重要的建筑结构应为 100 年。

2.2 结构计算与分析

【问题 1】 未判断结构分析软件计算结果的正确性。

【分析与对策】 《高层建筑混凝土结构技术规程》JGJ 3—2010 第 5.1.16 条规定：“对结构分析软件的计算结果，应进行分析判断，确认其合理、有效后方可作为工程设计的依据”。

结构分析软件的输入、输出结果涉及结构设计的安全性、合理性，是施工图审查应重点审查的内容。有些设计人员随意确定计算模型，随意输入计算数据，对计算结果不加判断就采纳，影响结构安全，甚至违反强制标准条文，造成安全隐患。

【问题 2】 多、高层建筑结构分析模型与结构实际情况不符。

【分析与对策】 建筑结构分析模型应根据结构实际情况确定，所选取的分析模型应能较准确地反映结构中各构件的实际受力情况。这里所讲的模型除应针对结构体系和布置的复杂程度采用不同的平面、空间分析模型等外，更应注意结构计算简图中的节点、杆件布置是否与结构实际情况一致。

例如：某中学 5 层框架结构的教学楼原设计为 5 层框架，因结构布置调整形成 6 层框架而没有对结构重新计算并加以分析，使计算简图、模型与实际结构不符。结构进行了重新计算，对图纸进行了修改。

当地下车库（人防）与高层主体相连成整体或局部裙房与高层结构相连成整体，而设计按独立分开单体模型计算，不考虑相互影响关系，结果出现局部（地下室顶板或裙房的楼板与高层主体连接处）形成错层，并出现局部短柱。

综上所述应准确地进行结构分析，正确确定结构模型和计算假定。

【问题 3】 如何根据结构的实际情况在采用软件计算时正确输入荷载值？

【分析与对策】 荷载输入时应根据使用功能和现行规范确定使用荷载；对于恒载（静

载）应根据各专业做法和要求统计楼面荷载、悬挂荷载等，各功能区不同时，应分别统计确定使用荷载。有些项目设计时没有荷载统计计算过程（手算），设计依据不足，无法判断是否正确。

荷载取值应有可靠依据，对规范没明确的荷载应进行调查研究，或由使用单位相关专业人员提供，有依据地确定荷载。对规范规定荷载的应严格执行。

【问题4】 结构计算未正确确定结构体系。

【分析与对策】 程序软件输入数据时，应正确确定结构体系。结构体系的确定涉及计算时这个体系相对应规范中相应的调整系数，应根据工程实际确定。有的设计将复杂高层（如转换层、带转换层多塔连体结构）输入为“剪力墙”或“框剪”“框筒”结构，均不能正确反映结构实际情况，程序结构分析时选用的结构体系系数不正确，产生错误的计算结果。

【问题5】 如何根据场地类别和设计基本地震加速度确定建筑物的抗震措施及抗震构造措施？

【分析与对策】 震害表明，同样或相近的建筑，建于Ⅲ、Ⅳ类场地时震害严重。《建筑抗震设计规范》GB 50011—2010（2016年版）第3.3.3条规定，建筑场地为Ⅲ、Ⅳ类时，对设计基本地震加速度为0.15g和0.30g的地区，宜分别按抗震设防烈度8度（0.20g）和9度（0.40g）时各抗震设防类别建筑的要求采取抗震构造措施。抗震措施和抗震构造措施是两个既有联系又有区别的概念，应注意区分。

“抗震措施”是除了地震作用计算和构件抗力计算以外的抗震设计内容，包括建筑总体布置、结构选型、地基抗液化措施、考虑概念设计对地震作用效应（内力和变形等）的调整以及各种抗震构造措施。这里，地震作用计算指地震作用标准值的计算，不包括地震作用效应（内力和变形）设计值的计算，不等同于抗震计算。

“抗震构造措施”是指根据抗震概念设计的原则，一般不需计算而对结构和非结构各部分必须采取的各种细部构造，如构件尺寸、高厚比、轴压比、长细比、纵筋配筋率、箍筋配箍率、钢筋直径、间距等构造和连接要求等。

规范规定对Ⅲ、Ⅳ类场地的各抗震设防类别的建筑，仅提高抗震构造措施，而不提高抗震措施中的其他要求（如内力调整措施等），更不涉及对地震作用的调整。各抗震设防类别建筑指适用于抗震设防类别甲类、乙类、丙类和丁类的建筑。首先按规范确定抗震构造措施提高的对应烈度，然后再依据抗震设防类别进行调整。不同抗震设防类别的建筑，其抗震措施的提高和降低应包括规范各章中除地震作用计算和抗力计算外的所有规定，与场地条件无关。下列表格汇总了各类场地、各类建筑确定抗震措施和抗震构造措施所对应的烈度，使用时可直接查表。

确定抗震措施的烈度　　　　表2-1

建筑类型	场地类别	设计基本地震烈度(加速度)					
		6(0.05g)	7(0.10g)	7(0.15g)	8(0.20g)	8(0.30g)	9(0.40g)
甲、乙类	Ⅰ～Ⅳ	7	8	8	9	9	9^+
丙　类	Ⅰ～Ⅳ	6	7	7	8	8	9
丁　类	Ⅰ～Ⅳ	6	7^-	7^-	8^-	8^-	9^-

确定抗震构造措施的烈度　　表 2-2

建筑类别	场地类别	设计基本地震设防烈度(加速度)					
		6(0.05g)	7(0.10g)	7(0.15g)	8(0.20g)	8(0.30g)	9(0.40g)
甲、乙类	Ⅰ	6	7	7	8	8	9
	Ⅱ	7	8	8	9	9	9^+
	Ⅲ、Ⅳ	7	8	8^+	9	9^+	9^+
丙类	Ⅰ	6	6	6	7	7	8
	Ⅱ	6	7	7	8	8	9
	Ⅲ、Ⅳ	6	7	8	8	9	9
丁类	Ⅰ	6	6	6	7	7	8
	Ⅱ	6	7^-	7^-	8^-	8^-	9^-
	Ⅲ、Ⅳ	6	7^-	8^-	8^-	9^-	9^-

注：1. 8^+、9^+表示比 8、9 度适当提高而不是提高一度，9 度时需要专门研究。
2. 7^-、8^-、9^-表示可以比 7、8、9 度适当降低而不是降低一度。

【问题 6】 如何使用抗震设计规范和“地震安全性评价”的地震动参数？

【分析与对策】 首先要明确的是，只有极少数的建筑工程需要进行“地震安全性评价”工作，大量的工业与民用建筑、包括高层建筑，只需要按照国家标准《中国地震动参数区划图》所规定的地震动参数进行抗震设计。《中华人民共和国防震减灾法》第三十五条规定，重大建设工程和可能发生严重次生灾害的建设工程应当按照国务院有关规定进行地震安全性评价。除此以外的建设工程，应当按照地震烈度区划图或者地震动参数区划图所确定的抗震设防要求进行抗震设防。

“地震安全性评价”工作一般是针对特定工程建设场址周边一定范围内的地震危险性进行估计，原则上比国家标准规定更有针对性和更加细化。但由于存在不确定性，受安评人员的水平影响，针对特定工程所提供的地震动参数的可靠性和工程实用性受到影响。

从工程使用和抗震安全角度考虑，一般工程应按照国家标准进行抗震设计。重大工程的抗震设计，在小震作用下，可分别取规范和“地震安全性评价”的地震动参数计算，取二者计算所得到的结构底部剪力较大者的楼层水平地震力进行结构抗震验算；中震和大震作用则应按规范提供的地震动参数取值，包括反应谱和加速度峰值。

【问题 7】 什么是刚域？计算时如何确定刚域？

【分析与对策】 刚域是在内力与位移计算中，可考虑的梁、柱重叠部分的范围。具体计算应按《高层建筑混凝土结构技术规程》JGJ 3—2010 第 5.3.4 条公式（5.3.4-1）～公式（5.3.4-4），刚域的判断应是在梁和柱截面都较大时，计算梁、柱重叠部分的一部分参与计算。计算时，计算软件程序可自动形成。仅用于框架或壁式框架的梁、柱节点。柱长取到梁底，梁跨长取到柱边。计算时是否应考虑刚域应加以分析。

建议的措施：

（1）当梁、柱的截面都很大，计算内力和配筋很大时，可取刚域。

（2）当梁的线刚度较小，柱线刚度较大时，可取刚域。

（3）当梁跨度较大，线刚度较小，柱的线刚度也较小时，不宜取刚域。

（4）当梁的线刚度较大，柱线刚度较小，节点弯矩和箍筋都较小时，不应取刚域。

（5）采用混合结构时取刚域应慎重。

【问题8】 如何确定多层和高层钢结构抗震计算的阻尼比？

【分析与对策】 多层和高层钢结构抗震计算的阻尼比宜符合下列规定：

（1）多遇地震下的计算，高度不大于50m时可取0.04；高度大于50m且小于200m时可取0.03；高度不小于200m时可取0.02。

（2）当偏心支撑框架部分承担的地震倾覆力矩大于结构总地震倾覆力矩的50%时，其阻尼比可比第1条相应增加0.005。

（3）在罕遇地震下的弹塑性分析，其阻尼比可取0.05。

【问题9】 如何验算桩基的水平承载力？

【分析与对策】 结构设计中对于桩基的竖向承载力验算往往比较重视，但容易忽略桩基的水平承载力验算。桩基的水平承载力验算宜符合下列规定：

（1）《建筑抗震设计规范》GB 50011—2010（2016年版）第4.4.1条规定了可不进行桩基抗震承载力验算的建筑类型，除此之外的建筑物应进行桩基的水平抗震承载力验算。

（2）《建筑桩基技术规范》JGJ 94—2008第5.7.1条规定：受水平荷载的一般建筑物和水平荷载较小的高大建筑物，应验算单桩基础或群桩中基桩的水平承载力。对于受水平荷载较大的设计等级为甲级、乙级的建筑桩基，其单桩水平承载力特征值应通过水平静载试验确定，其他情况的基桩可根据《建筑桩基技术规范》第5.7节的相关规定估算单桩水平承载力特征值。验算桩基的水平承载力时，应按照《建筑桩基技术规范》第5.7.2-7条规定的不同工况将单桩水平承载力特征值乘以相应的调整系数。

【问题10】 结构的薄弱层、软弱层、转换层、框支层的概念是什么？《高层建筑混凝土结构技术规程》JGJ 3—2010第3.9.3和第3.9.4条中框支框架的含义是什么？托墙和托柱的梁设计上有何不同？

【分析与对策】 薄弱层：该楼层的层间受剪承载力小于相邻上一楼层的80%，结构强度判断。

软弱层：该楼层的侧向刚度小于相邻上一层的70%，或小于其上相邻三个楼层侧向刚度平均值的80%；除顶层或出屋面小建筑外，局部收进的水平向尺寸大于相邻下一层的25%；结构刚度判断。

转换层：转换层是设置转换结构构件的楼层，包括水平结构构件及其以下的竖向结构构件；转换结构构件是完成上部楼层到下部楼层的结构形式转变或上部楼层到下部楼层结构布置改变而设置的结构构件，包括转换梁、转换桁架、转换板等。在正常使用情况和地震作用下，转换构件将其上一层的竖向抗侧力构件（柱、抗震墙、抗震支撑等）的内力向下传递。部分框支剪力墙结构的转换梁亦称为框支梁。

框支层：如果一个结构单元的转换层以上为剪力墙，转换层以下为框架，那么转换层以下的楼层为框支层。

框支框架是指转换构件（如框支梁）及其下面的框架柱和框架梁，不包括不直接支承转换构件的框架。如考虑结构变形的连续性，在水平方向上与框支框架直接相连的非框支框架的抗震构造设计可适当加强，加强的范围可不少于相连的一个跨度。

框支梁一般指部分框支剪力墙结构中支承上部不落地剪力墙的梁，是有了“框支剪力墙结构”，才有了框支梁。《高层建筑混凝土结构技术规程》JGJ 3—2010 第 10.2.1 条所说的转换构件中，包括转换梁，转换梁有了更确切的含义，包含了上部托柱和托墙的梁，因此，传统意义上的框支梁仅是转换梁中的一种。

托墙或托柱的转换梁的不同设计要求见《高层建筑混凝土结构技术规程》JGJ 3—2010 第 10.2 节有关条文。托柱的梁一般受力也是比较大的，有时受力成为空腹桁架的下弦，设计中应特别注意，规范还要求托柱转换梁在转换层宜在托柱位置设置正交方向的框架梁。

【问题 11】 结构进行抗震设计时，若计算出的第一振型或第二振型以扭转为主时应如何处理？

【分析与对策】 震害表明，平面不规则、质量与刚度偏心的结构，在水平地震作用下，将产生扭转效应，而且不同振型的地震效应会严重耦联，导致严重震害。模拟地震振动台模型试验结果也表明，扭转效应会导致结构的严重破坏。

结构进行抗震设计时，若计算出第一振型为扭转为主的振型，或高层建筑结构以扭转为主的第一自振周期与平动为主的第一自振周期之比大于 0.9（A 级高度）或 0.85（B 级高度和复杂结构）时，说明结构的抗侧力构件布置不尽合理，导致结构楼层的刚心与质心偏移过大；抗侧力构件（一般是剪力墙）数量不足；或尽管结构平面对称，但核心筒断面太小，导致整体抗扭刚度偏小。此时应对结构方案进行调整，减小结构平面布置的不规则性，避免产生过大的偏心，宜满足《超限高层建筑工程抗震设防专项审查技术要点（建质【2015】67 号）》附件一表 2 中 1a 条要求，或加强结构抗扭刚度，必要时可设置防震缝，将不规则的平面划分为若干相对规则的平面。尽可能避免扭转振型成为第一振型或第二振型。

【问题 12】 剪重比不满足规范要求时，如何处理？

【分析与对策】 抗震验算时的剪重比应符合《建筑抗震设计规范》GB 50011—2010（2016 年版）第 5.2.5 条的要求。剪重比小于第 5.2.5 条规定时，应区分不同情况处理。当不满足最小地震剪力系数的楼层数不超过总楼层数的 10%时，可采用地震作用增大系数或修改自振周期折减系数的方法；如大于 10%时，说明结构整体刚度偏小，宜调整结构总体布置，逐层调整结构刚度和剪力；如果部分楼层相差较多，说明结构存在软弱层，应对结构体系进行调整，增加这些软弱层的抗侧刚度。

【问题 13】 结构构件配筋率不满足规范的要求。

【分析与对策】 《混凝土结构设计规范》GB 50010—2010（2015 年版）第 8.5.1 条规定了构件最小配筋率的强制性要求。当钢筋混凝土构件配筋率小到一定程度后，与素混凝土相差无几，构件的延性性能很差。

规范规定的最小配筋率是双控方式，一个数值是常数限值 0.20%，另一个数值是与钢筋和混凝土强度等级有关的配筋特征值，即 $\rho_{min}=45f_t/f_y$ 的计算值，应取两者较大值。

2.3　地基与基础

【问题 1】 如何确定地基承载力特征值？

【分析与对策】 根据《建筑地基基础设计规范》GB 50007—2011 第 5.1.3 条要求，高层建筑基础的埋置深度应满足地基承载力、变形和稳定性要求（强制性条文）。基础埋深有两个概念，一个是计算埋深与地基承载力有关；一个是基础实际埋深。计算埋深情况比较复杂，应充分注意考虑影响埋深的各种因素：

当采用大面积压实填土地基和采用处理后的复合地基时，不应考虑地基承载力的宽度修正，可进行深度修正。复合地基时深度修正系数见《建筑地基处理技术规范》JGJ79—2012 第 3.0.4 条。

通过深层平板载荷试验法确定地基承载力，不应再进行深度修正。

当基础埋置深度在地下水位以下，计算土体自重时应考虑按浮重度。

根据《建筑地基基础设计规范》规范第 5.2.4 条公式（5.2.4）计算修正后的地基承载力特征值 $f_a=f_{ak}+\eta_b\gamma(b-3)+\eta_d\gamma_m(d-0.5)$，其中 f_{ak} 应根据岩土工程勘察成果文件报告提供的数据采用。修正值和 f_a 计算时有以下问题应注意不能采用错误值。

（1）公式（5.2.4）不能用于湿陷性黄土地基的承载力修正值计算。

（2）γ 值为基础底面以下土的重度，地下水位以下取浮重度，γ_m 值为基础底面以上土的加权平均重度，地下水位以下取浮重度。这个系数容易取错，应引起注意。

（3）η_b、η_d 的取值与地基土的物理力学性质指标及岩土的分类有关，应按表 5.2.4 取值，而且要注意按基底土的类别查表 5.2.4。基底土类别应根据岩土工程勘察报告确定。

【问题 2】 如何确定《建筑地基基础设计规范》GB 50007—2011 第 5.2.4 条中公式（5.2.4）中基础埋置深度 d？

【分析与对策】 基础埋置深度 d 一般从室外地面算起，填方整平地区，可自填土地面算起。但填土在上部结构施工后完成时，应从天然地面算起。对地下室如果用箱形基础或筏基时，基础埋深自室外地面标高算起；当采用独立基础或条形基础时，应从室内地面标高算起。规范的规定比较原则，此规定指一般情况，对于实际的高层建筑工程非一般的情况很多，则需具体情况具体分析。

首先要分析为什么要修正，公式（5.2.4）中两个重要系数 γ、γ_m 的取值问题。γ 是由基础底面下地基土本身决定的，是定值。而 γ_m 是基础底面以上土的加权平均重度，地下水位以下是取浮重度。这主要是考虑岩土工程报告提供的地基承载力特征值只是取原状土土样试验，其承载力并没有考虑其原状土在自重作用下的三向受力状态；而位于基底标高处的原状土是处于自重应力作用的三向受力状态，因此，原状土的实际承载力要高于土工试验土样的承载力。所以，进行合理的修正。基于这个概念，当地基承载力特征值是通过深层平板载荷试验确定的则不考虑深度修正。因为地下水位以下的土工试验的土样是饱和土样，地下水位以下土颗粒间空隙已由地下水填满，所以公式中的 γ_m 采用浮重度。

由以上分析可看出：地基承载力特征值的修正与基础以上的荷载有关（也即超载）。

根据这一概念提出建议。

(1) 对于高层主楼和裙房（包括单侧裙房、两侧裙房、三侧裙房），进行地基承载力计算而确定基础埋深时，(d 值) 可将裙房基础底面以上范围内荷载作为基础侧面的超载并将其折算成等效埋深。上部荷载确定后，即可确定基础底的反力 q，如果设折算埋深为 d_1，$d_1=q/\gamma_m$，d_1应小于基础从室外地面到基础底的埋深。

以上规定的前提条件是裙房（带地下室）的基础是与主楼厚度不同的筏板基础，裙房的筏板厚度与上部结构、地下水位、上部荷载有关，一般不宜小于 300mm。当采用条形基础、带拉梁的独立柱基、基础计算埋深应从地下室的室内地面计算。因为这种做法不能将主楼侧向力的作用传到地下室挡土墙再传给地基土。对地下室带软垫层防水板，不应作为筏形基础对待。

(2) 对于高层建筑侧面有裙房并同时带地下室的建筑与相邻带地下室建筑（含单建的地下室）的净间距较小（指小于主楼基础埋深及地基滑动面或小于建筑物基础底板宽度的 2 倍）时，可以将相邻间的土重、裙房（带地下室）重的加权平均值确定的地基反力 q 折算埋深 d_1，$d_1=q/\gamma_m$，d_1也应小于基础从室外地面到基础底的埋深。条件是仅限于裙房地下室为筏板基础；当地下室埋深较高层主楼埋深浅时，只计算到裙房地下室底板的深度。

(3) 高层建筑两侧均有地下室或裙房时，应分别计算基础埋深，并以最小的计算值定为高层建筑基础的计算埋深。

【问题 3】 如何确定基础的埋置深度与计算埋深的关系？

【分析与对策】 基础的实际埋深与地基承载力的计算埋深不一定是一样的。基础埋置深度一般可以从室外地坪算至基础底面。如有地下室时，应从具有侧限的标高算起，或应考虑高层主楼基础有可靠侧向约束及有效埋深。这里重要的是如何确定“侧限”或“侧向约束”“有效埋深”。所谓侧限可认为是不使基础产生侧向变形位移和滑动，起到侧向约束作用。有效埋深可理解为除以上要求外还应保证建筑物的地基承载力、变形经计算满足要求。根据以上理解，建议如下：

基础的埋置深度不应小于计算埋深。

当带地下室的主楼与裙房相连、地下室基础底板在同一标高时，基础形式为连通的整体筏板基础，基础埋深从室外自然地面算起；当地面填土为施工基础后填土时，也应从原自然地面标高算起；当填土后施工基础时，可从填土后的地面算起。裙房为独立柱基、条基时，从室内地面算起。

当裙房与主楼不相连（隔一定距离时），地下室的基础结构不同［高层为筏基，裙楼为独立柱基或条基，裙房与主楼（高层）基础间净间距较小设沉降缝（沉降缝做法应是各自加挡土双墙，中间填密实中粗砂）］可以传递水平作用力时，且高层、裙房基础底标高裙房高出主楼≥2.0m 时，可以认为高层部分基础埋深从室外地面算起。

当主楼（高层）与裙房（含单建地下室）的间距≥两倍主楼（高层）基础底板宽度或大于基础土体滑动面时，可单独分别确定基础埋深，根据不同的基础形式从室外自然地面或室内地面计算基础埋深。当不满足上述要求时，则以实际情况分别计算埋深，确定实际埋深。

当高层建筑与裙房（带地下室）连成整体且基础同时采用不同厚度筏板基础时，则可认为高层建筑有侧限。

【问题 4】 如何确定基础构件最小配筋率？

【分析与对策】《混凝土结构设计规范》GB 50010—2010（2015 年版）第 8.5.1 条规定了钢筋混凝土结构构件中纵向受力钢筋的最小配筋率；第 8.5.2 条规定：对卧置于地基上的混凝土板，板中受拉钢筋的最小配筋率可适当降低，但不应小于 0.15%。对于桩基承台：柱下独立桩基承台的最小配筋率不应小于 0.15%，柱下独立两桩承台按《混凝土结构设计规范》中的深受弯构件配置纵向受拉钢筋、水平及竖向分布筋；条形承台梁的纵向主筋应符合《混凝土结构设计规范》关于最小配筋率的规定。

对于截面高度较大的基础底板、独立基础或承台，如直接采用抗弯计算的结果进行配筋，其配筋率有可能不满足上述条文规定的要求，因此设计时应注意复核基础构件的配筋率是否满足最小配筋率的要求。

【问题 5】 独立基础设计时不满足台阶、坡度宽高比的要求。

【分析与对策】 独立基础分为无筋基础和扩展式基础。无筋扩展基础，必须满足台阶高宽比要求，否则会发生脆性破坏。扩展式基础一般是配筋基础，其构造要求台阶宽高比宜≤2.5，这是配筋计算的前提条件，如不满足配筋计算是不安全的。基础每层台阶的高度应满足《建筑地基基础设计规范》GB 50007—2011 的要求，基础底板厚度应满足钢筋锚固长度的要求。

【问题 6】 地下室外墙计算时，如何确定计算模型？

【分析与对策】 关于地下室外墙设计的计算模型一般按上端铰接、下端固接。当存在柱与地下室外墙共同组合截面时，应考虑实际情况确定计算模型，有的形成单向板构件，有的是双向板构件，配筋受力不同，边界条件也不同，与边界条件的关系也不同，应综合考虑确定正确的计算模型。

【问题 7】 如何考虑压实填土的要求？

【分析与对策】 关于基础部分，采用复合地基时，处理后的复合地基承载力特征值应通过试验确定，详见《建筑地基基础设计规范》GB 50007—2011 第 6.3.1、7.2.7、7.2.8 等条。压实填土包括分层压实和分层夯实的填土。当采用压实填土作为建筑地基持力层时，在平整场地前，应根据结构类型、填料性能和现场条件等，对拟压实的填土提出质量要求。未经检验查明以及不符合质量要求的压实填土，均不得作为建筑工程地基持力层。当裙房的独立柱基、条基置于高层建筑的基坑开挖后的回填土上，应回填土施工质量提出要求，避免造成安全隐患。

【问题 8】 如何处理主楼与地库施工顺序？

【分析与对策】 主楼与地库施工顺序应在设计中提出要求，一般不允许先施工高层后施工地下车库。如果已施工完高层后施工地下车库或后加地下车库时，应进行稳定性计算，应验算施工过程中的承载力和稳定，基底底面验算不出现零应力区不代表基础稳定，况且验算零应力区是在有侧限基础有埋深时为前提，开挖地下车库已无侧限时不符合应力计算的条件。车库施工时应采取有效措施确保主楼的稳定和安全。

地下车库、裙房连成整体时或大底盘多塔，应进行建筑物整体变形协调分析，满足变形要求。应对施工时的基坑开挖、施工顺序和支护提出要求，保证施工时建筑物的侧限。

【问题 9】 高层建筑处理后复合地基下存在软弱下卧层时应进行承载力和变形验算。如何考虑地基应力的扩散？如何考虑压缩模量的取值？

【分析与对策】 首先应明确地基处理后仍是地基，而不是桩基。计算下卧层应按地基的计算方法，沉降变形计算应由岩土勘察专业计算复合地基的复合（换算）模量；地基应力扩散应从基础底面计算。不应按桩基计算方法计算复合地基的沉降，可按分层总合法等进行沉降变形计算。

【问题 10】 如何根据地基基础设计等级确定变形验算？

【分析与对策】《建筑地基基础设计规范》GB 50007—2011 第 3.0.2 条规定：地基基础设计等级为甲级、乙级的建筑物，以及表 3.0.3 中规定的可不作地基变形验算范围以外的丙级建筑物，均应进行地基变形验算。

《建筑桩基技术规范》JGJ 94—2008 第 3.1.4 条规定：设计等级为甲级的建筑桩基，设计等级为乙级的体型复杂、荷载分布显著不均匀或桩端以下存在软弱土层的建筑桩基，软土地基多层建筑减沉复合疏桩基础，应进行桩基沉降验算。

建筑物的基础沉降变形允许值应符合《建筑地基基础设计规范》表 5.3.4 和《建筑桩基技术规范》表 5.5.4 的规定。

【问题 11】 关于地基勘察等级和地基基础设计等级，怎样理解《高层建筑岩土工程勘察标准》JGJ/T 72—2017 第 8.4.1 条规定："勘察等级为甲级的高层建筑拟采用复合地基方案时，尚应进行充分论证。"

【分析与对策】 对于勘察等级为甲级的高层建筑拟采用复合地基方案时，尚应进行充分论证基于以下原则：

（1）复合地基主要适用于规程规定的勘察等级为乙级的高层建筑。勘察等级为甲级的地基，一般地基基础设计等级也为甲级。设计等级为甲级的地基基础强制性要求进行地基变形设计和满足承载力计算的有关规定；《建筑地基基础设计规范》GB 50007—2011 第 7.2.7 条规定复合地基设计应满足建筑物承载力和变形要求。《建筑地基处理技术规范》JGJ 79—2012 第 3.0.5 条规定："按地基变形设计或作变形验算且需进行地基处理的建筑物或构筑物，应对处理后的地基进行变形验算。"这就要求地基处理设计应较准确合理地提供地基承载力特征值和变形计算的地基压缩模量等计算参数。

（2）对于高度超过 100m（含 100m）和 30 层（含 30 层）以上的高层建筑或高层与低层层数相差超过 10 层的地基，不宜采用复合地基。复合地基计算时不同程度存在着地基压缩模量的计算错误，上部结构设计往往只要求压缩模量为多少，但不要求是什么土层、哪个部位的压缩模量，造成安全隐患。

因此对于勘察等级为甲级的高层建筑拟采用复合地基方案时，尚应进行充分论证。

【问题12】 《建筑地基基础设计规范》GB 50007—2010第3.0.1条中30层以上的高层建筑地基基础设计等级为甲级是否包括30层？层数相差超过10层的高低层连成一体建筑物是否仅±0.000以上相差层数？

【分析与对策】 建筑物层数的划分应从±0.000算起，不含30层；应是30层以上，层数相差超过10层的高低层连成一体建筑物是指±0.000以上相差的层数。

2.4　钢筋混凝土结构

【问题1】 短柱设计应注意什么问题？

【分析与对策】 短柱：钢筋混凝土结构中按内力计算值得到的剪跨比不大于2、柱净高与柱截面高度之比不大于4的柱。短柱常出现在框架结构、框架-剪力墙结构、框架-筒体结构中的标准层和设备层，框架柱间砌筑不到顶的隔墙和窗间墙处（此时应注意计算的方向，柱子的截面高度应选沿填充墙平面内的柱子截面尺寸，而不是选取柱子截面尺寸的最大值），和楼梯间休息平台梁相连处及与雨篷梁相连处的框架柱、错层结构高低层相交处的框架柱、楼梯间的梯柱等。短柱的变形特征为剪切型，属脆性破坏，对抗震不利，设计和施工图审查时应引起注意。

剪跨比不大于2及因填充墙设置或楼梯平台梁、雨篷梁的设置，形成柱净高与柱截面高度之比不大于4的短柱，沿柱全高箍筋间距不应大于100mm，剪跨比不大于2的柱箍筋的体积配箍率不应小于1.2%，9度时不应小于1.5%，见《建筑抗震设计规范》GB 50011—2010（2016年版）第6.3.9-3条3款。此时的1.2%和1.5%为构造要求不受钢筋种类的影响，不能进行等强代换。还应注意当抗震等级为一级时，柱箍筋加密区的最大间距不应大于6倍纵筋直径，箍筋最小直径为10mm。

对剪跨比小于1.5或柱净高与柱截面高度之比小于3的超短柱（常出现在设备层和夹层），按《高层建筑混凝土结构技术规程》JGJ 3—2010第6.4.2条注3，轴压比限值应专门研究并采取特殊构造措施。设计中应尽量避免出现超短柱，无法避免时，可采取如下措施：控制轴压比，轴压比限值至少比规范规定限值降低0.1；采用性能好的箍筋形式，如井字复合箍、复合螺旋箍、连续复合箍筋等，体积配箍率应高于对短柱的要求；在框架柱中增加芯柱或型钢；加斜向X形交叉筋承担剪力等。

当剪力墙或核心筒作为主要抗侧力结构的框架-剪力墙结构和外框架内核心筒结构中出现短柱，与纯框架结构中出现短柱可有所不同，重视的程度应有所区分。

【问题2】 抗震设计的多层框架结构采用独立基础，在室外地面以下靠近地面处设置拉梁时，结构整体计算模型如何选取？

【分析与对策】 室外地面以下靠近地面处设置拉梁的多层框架结构，在进行整体抗震计算时，有的设计人员仅假定上部结构嵌固在拉梁顶面处进行一次性整体计算。这种计算方法虽然可以使底层柱在拉梁顶面以上的配筋较为合理，但拉梁层以下基础顶面以上框架柱的配筋、底层顶板框架梁的配筋以及底层拉梁的配筋就未必合理，因为柱的真正嵌固部位在基础顶面，应再补充一次结构整体计算。其方法是：仍将拉梁层设置为一层，将上部结构嵌固在基础顶面处进行计算。此时应定义拉梁层楼板全房间开洞，并采用弹性楼板总刚分析；拉梁的抗震构造措施应符合框架梁的要求，不设箍筋加密区或箍筋直径不满足规范要求等都是不正确的。整体计算时不能遗漏拉梁上可能存在的填充墙等荷载，并注意计算简图应与实际相符。

多层框架结构设置接近室外地面处的拉梁层后，回填土会有一定的约束作用，但与真正的地下室有很大的区别，回填土的相对刚度比取多少合适，影响因素很多，很难定量确定，一般应考虑回填土的刚度贡献。回填土的相对刚度比取值大了，会使拉梁及底层顶板框架梁的配筋偏小，反之，又会使框架柱的配筋偏小。所以，框架梁（含拉梁）和柱的最终配筋宜取上述两次计算结果中的较大值。

【问题 3】 高层建筑基础为筏板时，地下室墙体竖向和水平钢筋配置应注意什么问题？

【分析与对策】 采用筏板基础的地下室，钢筋混凝土外墙厚度不应小于 250mm，内墙厚度不宜小于 200mm。墙的截面设计除应满足承载力要求外，尚应考虑变形、抗裂及外墙防渗等要求。墙体内应设置双面钢筋，钢筋不宜采用光面钢筋，水平钢筋的直径不应小于 12mm，竖向钢筋的直径不应小于 10mm，间距不应大于 200mm。钢筋的布置应符合设计计算的假定，一般情况时地下室外墙竖向筋应在水平筋外侧设置，竖向和水平分布钢筋的间距不宜大于 150mm，配筋率不宜小于 0.3%。如果是人防地下室，还应满足人防规范的相关要求。

【问题 4】 框架结构中楼梯间设计应注意什么问题?

【分析与对策】 对于框架结构，楼梯间的布置不应导致结构平面特别不规则；楼梯构件与主体结构整浇时，应计入楼梯构件对地震作用及其效应的影响，应进行楼梯构件的抗震承载力验算；结构设计时宜采取构造措施，减少楼梯构件对主体结构刚度的影响。

减少楼梯构件对主体结构刚度影响的构造措施，可结合工程具体情况确定。一般情况下，宜采取将楼梯平台与主体结构脱开的方案，尤其是楼梯偏置时，也可采取在每梯段下端梯板与平台或楼层之间设置水平脱离缝的方法，参见国家标准图集《混凝土结构施工图平面整体表示方法制图规则和构造详图（现浇混凝土板式楼梯）》16G101-2，此时应注意楼梯柱的设置及截面面积应满足框架柱的要求。

当楼梯构件与主体结构整浇时，楼梯板起斜撑的作用，对主体结构的刚度、承载力及整体结构的规则性影响很大，使整体结构的周期变短，与楼梯构件相连的框架柱内力增大，设计时应注意加强。地震作用下，楼梯斜板处于非常复杂的受力状态，首先是明显的轴向受力，其次是竖向受剪，受压时尚存在不可忽略的面内弯矩和扭矩。楼梯踏步斜板设计时，除了要考虑恒载和活载的作用外，还应考虑地震作用下的复杂受力状态，按面外拉弯、面内压弯剪构件进行设计，梯板上部筋应拉通布置，梯板侧边根据抗震等级设暗梁或加筋，参见《16G101-2》。

楼梯休息平台梁普遍存在较大的轴力，而且受力状态复杂，尤其以直接支撑楼梯踏步的梁最为复杂，处于拉、弯、剪的复合受力状态；顺梯方向的梯梁，位于框架柱和踏步斜板之间，直接传递斜板的地震效应，处于受压状态，且轴力最大。与框架柱、楼梯柱相连的楼梯平台梁设计时应满足规范对框架梁的构造要求，楼层相关的楼面梁、框架梁段可参照楼梯休息平台的梁段设计，参见《16G101-2》。

楼梯是防火及地震时的主要疏散通道，楼梯柱作为特殊的结构构件，设计时应注意加强。当楼梯板与主体结构整浇时，楼梯柱宜按框架柱的要求设计；当楼梯柱由楼面梁支承且平台板与主体结构脱开时，楼梯柱的截面尺寸宜满足框架柱的要求，当柱宽度尺寸受限时，应控制柱截面宽度≥200mm，并相应加大柱截面高度尺寸，楼梯柱箍筋宜全高加密。

楼梯间两侧填充墙与柱之间的拉结要求应满足《建筑抗震设计规范》GB 50011—2010（2016年版）第13.3.4条，构造柱的设置要求见《建筑抗震设计规范》第7.3.1条、第7.4.1条，楼梯构件的材料要求见《建筑抗震设计规范》第3.9.2-2-2条。

【问题5】 框架梁的配筋设计应注意什么问题？

【分析与对策】《混凝土结构设计规范》GB 50010—2010（2015年版）、《建筑抗震设计规范》GB 50011—2010（2016年版）和《高层建筑混凝土结构技术规程》JGJ 3—2010等都规定了框架梁设计应符合的相关要求。对于框架梁，《高层建筑混凝土结构技术规程》第6.3.2条、《建筑抗震设计规范》第6.3.3条、《混凝土结构设计规范》第11.3.1条、第11.3.6条等处都是强制性条文。

抗震设计时应对最大、最小配筋加以控制。框架梁梁端的最大纵向受力钢筋配筋率不宜大于2.5%，不应大于2.75%；当梁端受拉钢筋配筋率大于2.5%时，受压钢筋的配筋率不应小于受拉钢筋的一半。但规范强调了受压区高度与有效高度之比为强制性条文，梁端计入受压钢筋的混凝土受压区高度和有效高度之比，一级不应大于0.25，二、三级不应大于0.35，是为了防止在地震作用效应组合下，截面发生非延性的混凝土区域破坏（超筋破坏）。而最小配筋率的要求则是为了防止截面承载力过小，在地震作用效应组合下，混凝土开裂后即发生钢筋拉断的破坏。规范规定的考虑抗震作用的纵向钢筋配筋率的数值是在非抗震要求的基础上，根据各抗震等级的受力情况作适当调整而确定的。因此，应特别注意框架梁的纵向受力钢筋配筋率与抗震等级有关，与采用的钢筋强度等级、混凝土的强度等级有关。最小配筋率是双控，支座配筋百分率抗震等级为一级要满足0.40%和$80f_t/f_y$的较大值；二级时为0.30%和$65f_t/f_y$的较大值；三、四级时为0.25%和$55f_t/f_y$的较大值；跨中配筋百分率分别为一级时0.30%和$65f_t/f_y$的较大值，二级时0.25%和$55f_t/f_y$的较大值；三、四级时0.20%和$45f_t/f_y$的较大值。

《高层建筑混凝土结构技术规程》和《混凝土结构设计规范》还规定框架梁端纵向受压钢筋（底面）和纵向受拉（顶面）钢筋的比值，除计算确定外，一级不应小于0.5，二、三级不应小于0.3。如果设计能满足这些要求，一般将受压区的实际配筋计入，则受压区高度的强制性要求较易满足。如果受压区配筋不满足$A'_s/A_s \geqslant 0.5$（一级）或0.3（二、三级）时，就不能保证受压高度与有效高度之比值的要求，这将减小梁的位移延性系数，影响梁的变形能力，必须修改。可以减少梁端支座配筋或加大跨中下部钢筋，满足比值要求的足量的梁底面钢筋可增加负弯矩区的塑性转动能力，还能防止在地震中梁底出现正弯矩时过早屈服和严重破坏，保证承载力和变形能力的正常发挥。

对于框架梁当出现大小跨相连和长悬臂时，如果仅在支座处标注一次配筋，很可能造成小跨支座处配筋率超过2.0%后箍筋没有增大一级、跨中配筋与支座配筋之比小于0.3或0.5的情况，出现这种情况时建议在支座两侧进行原位标注配筋，将大跨的部分配筋锚入框架柱内或者将小跨的箍筋直径增大一级，也可增加小跨框架梁的截面高度和跨中配筋；当框架梁的梁高小于400mm时，应注意加密区的箍筋间距不应大于四分之一梁高；当框架梁的受力纵筋采用直径为12mm的钢筋时，还应注意加密区的箍筋间距不应大于$8d$或$6d$的要求。

综上所述，框架梁必须严格控制纵向钢筋最大、最小配筋率和混凝土受压区高度和有效高度之比等满足规范的要求，以保证建筑物的抗震性能和安全。

【问题6】 如何解决剪力墙结构连梁超筋问题？

【分析与对策】 设计中为减少或避免连梁超筋，可采用减小连梁截面高度或其他减小连梁刚度的措施。对于高连梁，建议设置水平缝，使一根高连梁成为大跨高比的两根或多根连梁，其破坏形态可从剪切破坏变为弯曲破坏。刚度折减是对抗震设计而言的，对非抗震设计的结构，不宜对连梁刚度进行折减。因此，抗震设计时，连梁刚度折减系数的取值，应满足连梁正常使用极限状态的要求，一般与设防烈度有关，设防烈度高时可多折减一些，设防烈度低时宜少折减一些，但一般不小于0.5。当连梁刚度折减系数取值小于0.5时，与之相连的抗震墙墙肢设计应加强，同时连梁本身仍必须满足非抗震设计的承载能力和正常使用极限状态的设计要求。为避免在正常使用条件下或较小的地震作用下在连梁上出现裂缝，可采取调幅后的弯矩不小于调幅前按刚度不折减计算的弯矩（完全弹性）的80%（6~7度）和50%（8~9度），并不小于风荷载作用下的连梁弯矩。

【问题7】 框架结构、框架-抗震墙结构和大开间剪力墙结构中一端与框架柱相连或与剪力墙顺接，另一端与梁或剪力墙平面外连接的楼面梁是否有抗震等级或者抗震构造的要求？梁纵向受力钢筋的锚固应如何确定？

【分析与对策】 结构构件的抗震设计，是在非抗震设计基础上增加抗震的计算和构造要求，并且当地震内力不是构件设计的控制内力时，只需满足构造要求。

问题中所述楼面梁按其受力特征可以分为两类：

作为抗侧力构件承担或传递其从属部分结构的地震剪力时，需考虑地震作用的影响，则有抗震等级和抗震构造要求；

若仅承受楼面竖向荷载（如上下铰接柱），不承担、不传递地震剪力，则无抗震等级的要求，可按一般混凝土构件的计算和构造要求设计。但不建议出现此种设计情况。

【问题8】 与剪力墙或梁平面外相交的梁，其边支座纵向受力钢筋的锚固应如何确定？

【分析与对策】（1）与剪力墙平面外相交，梁高大于墙厚两倍或跨度及荷载较大时，会使墙肢平面外承受较大的弯矩，不宜与未采取措施的剪力墙垂直相交。梁跨度、荷载和截面较小时，计算及构造设计应采取相应措施。计算时按梁端铰接，构造设计在有条件时可采取在梁、墙交接部位设置暗柱或加大梁头等方法。

与梁平面外相交，按计算是铰接或刚接，确定钢筋锚固长度。

(2) 梁的边支座上部纵向受力钢筋锚固，当支座尺寸不能满足直线锚固要求时，可采用钢筋端部加机械锚头的锚固方式，伸至支座外侧纵向钢筋内边，包括机械锚头在内的水平投影锚固长度不应小于按设计要求取值 $0.35l_{ab}$、$0.4l_{ab}$、$0.6l_{ab}$。也可采用钢筋端部设 90°弯钩的形式，其形式主要有如下有三种情况。

① 水平直段长度≥$0.35l_{ab}$，弯折段长度 $15d$，要求平直段伸至支座尽端，用于设计铰接时。

② 水平直段长度≥$0.4l_{ab}$（$0.4l_{abE}$），弯折段长度 $15d$，要求平直段伸至支座尽端。用于框架中层端节点处框架梁上下纵向钢筋的弯折锚固时。用于支座为剪力墙时，下部纵向钢筋锚固长度为 $12d$。

③ 水平直段长度≥$0.6l_{ab}$，弯折段长度 $15d$，要求平直段伸至支座尽端，用于设计充分利用钢筋抗拉强度时。

(3) 非框架梁边支座下部纵向钢筋直锚长度为 $12d$（带肋钢筋），如支座尺寸不能满足要求，可在伸至墙外侧钢筋内侧且大于 $7.5d$（带肋钢筋）后，末端带 135°弯钩，弯钩长度 $5d$。

(4) 对于纵向受力钢筋的 90°弯折锚固方式，是指钢筋水平伸至支座外侧纵向钢筋内边并向节点内弯折，其包含弯弧在内的水平投影长度不应小于 $0.35l_{ab}$、$0.4l_{ab}$、$0.6l_{ab}$，弯折钢筋在弯折平面包含弯弧端的投影长度不应小于 $15d$。其中水平直段长度 $0.35l_{ab}$、$0.4l_{ab}$、$0.6l_{ab}$应满足相应要求，不能减小，混凝土规范及抗震规范中均有明确示意，有些设计在水平直段钢筋某处贴焊短钢筋的做法，规范没有推荐。设计中可采取减小纵向钢筋受力筋直径或加宽支承长度等方法满足水平直段长度的要求。实际工程中对于因支座长度限制无法满足水平直段长度，将水平段减短些，弯折段加长些，总长度满足锚固长度 l_a 或 l_{aE}就可以的做法不妥。

【问题 9】 框架梁中架立筋是否可以作为通长钢筋？

【分析与对策】 《建筑抗震设计规范》GB 50011—2010（2016 年版）第 6.3.4 条规定，沿梁全长顶面和底面的配筋，一、二级不应少于 $2\phi14$ 且分别不应少于梁顶面、底面两端纵向配筋中较大截面面积的 1/4，三、四级不应少于 $2\phi12$。条文中沿梁全长顶面的最小配筋没有要求一定为通长钢筋，只需满足规范第 6.3.4 条 1 款要求。即：

在梁全长范围内，顶面、底面的纵向钢筋数量各不少于 2 根；

对一、二级框架梁，顶面（底面）的每根纵筋，直径不小于 14mm，也不小于左右两端顶面（底面）纵筋总截面面积较大值的 1/8；

对三、四级框架梁，每根纵筋的直径不小于 12mm。

因此，梁跨中部分顶面的纵向钢筋直径可以小于支座处梁顶面的钢筋，不同直径的钢筋可以通过可靠措施进行连接或符合钢筋搭接的要求。

【问题 10】 单层钢筋混凝土柱工业厂房采用现浇结构时，纵向为框架，是否需要设置纵向柱间支撑？

【分析与对策】 抗震规范的历次版本中，单层钢筋混凝土柱厂房是指全装配式单层混凝土结构，是由预制的钢筋混凝土柱子、屋架和屋面板等构件，通过装配连接形成的排架结构。其跨度大、柱子高，主要抗侧力结构是屋架和柱子组成的横向排架。海城和唐山地震中，这类装配式厂房遭到较重的震害，甚至柱断房塌，暴露了抗震薄弱环节。

震害表明，厂房纵向的地震作用，不能仅仅依靠大型屋面板传递，必须利用屋盖系统（屋架和天窗架）的各种支撑、纵向柱列的柱间支撑、柱顶圈梁和卧梁、围护墙的圈梁以及独立基础间的基础系梁等，构成合理的地震作用传递途径，形成整体的空间受力体系。纵向柱列的柱间支撑是不可缺少的抗侧力构件。

近年来，有的单层钢筋混凝土柱厂房采用现浇结构，其横向保持了装配式的排架受力体系，而纵向采用了框架的受力体系，并按抗震规范第 6 章的相关规定进行设计。此时，厂房纵向的地震作用有明确的、合理的传递途径，可以不再设置柱间支撑。

【问题 11】 如何理解《建筑抗震设计规范》GB 50011—2010（2016 年版）第 6.4.6 条“抗震墙的墙肢长度不大于墙厚的 3 倍时，应按柱的有关要求进行设计”。仅一个方向是上述情况，是否要执行该条文？

【分析与对策】

（1）对于 $h_w/b_w \leqslant 3$ 的抗震墙墙肢按柱进行设计，是指抗力设计。抗震墙与柱都是压弯构件，其压弯破坏状态以及计算原则基本相同，但是其截面配筋构造有很大不同，因此柱截面和墙截面的配筋计算方法也各不相同。为此规范设定了按柱或按墙进行截面设计的分界点。

（2）墙肢按抗震墙输入计算，配筋设计时，应将计算纵向受力钢筋按相应抗震等级的框架柱钢筋配置方式配置在墙肢的端部（墙肢中部可按构造配纵筋），箍筋按框架柱设置加密区。

（3）对于 L、T、十字形抗震墙，两个方向的墙肢高度与厚度之比仅有一个方向 $h_w/b_w \leqslant 3$，该段墙肢也建议按上述办法处理。

（4）《高层建筑混凝土结构技术规程》JGJ 3—2010 第 7.1.7 条规定墙肢的截面高度与厚度之比不大于 4 时，宜按框架柱进行截面设计。可参照上面所述内容理解此条文。

【问题 12】 地下室采用无梁楼盖应注意什么问题？

【分析与对策】 近年来无梁楼盖（尤其是地下室无梁楼盖）结构事故多发，住房和城乡建设部发文《建办质【2018】10 号》，明确对地下室无梁楼盖工程质量安全管理作出要求。对设计环节的质量安全，提出在无梁楼盖工程设计中考虑施工、使用过程的荷载并提出荷载限值要求，注重板柱节点的承载力设计，通过采取设置暗梁的构造措施，提高结构的整体安全性。

无梁楼盖结构对不均匀荷载极为敏感，结构抗连续倒塌能力弱；当用于地库顶板时，由于上部覆土的特殊情况，在粗放型施工管理下，即使由于施工堆载和施工机械大大超出设计限值，板柱节点区域的塑性开展也难以引起察觉预警，从而造成工程事故。另外目前对超厚填土、大厚度板无梁楼盖板柱节点的受弯和受冲切承载力亦有待进一步研究。因此设计上建议从以下几方面采取措施：

（1）按照现行规范进行设计，不要缺项漏项。当采用计算软件辅助设计时，一定进行相应复核、校核。

（2）无梁楼盖的结构布置应采用较为均匀的柱网，与主楼相邻处如遇不规则边跨时，边跨部位建议采用梁板结构。

（3）应特别注意板柱节点的竖向承载力及构造问题，板柱节点进行冲切验算时应考虑适当留有余地。

（4）施工图中应明确荷载控制要求（包括荷载均匀性要求）。

（5）施工图纸注明在地下室顶板进行深厚回填土机械施工时，地下室内部应严禁作业的要求。

2.5 砌体结构

【问题 1】 *砌体结构中房屋的层数计算时，地下室是否算一层？*

【分析与对策】

（1）全地下室：指全部地下室埋置在室外地坪以下或小部分结构露出地面而无窗洞口的地下室。此时可视全地下室在地震作用时与土体共同工作而无动力放大作用，按《建筑抗震设计规范》GB 50011—2010（2016 年版）表 7.1.2 进行房屋层数限制时可不作为一层考虑，但应保证地下室结构的整体性及其与上部结构的连续性。

（2）半地下室：指房间地面低于室外设计地面的平均高度大于该房间平均净高 1/3，且小于等于 1/2 者。半地下室作为一层使用，开有较大的采光和通风窗洞口，此时按《建筑抗震设计规范》GB 50011—2010（2016 年版）表 7.1.2 进行房屋层数限制时应作为一层考虑。

（3）嵌固条件好的半地下室应同时满足下列各项条件，按《建筑抗震设计规范》GB 50011—2010（2016 年版）表 7.1.2 进行房屋层数限制时可不作为一层考虑。

① 半地下室顶板和外挡土墙采用现浇钢筋混凝土；

② 当半地下室开有窗洞处并设置窗井，内横墙延伸至窗井外挡土墙并与其相交形成封闭的窗井；

③ 上部外墙均与半地下室墙体对齐，与上部墙体不对齐的半地下室内纵、横墙总量分别不大于 30%；

④ 半地下室室内地面至室外地面的高度应大于地下室净高的二分之一，地下室周边回填土宜采用灰土，回填土压实系数不宜小于 0.94；

（4）多层住宅当有一层地下室且地下室层高不大于 2.2m，地下室外墙无窗洞口或仅有很小的通风洞口，对地下室截面削弱很少，地下室大部分埋置在室外地面以下或高出地面部分不超过 900mm，室外回填土采用灰土，回填土的压实系数不宜小于 0.94，按《建筑抗震设计规范》GB 50011—2010（2016 年版）查表 7.1.2 进行房屋层数限制时也可不作为一层考虑。

【问题 2】 *砌体结构中房屋的层数及高度计算时，坡屋面阁楼层是否算一层？*

【分析与对策】 对带阁楼的坡屋面，一般情况，总高度应计算到阁楼层山尖墙的 1/2 标高处，同时应将阁楼层当作一层计算。房屋端部为四坡顶时，可只算到檐口高度。

（1）坡屋面无吊顶或有轻质材料吊顶，无使用功能，坡屋顶可不作为一层，但总高度应算到山墙尖的 1/2 高度处。

（2）坡屋面有阁楼层，阁楼地面为钢筋混凝土楼板或木楼盖，有使用功能，阁楼层作为储藏或居住之用时，最低处高度在1.5m以上时应算一层，总高度仍算至山墙尖1/2高度处；最低处高度不超过1.5m，但算至山墙尖1/2处的高度超过3.0m时也应算一层。

（3）坡屋面有局部突出的阁楼层，其面积小于30%顶层面积、重力荷载代表值小于30%顶层重力荷载代表值、阁楼最低处高度不超过1.5m时，可以不算一层，高度也不计入总高度内。此阁楼层作为房屋的局部突出构件进行抗震强度验算，按《建筑抗震设计规范》第5.2.4条将局部阁楼层作为荷载，并乘以增大系数3.0计算地震作用效应，此增大部分不往下传递。但结构强度验算时应全部计入荷载。构造措施宜参照突出屋面的楼电梯间采取措施。

（4）当局部突出阁楼层的面积大于30%顶层面积时，应算一层处理。

【问题3】 多层砌体房屋中砌体墙段的局部尺寸不满足《建筑抗震设计规范》GB 50011—2010（2016年版）表7.1.6的要求时，如何处理？

【分析与对策】 （1）局部尺寸不足时，应采取局部加强措施弥补，且最小宽度不宜小于1/4层高和表列数据的80%。

（2）GB 50011—2010表7.1.6中外墙尽端指建筑物平面凸角处（不包括外墙总长的中部局部凸折处）的外墙端头，以及建筑物平面凹角处（不包括外墙总长的中部局部凹折处）未与内墙相连的外墙端头。

（3）出入口处的女儿墙应采取加强锚固的措施。

（4）当采用构造柱加强墙垛时，对于外纵墙中的构造柱设置，首先应要求同一轴线上墙垛尺寸的均匀性，对局部小墙垛（宽度在层高的1/4范围内）可以只设一个或两个构造柱。如设一个柱，应置于内外墙交接处；如设两个柱则应设在洞口两侧，但无论是一个或两个柱，柱间的墙体均应配置通长水平拉结钢筋或采用不小于20mm厚的水泥砂浆钢丝网加强，以提高局部墙垛的强度和刚度，不应将局部小墙垛以现浇钢筋混凝土柱来代替。

（5）如构造柱上搁置有梁时，构造柱所在窗间墙垛应当考虑梁对墙垛的不利影响，以及对梁的嵌固作用。梁下构造柱承担梁传来的弯矩作用，应考虑柱在压、弯、剪联合作用下的受力状态，墙垛和柱的配筋应通过计算确定，仅按一般的构造柱配筋是不够的。

【问题4】 抗震设防类别为重点设防类时，抗震横墙的间距、房屋的高宽比、墙段的局部尺寸、墙体拉结网片的设置、构造柱和圈梁的设置及配筋不满足规范的要求时，如何处理？

【分析与对策】 重点设防类的多层砌体房屋按《建筑抗震设计规范》GB 50011—2010（2016年版）查表7.1.2时仍采用本地区设防烈度，其层数应减少一层且总高度应降低3m且不应采用底部-抗震墙砌体房屋。

对于学校、医院等抗震设防分类为重点设防类的建筑，其抗震横墙的间距应满足《建筑抗震设计规范》表7.1.5，圈梁和构造柱的设置、配筋应满足《建筑抗震设计规范》表7.3.1、表7.3.3、表7.3.4和第7.3.2条的要求，高宽比宜满足《建筑抗震设计规范》表7.1.4，局部尺寸宜满足《建筑抗震设计规范》表7.1.6的要求。按《建筑工程抗震设防分类标准》GB 50223—2008第3.0.3-2条，重点设防类的建筑，应按高于本地区抗震设防烈度一度的要求加强其抗震措施，即 6、7、8 度设防时，应分别按 7、8、9 度采取抗震措施，即应按 7、8、9 度查表设计。不少设计人在查上述表格时，依然采用本地区的抗震设防烈度，因此就出现了不满足规范要求的情况。

【问题 5】 *跨度不小于 6m 的大梁下仅设构造柱，应采取什么措施？*

【分析与对策】 跨度不小于 6m 的大梁下仅设构造柱，不满足《建筑抗震设计规范》GB 50011—2010（2016 年版）第 7.3.6 条中支承构件应采用组合砌体等加强措施并满足承载力的要求。当梁下设置构造柱时，不论墙垛大小，均不能按一般构造柱的构造要求对待，梁下构造柱承担梁传来的弯矩作用，应考虑柱在压、弯、剪联合作用下的受力状态，应通过计算确定墙垛和柱的配筋，不应仅按一般构造柱设置配筋。对跨度不小于 6m 的大梁下支承构件建议此处的构造柱尺寸应取不小于墙厚×（梁宽＋每边宽出梁宽 50），纵筋不小于 14，纵筋锚入混凝土基础内 l_a。当墙下采用条形砖基础时，柱下在基础内设 800mm×800mm 的混凝土柱垫，或根据计算设计混凝土基础，纵筋锚固长度不小于 l_a。

【问题 6】 *按《建筑抗震设计规范》GB 50011—2010（2016 年版）第 7.3.2 条底部楼层构造柱间的墙体中设置的通长水平拉结钢筋网片是否可计入墙体抗震抗剪承载力。*

【分析与对策】 规范要求所有多层砌体房屋中构造柱间的墙体，按 6、7 度时底部1/3 楼层，8 度时底部 1/2 楼层和 9 度时全部楼层设置通长的水平钢筋网片，这样房屋底部均变为约束配筋砌体，提高了墙体的抗震、抗倒塌能力，底部各层墙体除了有构造柱约束之外又增加了水平钢筋网片，对底部各层墙体的抗震抗剪能力会有一定提高。规范对水平网片的加强是作为抗震构造措施提出的，当在计算中发现底部抗震抗剪强度不足时，也可以将其计入承载能力，但配筋量宜适当增大，以满足配筋砌体墙的要求。

【问题 7】 *多层砌体房屋中构造柱纵向钢筋和箍筋的强度等级有无要求？构造柱箍筋在纵向钢筋搭接区有无特殊要求？*

【分析与对策】 构造柱中的纵向钢筋和箍筋均属于构造配筋，规范只规定了最少根数和直径，钢筋的强度等级均应遵守《建筑抗震设计规范》GB 50011—2010（2016 年版）第 3.9.3 条的要求。

在钢筋的搭接区范围的箍筋间距需要加密，这是混凝土结构构件的构造要求。对于构造柱在纵向钢筋搭接区的箍筋也应加密。

【问题 8】 *砌体结构构造中框架填充墙容易被忽略的墙体稳定问题，应如何考虑和解决？*

【分析与对策】 填充墙为自承重墙，包括框架或排架结构的砌体围护墙，砌体内隔墙，单层厂房轻钢屋盖的砌体内隔墙等，其高厚比验算是保证砌体结构的重要构造措施之一。实际工程中层高较大，并且有的墙上端为自由端，这时就要按《砌体结构设计规范》GB 50003—2011 第 6.1 节验算高厚比来进行各类墙的稳定设计。

（1）不考虑构造柱、壁柱及圈梁作用时的自承重墙，按《砌体结构设计规范》GB 50003—2011 公式 6.1.1 验算，高厚比计算中计算高度 H_0 按规范 5.1.3 条取值，H_0 为计算高度。

① 墙砌至楼盖或梁底 $H_0=H$。

② 墙上端为自由端 $H_0=2H$。

③ 墙两侧与主体结构柱或横隔墙有联系（上端非自由端），其联系间距为 S，$S\leqslant H$ 时，认为横向联系的距离起控制作用，规范规定 $H_0=0.6S$；$S>2H$ 时，认为横向联系不起作用，仍按上述 1）计算 H_0；$2H\geqslant S>H$ 时高度方向与横向共同起作用，规范规定 $H_0=0.4S+0.2H$；

④ 墙两侧与主体结构柱或横隔墙有联系，上端为自由端，规范未做明确规定，可将 H 定义为墙高 2 倍，再应用上面的规定确定墙的计算高度。

（2）考虑构造柱、壁柱及圈梁作用时的自承重墙：

① 构造柱可以增加墙允许高度，但作用有限。按 6.1.2 公式计算 $\mu_c=1+b_c/l$，当墙厚 240mm，$b_c=500$mm，$l=3000$mm 且为砖砌体时 $\mu_c=1.25$。实际工程能做到如此密的构造柱已经很不容易，也仅能提高允许值 25%。

② 壁柱增加墙允许高度比构造柱明显。按第 6.1.1 条公式计算时将 h 换算成带壁柱墙截面的 h_T 即可。当墙厚 240mm，壁柱高宽均 490mm，间距 3000mm，其折算厚度为 388mm。允许高度比不加壁柱提高 1.6 倍。

③ 构造柱和壁柱对提高墙允许高度的作用相似，只是规范采用了不同的公式来表达。构造柱用的是提高系数，壁柱用的是增大折算厚度。

④ 墙的两侧没有横向支承或仅一侧有横向支承时，圈梁对提高墙的允许高度没有任何作用。

规范《砌体结构设计规范》GB 50003—2011 第 6.1.2 条的表达有三方面，第一点“验算带壁柱墙的高厚比”，第二点“验算带构造柱墙的高厚比”，第三点“验算壁柱间墙或构造柱间墙的高厚比”。带壁柱墙或带构造柱墙要满足上述一、二点高厚比要求后，壁柱或构造柱才能视为壁柱间墙或构造柱间墙的侧向支点。此时壁柱间墙或构造柱间墙的局部稳定还不能满足规范要求，可以通过设圈梁来解决问题。当 $b/S\geqslant 30$（b 为圈梁宽度）时，圈梁可视作壁柱间墙或构造柱间墙的不动铰支点。

另外，自承重墙除了稳定要求的高厚比验算，还应满足平面外风荷载及地震荷载作用下的抗弯承载力要求。

2.6 钢结构与组合结构

【问题 1】 如何解决当层数较少的钢结构柱脚采用外露式柱时，设计中按《建筑抗震设计规范》GB 50011—2010（2016 年版）第 8.2.8 条第 5 款验算时，造成地脚锚栓的直径和数量较大的问题。

【分析与对策】 钢结构设计中柱脚与基础的连接极限承载力应按《建筑抗震设计规范》第 8.2.8 条第 5 款的公式（8.2.8-6）进行验算。当钢结构采用外露式柱脚时，造成地脚锚栓的直径和数量很大。因此，对于层数较少的钢结构采用外露式柱脚时，可采用加大柱脚底板平面尺寸，以减少地脚锚栓数量和直径；也可采用埋入式柱脚或外包式柱脚，以减少地脚锚栓数量和直径。

【问题 2】 多层钢框架结构的顶层为大跨度刚架的设计时应注意的问题。

【分析与对策】 多层钢框架结构的顶层采用单跨或多跨类似门式刚架的结构形式，屋面为压型钢板、型钢梁时，对下部的多层钢框架结构应按《钢结构设计标准》GB 50017—2017 的相关指标控制和设计，对顶层采用单跨或多跨类似门式刚架的结构形式时不应按《门式刚架轻型房屋钢结构技术规范》GB 51022—2015 控制柱顶位移和钢梁的挠度。因为此类结构形式不属于《门式刚架轻型房屋钢结构技术规范》规定的门式刚架的适用范围，所以当多层钢框架结构的顶层为大跨度刚架的设计应按《钢结构设计标准》的相关规定执行。

【问题 3】 如何设置门式刚架支撑系统？

【分析与对策】 门式刚架支撑系统的设置原则，在每个温度区段、结构单元或分期建设的区段、结构单元应设置独立的支撑系统，与刚架结构一同构成独立的空间稳定体系。柱间支撑与屋盖横向支撑宜设置在同一开间。

柱间支撑应设在侧墙柱列，当有内柱列时尚应在内柱列设置柱间支撑。当有吊车时，每个吊车跨两侧柱列均应设置吊车柱间支撑。

屋面端部横向支撑应布置在房屋端部和温度区段第一或第二开间，当布置在第二开间时应在房屋端部第一开间抗风柱顶部对应位置布置刚性系杆。

【问题 4】 组合结构中矩形钢管混凝土柱与钢梁、型钢混凝土梁或钢筋混凝土梁如何连接？

【分析与对策】 组合结构中矩形钢管混凝土柱与钢梁、型钢混凝土梁或钢筋混凝土梁的连接宜采用刚性连接，矩形钢管混凝土柱与钢梁也可采用铰接连接。当采用刚性连接时，对应钢梁上、下翼缘或钢筋混凝土梁上、下边缘处应设置水平加劲肋，设置在柱内的水平加劲肋应留有混凝土浇筑孔；设置在柱外的水平加劲肋应形成加劲环肋。加劲肋的厚度与钢梁翼缘等厚，且不宜小于 12mm。

矩形钢管混凝土柱与钢梁连接节点可采用隔板贯通节点、内隔板节点、外环板节点和外肋环板节点。

【问题 5】 组合结构中圆形钢管混凝土柱与钢梁、型钢混凝土梁或钢筋混凝土梁的连接问题。

【分析与对策】 组合结构中圆形钢管混凝土柱与钢梁、型钢混凝土梁或钢筋混凝土梁的连接宜采用刚性连接，圆形钢管混凝土柱与钢梁也可采用铰接连接。对于刚性连接，柱内或柱外应设置与梁上、下翼缘位置对应的水平加劲肋，设置在柱内的水平加劲肋应留有混凝土浇筑孔；设置在柱外的水平加劲肋应形成加劲环肋。加劲肋的厚度与钢梁翼缘等厚，且不宜小于 12mm。

圆形钢管混凝土柱与钢梁连接节点可采用外加强环节点、内加强环节点、钢梁穿心式节点、牛腿式节点和承重销式节点。

【问题 6】 组合结构中如何选用抗剪栓钉？

【分析与对策】 组合结构中为发挥栓钉传递剪力的作用，栓钉的直径、长度、间距宜正确的选定。抗剪栓钉直径规格宜选用 19mm 和 22mm，其长度不宜小于 4 倍栓钉直径，水平和竖向间距不宜小于 6 倍栓钉直径且不宜大于 200mm。栓钉中心至型钢翼缘边缘的距离不应小于 50mm，栓钉顶面的混凝土保护层厚度不宜小于 15mm。

【问题 7】 *组合结构中如何选用型钢混凝土柱脚？*

【分析与对策】 组合结构中型钢混凝土柱可根据不同的受力特点采用型钢埋入基础底板（承台）的埋入式柱脚或非埋入式柱脚。考虑地震作用组合的偏心受压柱宜采用埋入式柱脚；偏心受拉柱应采用埋入式柱脚。

无地下室或仅有一层地下室的型钢混凝土柱的埋入式柱脚，其型钢在基础底板（承台）中的埋置深度除应符合《组合结构设计规范》JGJ 138—2016 第 6.5.4 条规定外，尚不应小于柱型钢截面高度的 2.0 倍。

型钢混凝土偏心受压柱嵌固端以下有两层及两层以上地下室时，可将型钢混凝土柱伸入基础底板，也可伸至基础底板顶面。当伸至基础底板顶面时，纵向钢筋和锚栓应锚入基础底板并符合锚固要求；柱脚应按非埋入式柱脚计算其受压、受弯和受剪承载力，计算中不考虑型钢作用，轴力、弯矩和剪力设计值应取柱底部的相应设计值。

2.7 超限高层建筑工程抗震设防设计和审查

【问题 1】 *何为超限高层建筑工程？*

【分析与对策】 超限高层建筑工程是指超出国家现行规范、规程所规定的适用高度和适用的结构类型的高层建筑工程，或者结构布置特别不规则的高层建筑工程，以及按照有关规范及政府管理规定应进行抗震设防专项审查的高层建筑工程。

（1）高度超限工程：指房屋高度超过规定，包括超过《建筑抗震设计规范》GB 50011—2010（2016 年版）（以下简称《抗震规范》）第 6 章钢筋混凝土结构和第 8 章钢结构最大适用高度，超过《高层建筑混凝土结构技术规程》JGJ 3—2010（以下简称《高层混凝土结构规程》）第 7 章中有较多短肢墙的剪力墙结构、第 10 章中错层结构和第 11 章混合结构最大适用高度的高层建筑工程。

房屋高度（m）超过下列规定的高层建筑工程 **表 2-3**

结构类型		6 度	7 度 0.1g	7 度 (0.15g)	8 度 (0.20g)	8 度 (0.30g)	9 度
混凝土结构	框架	60	50	50	40	35	24
	框架-抗震墙	130	120	120	100	80	50
	抗震墙	140	120	120	100	80	60
	部分框支抗震墙	120	100	100	80	50	不应采用
	框架-核心筒	150	130	130	100	90	70
	筒中筒	180	150	150	120	100	80
	板柱-抗震墙	80	70	70	55	40	不应采用
	较多短肢墙	140	100	100	80	60	不应采用
	错层的抗震墙	140	80	80	60	60	不应采用
	错层的框架-抗震墙	130	80	80	60	60	不应采用

续表

结构类型		6 度	7 度 0.1g	7 度 (0.15g)	8 度 (0.20g)	8 度 (0.30g)	9 度
混合结构	钢框架-钢筋混凝土筒	200	160	160	120	100	70
	型钢(钢管)混凝土框架-钢筋混凝土筒	220	190	190	150	130	70
	钢外筒-钢筋混凝土内筒	260	210	210	160	140	80
	型钢(钢管)混凝土外筒-钢筋混凝土内筒	280	230	230	170	150	90
钢结构	框架	110	110	110	90	70	50
	框架-中心支撑	220	220	200	180	150	120
	框架-偏心支撑(延性墙板)	240	240	220	200	180	160
	各类筒体和巨型结构	300	300	280	260	240	180

注：平面和竖向均不规则（部分框支结构指框支层以上的楼层不规则），其高度应比表内数值降低至少 10%。

（2）规则性超限工程：指房屋高度不超过规定，但建筑结构布置属于《抗震规范》《高层混凝土结构规程》规定的特别不规则的高层建筑工程。

同时具有下列三项及三项以上不规则的高层建筑工程
（不论高度是否大于表 2-3）　　表 2-4

序	不规则类型	简要涵义	备注
1a	扭转不规则	考虑偶然偏心的扭转位移比大于 1.2	GB 50011/3.4.3
1b	偏心布置	偏心率大于 0.15 或相邻层质心相差大于相应边长 15%	JGJ 99/3.2.2
2a	凹凸不规则	平面凹凸尺寸大于相应边长 30%等	GB 50011/3.4.3
2b	组合平面	细腰形或角部重叠形	JGJ 3/3.4.3
3	楼板不连续	有效宽度小于 50%，开洞面积大于 30%，错层大于梁高	GB 50011/3.4.3
4a	刚度突变	相邻层刚度变化大于 70%(按高规考虑层高修正时，数值相应调整)或连续三层变化大于 80%	GB 50011/3.4.3，JGJ 3/3.5.2
4b	尺寸突变	竖向构件收进位置高于结构高度 20%且收进大于 25%，或外挑大于 10%和 4m，多塔	JGJ 3/3.5.5
5	构件间断	上下墙、柱、支撑不连续，含加强层、连体类	GB 50011/3.4.3
6	承载力突变	相邻层受剪承载力变化大于 80%	GB 50011/3.4.3
7	局部不规则	如局部的穿层柱、斜柱、夹层、个别构件错层或转换，或个别楼层扭转位移比略大于 1.2 等	已计入 1～6 项者除外

注：深凹进平面在凹口设置连梁，当连梁刚度较小不足以协调两侧的变形时，仍视为凹凸不规则，不按楼板不连续的开洞对待；序号 a、b 不重复计算不规则项；局部的不规则，视其位置、数量等对整个结构影响的大小判断是否计入不规则的一项。

具有下列 2 项或同时具有表 2-5 和表 2-4 中某项不规则的高层建筑工程
（不论高度是否大于表 2-3）　　表 2-5

序	不规则类型	简要涵义	备注
1	扭转偏大	裙房以上的较多楼层考虑偶然偏心的扭转位移比大于 1.4	表 2 之 1 项不重复计算
2	抗扭刚度弱	扭转周期比大于 0.9，超过 A 级高度的结构扭转周期比大于 0.85	

续表

序	不规则类型	简要涵义	备注
3	层刚度偏小	本层侧向刚度小于相邻上层的50%	表2-4之4a项不重复计算
4	塔楼偏置	单塔或多塔与大底盘的质心偏心距大于底盘相应边长20%	表2-4之4b项不重复计算

具有下列某一项不规则的高层建筑工程（不论高度是否大于表2-3）　表2-6

序	不规则类型	简要涵义
1	高位转换	框支墙体的转换构件位置:7度超过5层,8度超过3层
2	厚板转换	7～9度设防的厚板转换结构
3	复杂连接	各部分层数、刚度、布置不同的错层,连体两端塔楼高度、体型或沿大底盘某个主轴方向的振动周期显著不同的结构
4	多重复杂	结构同时具有转换层、加强层、错层、连体和多塔等复杂类型的3种及以上

注：仅前后错层或左右错层属于表2中的一项不规则，多数楼层同时前后、左右错层属于本表的复杂连接。

（3）屋盖超限工程：指屋盖的跨度、长度或结构形式超出《抗震规范》第10章及《空间网格结构技术规程》《索结构技术规程》等空间结构规程规定的大型公共建筑工程（不含骨架支承式膜结构和空气支承膜结构）。

其他高层建筑工程　表2-7

序	简称	简要涵义
1	特殊类型高层建筑	抗震规范、高层混凝土结构规程和高层钢结构规程暂未列入的其他高层建筑结构,特殊形式的大型公共建筑及超长悬挑结构,特大跨度的连体结构等
2	大跨屋盖建筑	空间网格结构或索结构的跨度大于120m或悬挑长度大于40m,钢筋混凝土薄壳跨度大于60m,整体张拉式膜结构跨度大于60m,屋盖结构单元的长度大于300m,屋盖结构形式为常用空间结构形式的多重组合、杂交组合以及屋盖形体特别复杂的大型公共建筑

注：表中大型公共建筑的范围，可参见《建筑工程抗震设防分类标准》GB 50223。

【问题2】 为什么要对超限高层建筑工程进行抗震设防专项审查?

【分析与对策】 国家现行规范的制订是以现有科学技术水平和经济条件为前提的，是成熟工程经验的总结，针对的是面大量广的普通建筑工程，而超限高层建筑工程超出了现行国家设计规范的适用范围，为保证超限高层建筑工程设计的可靠性和安全性，因此需要对超限高层建筑工程依照相关规定进行抗震设防专项审查。

【问题3】 超限高层建筑工程设计和审查有哪些基本要求?

【分析与对策】 超限高层建筑工程设计时，除应遵守现行的技术标准要求外，还应满足以下要求：

（1）超限高层建筑超限程度的控制和结构概念设计；

（2）结构抗震体系要求；

（3）结构性能化设计要求；

（4）结构计算分析模型和计算结果判断；

（5）结构抗震措施要求；

（6）地基基础抗震设计要求；

（7）必要时，应包括结构风洞、抗震试验的要求。

【问题 4】 超限高层建筑工程设计和审查有哪些基本原则？

【分析与对策】 超限高层建筑工程设计和审查应按以下原则：

（1）严格执行规范、标准的强制性条文，并能全面准确理解规范、标准的内涵正确运用。

（2）在现有的技术、经济条件下，当结构安全与建筑形体等方面出现矛盾时，应以结构安全为重；建筑方案（包括局部方案）设计应服从结构安全。不应采用严重不规则的建筑结构方案。

（3）超限高层建筑工程、复杂高层建筑工程，一般都要进行性能化设计。需要综合考虑使用功能、设防烈度、结构不规则程度和类型、结构发挥延性变形的能力、造价，震后各种损失及修复难易等因素，对选定的抗震性能目标提出技术和经济可行性综合分析和论证。

（4）应体现抗震概念设计与计算分析并重的原则，设计者应通过已有的工程经验，结合抗震概念设计，精准的结构分析，有针对性采取抗震措施，必要时采用抗震试验验证，满足结构工程抗震设计的特殊要求。

（5）不应同时具有转换层、错层、加强层、连体、多塔等 5 种类型中的 4 种及以上的复杂类型。

（6）对超限超高很多或结构体系特别复杂、特别不规则结构，当没有可供借鉴的设计依据时，应选择整体结构、结构构件、部件或节点模型进行抗震性能试验研究。

（7）超限高层建筑工程抗震设防设计标准不应低于现行规范要求。超限高层建筑工程抗震设计和专项审查必须满足国家现行有关标准及规定。

【问题 5】 超限高层建筑工程抗震设防专项审查在哪个阶段进行？需提交什么资料？

【分析与对策】 超限高层建筑工程抗震设防专项审查应在初步设计阶段进行，施工图审查时应落实专项审查确定的抗震设防目标和措施。超限高层建筑工程抗震设防专项审查需提交的资料有：

（1）超限高层建筑工程抗震设防专项审查申报表和超限情况表；

超限高层建筑工程初步设计抗震设防审查申报表（高度、规则性超限工程示例）　表 2-8

编号：　　　　　　　　　　　　　　　　　　　　　　　　　　申报时间：

工程名称		申报人 联系方式		
建设单位		建筑面积	地上　　万 m^2 地下　　万 m^2	
设计单位		设防烈度	度（　　g），设计　组	
勘察单位		设防类别	类	安全等级
建设地点		房屋高度和层数	主结构　m(n=　)，建筑　m 地下　m(n=　)，相连裙房　m	

续表

场地类别液化判别	类,波速　覆盖层 不液化□液化等级　液化处理	平面尺寸和规则性	长宽比
基础持力层	类型　埋深 桩长(或底板厚度) 名称　承载力	竖向规则性	高宽比
结构类型		抗震等级	框架　墙、筒 框支层　加强层　错层
计算软件		材料强度 (范围)	梁　柱 墙　楼板
计算参数	周期折减 楼面刚度(刚□弹□分段□) 地震方向(单□双□斜□竖□)	梁截面	下部　剪压比 标准层
地上总重 剪力系数 (%)	G_E=　平均重力 X= Y=	柱截面	下部　轴压比 中部　轴压比 顶部　轴压比
自振周期 (s)	X: Y: T:	墙厚	下部　轴压比 中部　轴压比 顶部　轴压比
最大层间位移角	X=　(n=　)对应扭转比 Y=　(n=　)对应扭转比	钢　梁 柱 支撑	截面形式　长细比 截面形式　长细比 截面形式　长细比
扭转位移比 (偏心5%)	X =　(n=　)对应位移角 Y=　(n=　)对应位移角	短柱 穿层柱	位置范围　剪压比 位置范围　穿层数
时程分析　波形峰值	1　2　3	转换层 刚度比	位置 n=　转换梁截面 X　Y
时程分析　剪力比较	X=　(底部),X =　(顶部) Y=　(底部),Y =　(顶部)	错层	满布　局部(位置范围) 错层高度　平层间距
时程分析　位移比较	X=　(n=　) Y=　(n=　)	连体 (含连廊)	数量　支座高度 竖向地震系数　跨度
弹塑性位移角	X=　(n=　) Y=　(n=　)	加强层 刚度比	数量　位置　形式(梁□桁架□) X　Y
框架承担的比例	倾覆力矩 X=　Y= 总剪力　X=　Y=	多塔上下偏心	数量　形式(等高□对称□大小不等□)X　Y
控制作用	地震 □　风荷载 □　二者相当　□ 风荷载控制时增加:总风荷载　风倾覆力矩　风载最大层间位移		
超限设计简要说明	(超限工程设计的主要加强措施,性能设计目标简述;有待解决的问题等)		

超限高层建筑工程初步设计抗震设防审查申报表(屋盖超限工程示例)　表 2-9

编号:　　　　申报时间:

工程名称		申报人 联系方式		
建设单位		建筑面积	地上　万 m² 地下　万 m²	
设计单位		设防烈度	度(　g),设计　组	
勘察单位		设防类别	类	安全等级
建设地点		风荷载	基本风压　地面粗糙度 体型系数　风振系数	

续表

场地类别液化判别	类,波速　　覆盖层 不液化□ 液化等级　液化处理	雪荷载	基本雪压 积雪分布系数
基础 持力层	类型　埋深　桩长(或底板厚度) 名称　　　承载力	温度	最高　　　最低 温升　　　温降
房屋高度 和层数	屋顶　m 支座　m(n=　)地下　m(n=　)	平面尺寸	总长　总宽　　直径 跨度　　　悬挑长度
结构类型	屋盖:　　支承结构	节点和支座 形 式	节点:　　支座:
计算软件 分析模型	整体□　　　　上下协同□	材料强度 (范围)	屋盖 梁　　柱　　墙
计算参数	周期折减　　阻尼比 地震方向　(单□ 双□ 竖□)	屋盖构件截面	关键　　长细比 一般　　长细比
地上总重 支承结构剪力 系数　(%)	屋盖 G_E= 支承结构 G_E= X=　　Y=	屋盖杆件内力和控制组合	关键　　应力比　控制组合 一般　　应力比　控制组合 支座反力　　　　控制组合
自振周期 (s)	X:　Y:　Z:　T:	屋盖整体稳定	考虑几何非线性 考虑几何和材料非线性
最大位移	屋盖挠度 支承结构水平位移 X=　　Y=	支承结构 抗震等级	规则性(平面□　竖向□) 框架　　　墙、筒
最大层间位移	X =　(n=　)对应扭转位移比 Y=　(n=　)对应扭转位移比	梁截面	支承大梁　　剪压比 其他框架梁　　剪压比
时程分析 波形峰值	1　　　2　　　3	柱截面	支承部位　　轴压比 其他部位　　轴压比
时程分析 剪力比较	X=　(支座),X=　(底部) Y=　(支座),Y=　(底部)	墙厚	支承部位　　轴压比 其他部位　　轴压比
时程分析 位移比较	屋盖挠度 支承结构水平位移 X=　Y=	框架承担的比例	倾覆力矩 X=　　Y= 总剪力　X=　　Y=
超长时多点输入比较	屋盖杆件应力: 下部构件内力:	短柱 穿层柱	位置范围　　剪压比 位置范围　　穿层数
支承结构弹塑性位移角	X=　　(n=　) Y=　　(n=　)	错层	位置范围 错层高度
超限设计简要说明	(超限工程设计的主要加强措施,性能设计目标简述;有待解决的问题等)		

超限高层建筑工程超限情况表　　表 2-10

工程名称	
基本结构体系	框架□剪力墙□框剪□核心筒-外框□筒中筒□局部框支墙□ 较多短肢墙□ 混凝土内筒-钢外框□混凝土内筒-型钢混凝土外框□　巨型□　错层结构□ 混凝土内筒-钢外筒□ 混凝土内筒-型钢混凝土外筒□ 钢框架□ 钢中心支撑框架□钢偏心支撑框架□钢筒体□ 大跨屋盖□其他□
超高情况	规范适用高度:　　　　本工程结构高度:
平面不规则	扭转不规则□偏心布置□ 凹凸不规则□组合平面□ 楼板开大洞□ 错层□
竖向不规则	刚度突变□立面突变□多塔□ 构件间断□加强层□连体□　承载力突变□
局部不规则	穿层墙柱□斜柱□夹层□ 层高突变□ 个别错层□ 个别转换□　　其他□
显著不规则	扭转比偏大□ 抗扭刚度弱□ 层刚度弱□ 塔楼偏置□ 墙高位转换□ 厚板转换□ 复杂连接□　多重复杂□

续表

工程名称	
屋盖超限情况	基本形式：立体桁架□ 平面桁架□ 实腹式拱□ 格构式拱□ 网架□ 双层网壳□ 单层网壳□ 整体张拉式膜结构□ 混凝土薄壳□ 单索□ 索网□索桁架□轮幅式索结构□ 一般组合：张弦拱架□ 张弦桁架□ 弦支穹顶□ 索穹顶□ 斜拉网架□ 斜拉网壳□ 斜拉桁架□ 组合网架□ 其他一般组合□ 非常用组合：多重组合□ 杂交组合□ 开启屋盖□ 其他□ 尺度：跨度超限□ 悬挑超限□ 总长度超限□ 一般□
超限归类	高度大于 350m□ 高度大于 200m□ 混凝土结构超 B 级高度□ 超规范高度□ 未超高但多项不规则□ 超高且不规则□ 其他□ 屋盖形式复杂□ 屋盖跨度超限□ 屋盖悬挑超限□ 屋盖总长度超限□
综合描述	（对超限程度的简要说明）

（2）建筑结构工程超限设计的可行性论证报告；

（3）建设项目的岩土工程勘察报告；

（4）结构工程初步设计计算书；

（5）初步设计文件（建筑、结构部分）；

（6）当参考使用国外有关抗震设计标准、工程实例和震害资料及计算机程序时，应提供理由和相应的说明；

（7）进行模型抗震性能试验研究的结构工程，应提交抗震试验研究报告；

（8）进行风洞试验研究的结构工程，应提交风洞试验报告。

【问题 6】 抗震设防专项审查主要审查什么内容？

【分析与对策】 抗震设防专项审查的主要内容包括：

（1）建筑抗震设防依据；

（2）场地勘察成果及地基和基础的设计方案；

（3）建筑结构的抗震概念设计和性能目标；

（4）总体计算和关键部位计算的工程判断；

（5）结构薄弱部位的抗震措施；

（6）可能存在的影响结构安全的其他问题。

对于特殊体型（含屋盖）或风洞试验结果与荷载规范规定相差较大的风荷载取值，以及特殊超限高层建筑工程（规模大、高宽比大等）的隔震、减震设计，宜由相关专业的专家在抗震设防专项审查前进行专门论证。

【问题 7】 高层建筑工程超限设计的可行性论证报告有什么具体要求？

【分析与对策】 高层建筑工程超限设计可行性论证报告主要包含以下内容：

（1）一般规定；

（2）项目概况；

（3）设计依据；

（4）建设场地；

（5）建筑分类等级；
（6）荷载作用分析、取值、效应组合；
（7）结构材料；
（8）结构选型及结构体系；
（9）结构超限类型和内容及抗震性能目标；
（10）结构计算及结果分析；
（11）基础设计；
（12）针对工程超限内容及复杂程度采取的技术措施；
（13）温度应力控制措施；
（14）结论。

【问题8】 高层建筑工程超限设计的计算书应包含什么内容？

【分析与对策】 计算书应包含以下内容：

（1）计算软件和模型：软件名称和版本，力学模型。

（2）主要计算输入参数：设防烈度（基本加速度）、设计地震分组、场地类别、所计入的单向或双向水平及竖向地震作用、抗震等级、周期折减系数、阻尼比、输入地震时程记录的时间、地震名、记录台站名称和加速度记录编号，风荷载、雪荷载和设计温差等。主要构件的截面尺寸、材料强度。结构荷载布置。

（3）上部结构主要计算结果：结构自振特性（周期，扭转周期比，对多塔、连体类和复杂屋盖含必要的振型），整体计算结果（对高度超限、规则性超限工程，含侧移、扭转位移比、楼层受剪承载力比、结构总重力荷载代表值和地震剪力系数、楼层刚度比、结构整体稳定、墙体（或筒体）和框架承担的地震作用分配等；对屋盖超限工程，含屋盖挠度和整体稳定、下部支承结构的水平位移和扭转位移比等），主要构件的轴压比、剪压比（钢结构构件、杆件为应力比）、配筋等。

（4）地基基础主要计算结果：地基承载力验算（包括地基处理或桩基承载力计算）、地基变形计算，基础冲切验算等。

（5）中震和大震计算书应根据设定的计算性能目标提供相应的输入参数、计算模型和结果。

（6）借鉴国外经验时，应区分抗震设计和非抗震设计，了解是否经过地震考验，并判断是否与该工程项目的具体条件相似。

（7）对超高很多或结构体系特别复杂、结构类型特殊的工程，提供实际工程的动力特性测试。

【问题9】 如何确定抗震性能目标？

【分析与对策】 抗震性能目标应根据结构超限情况、震后破坏、修复难易和大震不倒等确定，同时应进行技术、经济可行性综合分析和论证。房屋高度超过A级高度适用范围或不规则性较少时，可考虑选用C或D级性能目标。

抗震性能化设计是对《抗震规范》“三水准”“两阶段”的细化和提高。一般规则性建筑通常采用“一阶段”设计来满足“三水准”的目标。第一阶段设计是承载力验算，取第一水准的地震动参数计算结构构件的截面承载力，采用可靠度的设计方法，满足在第一水准下具有必要的承载力可靠度，而通过概念设计和抗震构造措施来满足第二水准的“可修”和第三水准“不倒”的目标。第二阶段设计是弹塑性变形验算。对地震时易倒塌的结构，有明显薄弱层的不规则结构以及有专门要求的建筑，除进行第一阶段的设计外，还要进行结构薄弱部位的弹塑性层间变形验算，并采取相应的抗震构造措施，实现第三水准的设防要求。

【问题 10】 抗震性能化设计主要应关注哪些内容？

【分析与对策】 建筑结构的抗震性能化设计，应根据实际需要和可能，具有针对性。可分别针对整个结构，结构的局部部位或关键部位，结构的关键部件、重要构件、次要构件以及建筑构件和机电设备支座的性能目标进行设定。具体应解决好承载力和构造（高承载力低延性和低承载力高延性）以及变形控制问题。结构计算分析时应特别关注材料强度指标（设计值、标准值和极限值）选取、荷载组合、阻尼比、刚度调整、周期调整等参数的选用。

性能化设计时针对不同情况要求结构或构件处于中震弹性，不屈服，不应出现塑性，抗剪处于弹性，抗弯不屈服。一般地震作用中震弹性高于小震弹性，小震弹性已基本满足中震不屈服。但在抗震等级为特一级、一级甚至二级时应关注：在小震作用下由于进行内力调整，按规范要求乘地震力放大系数（结构内力分析乘调整系数），场地分析处于不利地段时乘放大系数，处于地震断裂带附近，应考虑近震影响乘地震力放大系数等。采用的荷载已考虑组合系数、材料系数等。这时宜设计成中震弹性，若中震不屈服则可能小于小震弹性。如果设计时取中震不屈服，应取中震和小震结果较大值。

性能化设计应强调抗剪承载力高于抗弯承载力（强剪弱弯）。

连结节点的力学模型或假定应传力明确，适当增加赘余度，节点抗震构造应强于杆件（强节点弱杆件）。

性能化设计目标，在保证达到设防标准后，应考虑技术、经济的合理性。

【问题 11】 如何选择弹塑性分析的计算分析方法？

【分析与对策】 抗震性能化设计有两种分析方法：等效弹性和静力或动力非线性方法。《抗震规范》规定，构件总体上处于开裂阶段或刚刚进入屈服阶段，可取等效刚度和等效阻尼，按等效线性方法估算；构件总体上处于承载力屈服之极限阶段，宜采用静力或动力弹塑性分析方法估算；构件总体上处于承载力下降阶段，应采用计入下降段参数的动力弹塑性分析方法估算。《高层混凝土结构规程》规定，第三、四性能水准结构，允许采用等效弹性的方法计算竖向构件和关键部位构件的组合内力；但是第五性能水准结构抗震性能必须通过弹塑性计算加以深入分析。

【问题 12】 高度超限和规则性超限工程应注意的抗震概念设计有哪些？

【分析与对策】（1）各种类型的结构应有其合适的使用高度、单位面积自重和结构截面尺寸。结构的总体刚度适当，变形特征合理，楼层最大层间位移和扭转位移比尽量符合规范、规程的要求。

（2）应满足多道设防的要求。框架与墙体、筒体结构中，框架部分地震剪力的调整宜依据其超限程度比规范的规定适当增加；超高的框架-核心筒结构，其混凝土内筒和外框之间的刚度宜有一个合适的比例，框架部分计算分配的楼层地震剪力，除底部个别楼层、加强层及其相邻上下层外，多数不低于基底剪力的 8%且最大值不宜低于 10%，最小值不宜低于 5%。主要抗侧力构件中沿全高不开洞的单肢墙，应针对其延性不足采取相应措施。

（3）结构超高时应从严掌握规则性的要求，明确竖向不规则和水平向不规则的程度，应注意楼板局部开大洞导致较多数量的长短柱共用和细腰形平面可能造成的不利影响，避免过大的地震扭转效应。对不规则建筑的抗震设计要求，可依据抗震设防烈度和高度的不同有所区别。主楼与裙房间设置防震缝时，缝宽应适当加大或采取其他措施。

（4）应避免软弱层和薄弱层出现在同一楼层。

（5）转换层应严格控制上下刚度比；墙体通过次梁转换和柱顶墙体开洞，应有针对性的加强措施。水平加强层的设置数量、位置、结构形式，应在满足位移指标的前提下尽量避免刚度过大的突变；伸臂构件上下弦杆应贯通核心筒的墙体，墙体在伸臂斜腹杆的节点处应采取措施避免应力集中导致破坏。

（6）多塔、连体、错层等复杂体型的结构，应尽量减少不规则的类型和程度；应注意分析局部区域或沿某个地震作用方向上可能存在的问题，分别采取相应加强措施。对复杂的连体结构，宜根据工程具体情况（包括施工），确定是否补充不同工况下各单塔结构的验算。

（7）当几部分结构的连接薄弱时，应考虑连接部位各构件的实际构造和连接的可靠程度，必要时可取结构整体模型和分开模型计算的不利情况，或要求某部分结构在设防烈度下保持弹性工作状态。

（8）注意加强楼板的整体性，避免楼板的削弱部位在大震下受剪破坏；当楼板开洞较大时，宜进行截面受剪承载力验算。

（9）出屋面结构和装饰构架自身较高或体型相对复杂时，应参与整体结构分析，材料不同时还需适当考虑阻尼比不同的影响，应特别加强其与主体结构的连接部位。

（10）高宽比较大时，应注意复核地震下地基基础的承载力和稳定。

（11）应合理确定结构的嵌固部位。

【问题 13】 *屋盖超限工程应注意的抗震概念设计有哪些？*

【分析与对策】 大屋盖广泛用于体育馆、会展中心、车站、机场候机楼、剧院、仓库及大型工业厂房建筑中。常用的结构形式为网壳、网架、空间桁架、双向张弦梁结构等新奇特的大屋盖建筑。结构布置上强调屋盖及下部支承结构的质量、刚度分布均衡，确定结构的整体性和传力明确，局部和整体稳定。大屋盖建筑有单向传力体系和空间传力体系。单向传力体系指平面拱，单向平面桁架，单向主体桁架、单向张弦梁等。空间传力体系有网架、网壳、双向主体平行架、双向张弦梁和弦支穹顶等结构形式。

（1）单向传力体系

单向传力体系主要抗震措施是保证垂直于主结构方向的水平地震力传递及主结构的稳

定性。因此，强调屋盖支撑系统布置的重要性。其次，单榀主体桁架中与屋面同层的两（多）根主弦杆也应设置斜杆。同时，当桁架支座采用下弦节点支承时，必须采取有效措施确保支座处桁架不发生平面外扭转应设置纵向桁架。

（2）空间传力体系

空间传力体系重点应保证结构刚度均匀和整体性，避免出现薄弱环节。但有时由于建筑造型和功能要求往往在大屋盖上开洞或局部有凸出装置，这样就造成结构刚度不均匀。如某项目屋面开大洞，审查时，要求对屋盖结构进行有限元分析，结果屋盖结构布置进行了大的调整。又如某项目屋盖采用网架，由于局部造型凸出屋面圆筒，进行有限元计算，结果表明大震作用下屋盖振型复杂，洞口处刚度严重不均很难达到抗震要求，必须采取加周边封闭桁架支撑。网架水平刚度较弱，沿周边应设置封闭支撑。下弦支撑时，下弦周边应设置封闭的水平支撑。单层网壳必须采用节点刚接。对于三边支承一边开口的屋盖结构，应在开口边局部增加结构杆件形成边桁架，提高开口刚度及整体性。

（3）支承屋盖的结构体系

支承屋盖的结构体系，可以是钢筋混凝土框架、框架-剪力墙、型钢混凝土结构、钢结构等。需注意的是应与屋盖结构协同工作，应充分考虑上部屋盖地震响应特点，避免采用不规结构布置而使屋盖产生过大的地震扭转效应。常用的支承结构有混凝土框架结构、框架-剪力墙结构、钢框架结构、伞状柱结构等。

大跨度屋盖结构的重要设计原则是屋盖的地震作用能有效地通过支座向下传递，地震作用能有效地通过支座传递给下部结构和基础。传递途径应合理，明确直接。地震力的传递途径及承受水平力的支座是设计关注的重点，也是超限审查关注的重点。支承点的布置应根据屋盖竖向和水平地震作用情况均衡布置；支座的构造应符合计算模型的边界条件假定并具有足够的承载力和满足变形要求。

【问题 14】 超限建筑工程时程分析地震波的选取需要注意满足什么要求？

【分析与对策】 时程分析地震波的选取应满足以下要求：

（1）数量要求：不少于 3 组，一般取 7 组或 7 组以上。当取 3 组地震波时，采用 2 组天然波和 1 组人工波；当采用 7 组及 7 组以上地震波时，天然波的数量不应少于总数的 2/3。

（2）频谱特性要求：选取地震波的平均地震影响系数曲线与振型分解反应谱法所用的地震影响系数曲线相比，在对应结构主要振型的周期点上相差不大于 20%。计算结果在结构主方向的平均底部剪力不小于振型分解反应谱法计算结果的 80%，每条地震波的计算结果不小于 65%。

（3）有效峰值要求：输入地震加速度的最大值按现行《抗震规范》表 5.1.2-2 采用。地震波双向或三向输入时，其加速度最大值按 1（水平主向）：0.85（水平次向）：0.65（竖向）调整。

（4）持时要求：地震波从首次达到该时程曲线最大峰值的 10%那一点算起，到最后一点达到最大峰值的 10%为止，持续时间一般不小于结构基本周期的 5 倍和 15s。

【问题 15】 超限建筑底部剪力系数不满足规范时如何调整？

【分析与对策】 结构总地震剪力以及各层的地震剪力与其以上各层总重力荷载代表值

的比值，应符合抗震规范的要求，Ⅲ、Ⅳ类场地时尚宜适当增加。当结构底部计算的总地震剪力偏小需调整时，其以上各层的剪力、位移也均应适当调整。

基本周期大于6s的结构，计算的底部剪力系数比规定值低20%以内，基本周期3.5～5s的结构比规定值低15%以内，即可采用规范关于剪力系数最小值的规定进行设计。基本周期在5～6s的结构可以插值采用。

6度（0.05g）设防且基本周期大于5s的结构，当计算的底部剪力系数比规定值低但按底部剪力系数0.8%换算的层间位移满足规范要求时，即可采用规范关于剪力系数最小值的规定进行抗震承载力验算。

【问题16】 穿层柱的设计应注意什么问题？

【分析与对策】 穿层柱属于局部超限项的一种。一般认为，由于穿层柱的侧向刚度比同层同截面的框架柱小，因此小震作用下分配到的计算地震作用较小，配筋也较小。同时，由于穿层柱的存在，地震作用的分配较复杂。为防止穿层柱抗震能力的不足，因此对穿层柱需采取抗震加强措施。通常，小震下穿层柱分配到的地震计算剪力不应小于同层其他柱，同时应根据调整后的水平剪力乘以1.25倍的柱高作为地震作用下产生的弯矩，与其他荷载产生的弯矩进行组合后作为配筋的内力。

【问题17】 何时应考虑施工过程对超高层建筑结构的影响？

【分析与对策】 超限高层在进行以下计算分析时应考虑施工过程影响。

（1）超限高层在进行重力荷载作用效应分析时，应考虑施工过程对柱、墙、斜撑等构件的轴向变形的影响。

（2）结构弹塑性分析时，应考虑施工过程影响，以施工全过程完成后的内力为初始状态。

（3）带加强层的超限高层在施工工序及连接构造上采取减小竖向温度变形及轴向压缩差的措施时，结构分析模型应能反映施工措施的影响。

（4）钢框架-核心筒结构内筒先于外围框架施工时，应考虑施工阶段筒体在风力及其他荷载作用下的不利状态；应验算在混凝土浇筑之前外围型钢结构在施工荷载及可能的风荷载作用下的承载力、稳定及变形，并据此确定钢结构安装与浇筑楼层混凝土的间隔层数。

（5）大跨度连体结构、屋盖结构应对吊装及合拢过程中结构的承载力、稳定及变形进行验算。

【问题18】 如何界定凹凸不规则、组合平面和楼板开大洞？

【分析与对策】 超限判定中有时凹凸不规则、组合平面和楼板开大洞容易混淆。一般来说，凹凸不规则和组合平面是从结构的平面体系来考察结构的不规则性，而楼板开大洞是从水平构件的连续性来考察结构的不规则性。通俗的说，如果结构的每层平面布置接近，其不连续部位的顶部没有楼板（没盖儿），一般认为是凹凸不规则或组合平面，而各层楼板布置不尽相同，且不连续部位上部有楼板（有盖儿）则认为是楼板开大洞。

【问题19】 B级高度的超限高层是否需要做中大震下的性能化设计？

【分析与对策】《高层混凝土结构规程》第5.1.13条规定，抗震设计时，B级高度的高层建筑结构，宜采用弹塑性静力或弹塑性动力分析方法补充计算。因此，B级高度的超限高层需要做中大震下的性能化设计，且应满足《高层混凝土结构规程》对B级高度建筑结构的相关要求。

【问题20】 超限高层建筑工程抗震性能设计需补充哪些计算分析？

【分析与对策】 结构超限情况不同，结构的计算内容不同。一般情况下，除按规范进行小震弹性抗震验算外，超限高层建筑应补充以下计算分析内容：

（1）多遇地震作用下，应补充结构弹性时程分析，计算结果取时程法的包络值（平均值）和振型分解反应谱法的较大值。

（2）至少采用两个不同力学模型的结构分析软件进行整体计算。一般认为，SATWE和YJK属于相同的力学模型。

（3）罕遇地震作用下，结构应进行弹塑性分析，对弹塑性层间位移角、钢材（钢筋）的受拉塑性应变及混凝土的受压损伤程度、结构薄弱部位、整体结构的承载力不发生下降等抗震性能进行深入分析。

（4）按照预期性能目标，对中震、大震水准下结构构件及连接节点的承载力进行验算。

（5）对于超长结构，应进行温度作用下的楼板应力分析。

（6）对于复杂节点，应进行详细的有限元分析。

（7）对于大跨度结构，应进行施工安装过程分析。

【问题21】 超限高层建筑工程的抗震加强措施有哪些？

【分析与对策】 超限高层的抗震加强措施主要包括3个方面：提高承载力、提高延性和加强抗震薄弱部位。

（1）提高承载力的措施有：抗震等级、内力调整、轴压比、剪压比、钢材的材质选取等方面的加强。

（2）提高延性的措施有：增设芯柱、约束边缘构件、型钢混凝土或钢管混凝土构件，以及减震耗能部件等。

（3）加强抗震薄弱部位应在承载力和细部构造（保证延性、连接可靠）两方面采取相应的综合措施。

【问题22】 超限高层建筑工程的地基与基础设计应满足哪些基本要求？

【分析与对策】 超限高层地基与基础设计应满足以下基本要求：

（1）地基基础类型合理，基础优先选用整体性好的筏板基础，地基持力层选择可靠。

（2）主楼和裙房设置沉降缝的利弊分析正确。

（3）建筑物总沉降量和差异沉降量控制在允许的范围内。

2.8 改扩建工程

【问题1】 改扩建结构设计使用年限应如何确定？

【分析与对策】 既有建筑改扩建部分设计使用年限，应按下列原则确定：

（1）由业主和设计单位共同确定，但不能低于国家相应要求。

（2）当改扩建部分的结构与原结构脱开时，新结构设计使用年限应按新建结构确定。

（3）当改扩建部分的结构与原结构相连且荷载传至原结构时，新结构设计使用年限与原结构的剩余使用年限相关，确定原则如下：

① 当原结构剩余设计使用年限不大于 30 年时，新结构设计使用年限可采用原结构的剩余使用年限。

② 当原结构剩余设计使用年限大于 30 年且结构的改造材料中含有合成树脂或其他聚合物成分时，新结构设计使用年限宜按 30 年考虑；当业主要求采用原结构的剩余使用年限时，其所使用的胶和聚合物的粘结性能，应通过耐长期应力作用能力的检验。

（4）使用年限到期后，应重新进行可靠性鉴定，鉴定结果认为该结构工作正常，可继续延长使用年限。

（5）对使用胶粘方法或掺有聚合物材料加固的结构、构件，尚应定期检查其工作状态。检查的时间间隔由设计确定，但第一次检查时间不应迟于 10 年。

【问题 2】 *改扩建结构设计对原有结构图纸使用应注意的问题?*

【分析与对策】 由于实际施工可能与设计图纸存在差异，现行国家标准《民用建筑可靠性鉴定标准》GB 50292—2015 中明确规定应按照结构的实际状况（材料强度、截面尺寸、荷载、配筋、构造等）进行鉴定，并按照鉴定报告进行设计。即：现场检测的材料强度不低于原设计强度时，宜按原设计图纸明确的强度等级采用；现场检测的材料强度低于原设计强度时，应按现场检测的强度采用。构件几何尺寸应按照实际检测值采用。不能盲目地仅根据原设计图纸进行改扩建设计。

【问题 3】 *改扩建结构对既有建筑需要鉴定时应注意什么事项?*

【分析与对策】（1）依据《建筑抗震鉴定标准》GB 50023—2009 第 1.0.5 条，确定鉴定标准。

根据不同后续使用年限，应采用不同的鉴定方法。后续使用年限 30 年的建筑（A 类建筑）应采用本标准规定的 A 类建筑抗震鉴定方法；后续使用年限 40 年的建筑（B 类建筑）应采用本标准规定的 B 类建筑抗震鉴定方法；后续使用年限 50 年的建筑（C 类建筑）应按照现行国家标准《建筑抗震设计规范》GB 50011 的要求进行抗震鉴定。

（2）既有建筑工程鉴定时，应对下列内容进行分析评价：

① 改造前的既有建筑物的安全性和抗震性能。

② 改造对既有建筑物的安全性和抗震性的评价。

③ 受改造影响的结构构件的材料强度、几何尺寸、配筋、承载能力、设计构造等。

（3）现场检测抽样应符合下列规定：

① 应对原有建筑结构构件的现状进行普查。

② 对改造直接受影响的结构构件的材料强度、构造及配筋等进行的检测，其抽样量应按现行国家标准《建筑结构检测技术标准》GB/T 50344 中的 B 类检测类别执行。

③ 对既有建筑物其余部位材料强度、构造及配筋等进行的检测，其抽样量应按现行国家标准《民用建筑可靠性鉴定标准》GB 50292 的规定执行。

2.9 绿色建筑与装配式混凝土结构

【问题1】 绿色建筑节材设计评分项，对地基基础、结构体系、结构构件进行优化设计，达到节材效果。具体如何执行？

【分析与对策】 （1）进行优化比较的方案应该都在合理的范围内，优化后的方案应在常规做法的基础上有突破或创新；

（2）优化设计以节材为目标，各方案比较材料用量的多少，同时考虑施工工艺。

【问题2】 绿色建筑节材设计评分项，对混凝土结构采用高耐久性混凝土，具体如何执行？

【分析与对策】 本条中的“高耐久性混凝土”指满足设计要求，性能不低于行业标准《混凝土耐久性检验评定标准》JGJ/T 193 中抗硫酸盐侵蚀等级 KS90，抗氯离子渗透性能、抗炭化性能及早期抗裂性能Ⅲ级的混凝土。其各项性能的检测与试验方法应符合《普通混凝土长期性能和耐久性能试验方法标准》GB/T 50082 的规定。

【问题3】 装配式混凝土结构设计图纸应增加哪些设计内容？

【分析与对策】 应根据建设项目的具体情况，增加如下设计内容：

（1）装配式结构专项说明；

（2）预制构件的平面布置图，包括预制构件编号、节点索引、明细表等内容；

（3）预制构件模板图（建筑、机电设备、精装修等专业在预制构件上的预留洞口、预埋管线、预埋件和连接件等的设计综合图）；

（4）预制构件配筋图；

（5）预制构件连接节点详图；

（6）预制构件制作、运输、存放、安装及质量控制要求；

（7）连接节点施工质量检测、验收要求。

【问题4】 装配式混凝土建筑施工过程中应重点检查哪些部位？

【分析与对策】 装配式混凝土建筑施工应满足国家标准《混凝土结构工程质量验收规范》GB 50204 中有关规定，根据装配式建筑特点，施工过程中还应重点检查以下部位：

（1）连接节点的隐蔽工程检查检测；

（2）套筒灌浆或钢筋浆锚搭接的施工检验检测；

（3）后浇筑混凝土或浆体强度检验检测；

（4）预制外墙密封材料和接缝防水检查检测。

（5）预制构件的安装过程及尺寸允许偏差。

2.10 建筑隔震与消能减震设计

【问题1】 采用隔震和消能减震设计的建筑结构，其抗震设防目标与一般传统抗震结构有何区别？

【分析与对策】 根据《建筑抗震设计规范》GB 50011—2010（2016 年版）第 1.0.1 条，传统抗震结构以“三个水准”为抗震设防目标，即“小震不坏、中震可修，大震不倒”。根据《建筑抗震设计规范》第 3.8.2 条规定，采用隔震或消能减震设计的建筑，可按高于本规范第 1.0.1 条的基本设防目标进行设计。

按现行规范进行建筑结构隔震或消能减震设计，如无法做到在设防烈度下上部结构不受损坏或主体结构处于弹性工作阶段的要求，但与非隔震和非消能减震建筑相比，应有所提高。

一般采用隔震或消能减震设计，设防目标可达到：当遭受多遇地震影响时，基本不受损坏，不影响使用功能；当遭受设防地震影响时，不需修理仍可继续使用；当遭受罕遇地震影响时，不发生危及生命安全和丧失使用价值的破坏。

隔震建筑的结构构件、非结构构件和附属设备的使用功能有专门要求时，除满足基本设防目标外，尚应满足结构构件、非结构构件和附属设备的抗震性能设防要求。

【问题 2】 隔震设计中，橡胶隔震支座主要包含哪些技术参数？

【分析与对策】 根据《橡胶支座第 3 部分：建筑隔震橡胶支座》GB 20688.3—2006，建筑隔震橡胶支座技术参数主要包括：形状系数，竖向刚度，竖向极限（平均）压应力，竖向极限拉应力，水平变形，水平刚度，屈服后刚度，等效阻尼比，设计专项说明中应对上述技术参数做出明确要求。

形状系数包括第一形状系数和第二形状系数，第一形状系数 S_1 为支座中单层橡胶层的有效承压面积与其自由侧面表面积之比，为了保证橡胶隔震支座在竖向荷载作用下的承载力，要求第一形状系数 $S_1 \geqslant 15$；第二形状系数 S_2 为内部橡胶层直径与内部橡胶总厚度之比，为了控制橡胶支座的稳定性，要求第二形状系数 $S_2 \geqslant 5$，如果第二形状系数不能满足此要求，压应力设计值应适当降低，当 $5 > S_2 \geqslant 4$ 时，降低 20%，当 $4 > S_2 \geqslant 3$ 时，降低 40%。

橡胶隔震支座的水平变形指支座上下连接板间的相对位移，通常就是隔震层的变形，根据《建筑抗震设计规范》GB 50011—2010（2016 年版）第 12.2.3 条第 1 款规定：隔震支座在表 12.2.3 条所列的压应力下的极限水平变位，应大于其有效直径的 0.55 倍和支座内部橡胶总厚度 3 倍二者的较大值。隔震支座对应于罕遇地震水平剪力的水平位移，在考虑结构扭转对每个隔震支座的影响后，每个橡胶隔震支座的水平位移，不应超过该支座有效直径的 0.55 倍和支座内部橡胶总厚度 3 倍二者的较小值。

竖向极限压应力指橡胶支座在无任何水平变形的情况下可承受的最大压应力，根据《建筑隔震橡胶支座》JG 118—2000 要求，橡胶隔震支座极限压应力不应小于 90MPa。竖向平均压应力根据《建筑抗震设计规范》第 12.2.3 条第 3 款规定，橡胶隔震支座在重力荷载代表值的竖向压应力不应超过表 2-11 中的规定：

表 2-11

建筑类别	甲类建筑	乙类建筑	丙类建筑
平均压应力限值(MPa)	10	12	15

当隔震支座外径小于300mm时，其平均压应力限值对丙类建筑为12MPa。

根据《建筑隔震橡胶支座》要求，当橡胶支座水平位移为支座内部橡胶直径0.55倍状态时，隔震支座的极限压应力不应小于30MPa，即计算罕遇地震作用下，每个隔震支座的最大压应力不应大于30MPa。隔震支座的极限拉应力不应小于1.5MPa，即每个隔震支座的最大拉应力不应大于1.5MPa，根据《建筑抗震设计规范》第12.2.4条，橡胶隔震支座在罕遇地震的水平和竖向地震同时作用下，拉应力不应大于1MPa。

【问题3】 隔震设计中，隔震层以下的结构应满足《建筑抗震设计规范》GB 50011—2010（2016年版）第12.2.9条规定，对本条第二款如何理解？

【分析与对策】 《建筑抗震设计规范》第12.2.9条第2款规定：隔震层以下的结构（包括地下室和隔震塔楼下的底盘）中直接支承隔震层以上结构的相关构件，应满足嵌固的刚度比和隔震后设防地震的抗震承载力要求，并按罕遇地震进行抗剪承载力验算。隔震层以下地面以上的结构在罕遇地震下的层间位移角限值应满足表12.2.9要求。

基础隔震时，对支墩通常没有嵌固刚度比的要求。支墩可视为独立柱，通常情况下，支墩比较矮，刚度比较大，无需验算刚度比。但支墩高到一定程度成为独立柱时，其刚度会在很大程度上降低，这时就必须验算柱的侧向刚度比。而且下支墩较高时，应考虑下部支墩振动对上部结构及支墩自身的影响，此时应进行整体建模分析。

当隔震塔楼有地下室（或底盘）时，应控制地下室（或底盘）负一层与一层的刚度比的要求。刚度比按2倍的楼层剪切刚度控制。

【问题4】 《建筑抗震设计规范》GB 50011—2010（2016年版）中第12.2.2条第2款，“计算结果宜取包络值”，是不是取三条地震波或七条地震波均应取包络值？

【分析与对策】 对于地震波计算结果的取用，《建筑抗震设计规范》第5.1.2条第3款规定，当取三组加速度时程曲线输入时，计算结果宜取时程法的包络值和振型分解反应谱法的较大值，当取七组及七组以上的时程曲线时，计算结果可取时程法的平均值和振型分解反应谱法的较大值。《建筑抗震设计规范》第12.2.2条第2款均按第5.1.2条执行。

【问题5】 减隔震工程验收程序都有哪些？应核查哪些主要内容？

【分析与对策】

（1）隔震工程应进行检验批、分项工程、子分部工程、竣工验收等验收程序。核查内容应按《建筑隔震工程施工及验收规范》JGJ 360—2015附录A进行记录。需要特别注意的是，建筑隔震工程上部结构验收和竣工验收时，均应对隔震缝和柔性连接进行验收检查。

分项工程可按支座安装、阻尼器安装、柔性连接安装、隔震缝进行划分；检验批可按楼层、结构缝或施工段进行划分；支座和阻尼器等材料进厂检验，可按进场批次、生产厂家、规格划分；

由于隔震技术的特殊性，隔震构造与传统抗震构造有较大区别，为保证隔震工程质量，设计、咨询单位应进行全过程跟踪。

（2）消能减震工程的消能部件工程应作为主体结构分部工程的一个子分部工程进行质量验收。

消能减震工程应进行消能器进场验收、消能部件子分部工程有关安全及功能的见证取样检测检验、消能部件子分部工程观感质量检查检验并应满足设计和《建筑消能减震技术规程》JGJ 297—2013 的相关要求。

第3章　房屋建筑工程给水排水专业

3.1　室外给水排水设计

【问题1】 城市自来水与非城市自来水的连接问题。

【分析与对策】 《城市供水条例》第三十二条规定："禁止擅自将自建设施供水管网系统与城市公共供水管网系统连接"。《建筑给水排水设计规范》GB 50015—2003（2009年版）第3.2.3条《强制条文》规定："城市给水管道严禁与自备水源的供水管道直接连接"。该强制条文解释中明确：如将城市自来水作为自备水源的备用水或补充水时，只能将城市自来水放入自备水源的贮水池，经自备系统加压后使用，且进水口与水池溢流水位之间还必须具有有效的空气隔断。非生活用水管道那就更不得与城市自来水管道直接连接了，包括通过防污断阀或倒流防止器的连接也是不允许的。

【问题2】 室外联合供水管网的设计问题。

【分析与对策】 对于城市、居住区、企事业单位的室外供水管网，并不是不能采用联合供水管网。当市政管网能满足设计工程室外消防及生活、生产最大小时流量之和时，建筑物的低压室外消防给水系统可与生产、生活给水管道系统合用，合用系统的设计流量应为最大消防设计流量与生活、生产用水量最大设计流量之和（淋浴用水量按15%计，浇洒及洗刷等火灾时能停用的用水量可不计）。这样可以节省投资，便于管理。如果当地自来水管理部门有"生活、消防等用水分别计量"的要求时，应按自来水管理部门的要求执行，应各自独立设置。

【问题3】 哪些工程可不设置室外消火栓系统？

【分析与对策】 《建筑设计防火规范》GB 50016—2014（2018版）第8.1.2条《强制条文》规定：耐火等级不低于二级且建筑物体积不大于3000m^{3}戊类厂房；居住区人数不超过500人且建筑物层数不超过两层的居住区，可不设置室外消火栓系统。除此之外，居住区、企事业单位内，一般应设有与市政管网相通的室外生活、低压消防管网，管网上设室外消火栓，消防车可从这些消火栓上取水，用于室外灭火，也可通过与室内消防管网连接的消防水泵接合器，向室内消防管网供水，同时也解决了建筑物低层充分利用城市管网压力直接供水的问题。

【问题4】 室外给排水管道的竖向交叉敷设问题。

【分析与对策】 《室外排水设计规范》GB 50014—2006（2016年版）第4.13.2条《强制条文》规定：污水管道、合流管道与生活给水管道相交时，应敷设在生活给水管道的下面，目的是防止污染生活给水管道。但工程中往往污水管道不能均敷设在给水管道的下面，若给水管道必须敷设在污水管道下面时，应满足《室外给水设计规范》GB 50013—2006 第 7.3.6 条规定：给水管考虑加设钢套管，钢套管伸出交叉管的长度，每端不得小于 3m，钢套管的两端应采用防水材料封闭。

【问题 5】 室外生活排水管材及检查井选用。

【分析与对策】 为减少污染、防止渗漏室外污水管应优先采用 UPVC、HDPE 等塑料管、复合管；严禁采用陶土管、平口混凝土管。

污水检查井优先采用预制式检查井或塑料检查井，检查井应安装防坠落装置，严禁采用砖砌检查井，砖砌检查井易渗漏，造成水系和土壤污染。

3.2 室内给水及排水设计

【问题 1】 利用城镇给水管网水压直接供水的问题。

【分析与对策】 《住宅建筑规范》GB 50368—2005 第 8.2.2 条《 强制条文》,《民用建筑节水设计标准》GB 50555—2010 第 4.2.1 条《强制条文》,《城镇给水排水设计规范》GB 50788—2012 第 3.6.5 条《强制条文》均提出了建筑给水系统（包括生活给水和中水给水）应充分利用城镇给水管网水压达到直接供水的要求。这些强制条文的核心是“直接供水”和“充分利用市政水压”，目的是节能。然而利用叠压供水不是利用城镇水压直接供水，而是经过泵加压供水。那么利用叠压供水是否节能呢？现分析如下：一座 10 层的建筑物，水源为市政自来水，其供水压力 20m，应当说供 1～3 层用水是没有问题的。设 1～3 层用水量为 Q_1，4～10 层用水量是为 Q_2，第 10 层最不利点要求水压为 20＋H（H 为水泵扬程），1～10 层全部用水经叠压供水系统送到用水点时，所需能量为（Q_1＋Q_2）H；而仅 4～10 层用水经叠压供水系统送到用水点，（1～3 层用水直接由市政管网水压供水），所需能量为 Q_2H，很明显，（Q_1＋Q_2）H＞Q_2H。如果仅 1 层用市政水直接供水，当市政接入管径满足该项目工程设计流量时，而 2～10 层用泵加压供水，则认为没有充分利用市政水压。

【问题 2】 从城镇市政自来水管网上直接抽水问题。

【分析与对策】 《城市供水管理条例》第三十五条规定：不允许在城市公共供水管道上直接装泵抽水。当采用叠压供水设备，从城市自来水管道上直接抽水时，应在吸水管上设倒流防止器，并应得到城市供水主管部门的批准。另外，叠压供水设备生产厂家很多，一定要选择有省级或省级以上质量技术监督部门的检测报告、设备生产许可证、卫生行政主管部门颁发的卫生许可证方能使用。叠压供水设备的技术性能应符合现行国家及行业标准的要求。

【问题 3】 倒流防止器和止回阀的设置问题。

【分析与对策】 止回阀是引导水流单向流动的阀件，并有消弱水锤力的作用，它的关闭是靠水流停止流动时阀瓣自身重力或弹簧力的作用，它的开启则是在水流压力作用下完成的。它不能使水的上下游之间形成有效的空气隔断，故它不能有效地防止倒流污染。倒流防止器是由两个单向阀和中间的空气室构成，当水流前进方向的水压突然升高时，两个单向阀都关闭，两单向阀中间的水排出，形成一空气隔断室，有效地防止了水的倒流污染。因此设置了倒流防止器的管路上，可以不必再安装止回阀。但是在要求防倒流污染的管路上，仅装止回阀不能满足要求。从城镇生活给水管网直接抽水的叠压供水设备的吸水管上应设倒流防止器。住宅户内使用的各种热水炉的供水管上可不设倒流防止器。

此外生活、消防合用水池系统中，应在消防泵出口设倒流防止器，以避免对生活用水造成水质影响。

倒流防止器在同一个系统中不应重复设置，以免阻力过大。

【问题 4】 住宅供水竖向分区问题。

【分析与对策】

（1）住宅供水竖向分区一般有两种作法：①单组水泵供水，这种方案是按各区总设计用水量和最高压力要求选泵，低区的供水是由减压解决的。显而易见，低区多余的能量消耗在减压阀上，是不节能的。②各供水分区独立设泵组供水。各区的泵是由各区水量和所需压力来决定的，它没有能量浪费。但泵组增加了，一次性投资也就加大了。

（2）各分区层数的确定，根据《住宅建筑规范》GB 50368—2005 第 8.2.4 条《强制条文》规定：套内分户用水点的给水压力不应小于 0.05MPa，入户管的给水压力不应大于 0.35MPa。当住宅层高 2.9m 时，各分区最佳层数为十层。分区层数过多时，下部的某些层减压，造成能源浪费。当分区层数太少时，分区设备过多增加不经济。

【问题 5】 生活给水管暗敷问题。

【分析与对策】 为了更好地提高室内环境品质，管道暗装越来越多，设计中应选择不易被腐蚀的优质管道，埋地及垫层、墙体内管道不应有卡套式、卡环式接头。其次是防多管重叠，交叉，以免增加面层厚度。暗敷给水管管径一般不应大于 25mm。

【问题 6】 水表设置问题。

【分析与对策】 不同的用途、不同的用户应分别设置不同的水表，如管道直饮水系统水表应采用直饮水水表，冷热水表选用应分别满足不同的功能需要。水表的设置还应满足防冻，便于检修和查表，水表一般应设于户外。

【问题 7】 从小区或建筑物内生活给水管上接出的供消防软管卷盘管道，应该设置倒流防止器还是真空破坏器，还是两个都设？

【分析与对策】 从小区或建筑物内生活给水管上接出的供消防软管卷盘管道水量较小，出口与大气相通，根据《建筑给水排水设计规范》GB 50015—2003（2009 年版）第 3.2.5D 条不应重复设置，只需设置真空破坏器，不需设倒流防止器。

【问题 8】 局部热水供应水加热设备及安全问题。

【分析与对策】 局部热水供应中的水加热设备，多采用燃气热水器和电热水器。电热水器在使用过程中，曾出现过因漏电导致水带电，致使沐浴人触电身亡的事故。在沐浴间内的燃气热水器，在燃烧过程中除与人争氧外，还放出二氧化碳，导致人身不适，甚至晕倒，同时燃气本身也是一种有毒气体，一旦泄漏，会引起沐浴者中毒。这里特别说明的是，即使是业主自行采购并安装这些局部水加热设备，设计者应在设计说明中对燃气热水器，电热水器在使用安装过程中的安全问题提出要求，这是《建筑给水排水设计规范》GB 50015—2003（2009 年版）5.4.5 条《 强制条文》规定。另外关于住宅等户内小型电热水器是否安装倒流防止器的问题，设计图应按标准图集选用即可，一般不再设倒流防止器。

【问题 9】 阳台洗衣机排水问题。

【分析与对策】 《建筑给水排水设计规范》GB 50015—2003（2009 年版）第 4.5.8A 条明确规定，住宅套内应按洗衣机位置设置地漏，其排水管道不得接入室内雨水管道（防止含磷的洗涤剂废水污染水体）。但为避免在阳台设置过多的地漏和排水立管，允许阳台洗衣机排水地漏接纳阳台的少量雨水。

【问题 10】 地漏的设置问题。

【分析与对策】 地漏选用是否合理，直接影响室内环境和空气品质。不同部位应根据不同环境、不同功能等因素注意选用不同形式的地漏。但是，不论选用哪种地漏，其带水封的地漏水封深度都不得小于 50mm，不带水封的地漏，与生活污水或其他可能产生有害气体的排水管道连接时，其排水管上应加水封不小于 50mm 的存水弯。严禁选用钟罩（扣碗）式地漏和活动机械密封代替水封。业主自行装修时，设计也应提出这样的设计、安装要求。

《住宅建筑规范》GB 50368—2005 第 8.2.8 条《强制性条文》规定：设有淋浴器的部位应设地漏。淋浴器部位的地漏是排除淋浴废水的，淋浴部位和地漏之间不允许有其他卫生设备，否则淋浴废水蔓延范围大，影响其他卫生器具的使用。并不提倡一个住宅卫生间设置过多的地漏。

【问题 11】 关于太阳能热水系统设置问题。

【分析与对策】 冀建质（2008）611 号文中“关于十二层及以下的新建居住建筑和实行集中供应热水的医院、学校、饭店、游泳池、公共浴室（洗浴场所）等热水消耗大户，必须采用太阳能热水系统的规定”。在实际执行过程中有各种不同的理解和意见。

（1）《河北省民用建筑节能条例》中第三十七条明确指出：建设单位在进行建设项目可行性研究时，应对太阳能浅层地能等可再生能源利用条件进行评估。这就是说，经评估后，仍可用工业余热、废热和其他可再生能源，不是只准用太阳能。需要强调的是：这里所说的评估，是指环境、技术、经济、卫生等多方面的评价、分析。

（2）十二层及以下新建居住建筑，不仅指住宅，还应包括独栋和联排别墅等。

（3）文中所指热水消耗大户是指集中供应热水的医院、学校、饭店（酒店，旅馆、宾馆等）、游泳池、公共浴室（洗浴场所）等，不是集中供应热水的不受此条规定限制。

（4）能利用市政水压直接供水的住宅下部各层，其太阳能设备宜设在阳台或挂在墙上，不能设在屋顶。如必须设在屋顶时，不得不设双水表（市政水水表和加压供水水表）。不能以此为由不执行《城镇给水排水设计规范》GB 50788—2012 第 3.6.5 条《强制条文》和《住宅建筑规范》GB 50368—2005 第 8.2.2 条《强制性条文》。

（5）关于居住建筑设置太阳能的规定，与各地、市不一致时，应按以下原则执行，严于省规定的应执行各地、市的规定，否则，应执行省的规定。

（6）太阳能热水系统的规模大小，应以满足实际需要为准。如不能完全满足量的要求时，其不足部分由辅助热源解决，辅助热源一般应选可靠性高的热源。不能以此为由，拒不执行省里的规定。

（7）建设单位不得明示或暗示设计单位不采用太阳能热水系统，设计单位也不能依建设单位不愿意设太阳能热水系统为由而不设计太阳能热水系统。

（8）对因技术或其他特殊原因不能采用太阳能热水系统的民用建筑，由当地建设行政主管部门审核许可后，可采用其他热水制备方式。

【问题 12】 冷却塔补水的问题。

【分析与对策】 冷却塔补水总管上应设置水表等计量装置。循环冷却水集水池的充水或补水管道出口与溢流水位之间的空气间隙应大于等于出口管径的 2.5 倍，否则应设置真空破坏器。

【问题 13】 生活饮用水池（箱）与其他用水的水池（箱）设置关系的问题。

【分析与对策】 对于仅供单体建筑的生活饮用水池（箱）应与其他用水的水池（箱）分开设置。

对于城市、居住区、企事业单位的室外区域水池，《建筑给水排水设计规范》GB 20015—2003（2009 年版）第 3.2.8A 条规定：“当小区的生活贮水量大于消防贮水量时，小区的生活用水贮水池与消防用贮水池可合并设置，合并贮水池有效容积的贮水设计更新周期不得大于 48h”。采用合并贮水池时，两个条件必须同时满足，换言之，当小区的生活贮水量小于等于消防贮水量或合并贮水池有效容积的贮水设计更新周期大于等于 48h 时，生活饮用水池（箱）应与其他用水的水池（箱）分开设置。

【问题 14】 排水铸铁管材选用问题。

【分析与对策】 一般意义上的排水铸铁管有两种：一是机制柔性接口排水铸铁管，这种排水铸铁管强度高，密封性好，安装方便，安装完毕的管道系统具有一定的柔性，是国家推广的排水管材。另一种是砂模铸造灰口铸铁排水管，这种管材质脆，密封性不好（有砂眼），承插刚性接口，没有柔性，是国家明令禁止使用的排水管材。设计中应写明排水铸铁管的具体名称，不能笼统地写“排水铸铁管”。建筑物内无论是明装还是埋地，均不得使用淘汰的砂模铸造承插刚性接口的灰口铸铁管。

【问题 15】 给排水专业施工图技术性审查应包括以下主要内容：

【分析与对策】

（1）是否符合工程建设强制性标准（强制条文）。

（2）是否符合民用建筑节能强制性标准，对执行绿色建筑标准的项目，还应当审查是否符合绿色建筑标准。

（3）注明执业人员以及相关人员是否按规定在施工图上签字（设计、校对、审查等）。

（4）法律、法规、规章规定必须审查的其他内容。比如冀建质（2008）611 号文明确提出：对应采用而不采用太阳能热水系统的民用建筑，施工图审查机构不得出具施工图审查合格书。

【问题 16】 验收规范中的强制条文是否属于审图内容问题。

【分析与对策】 建设部《实施工程建设强制性标准监督规定》对工程建设过程中各阶段实施强制性标准监督有明确分工规定。该规定第六条的具体分工如下：

建设项目规划审查机关应对工程建设规划阶段执行强制性标准的情况实施监督。

施工图设计文件审查单位应当对工程建设勘察、设计阶段执行强制标准的情况实施监督。

建筑安全监督管理机构应当对工程建设施工阶段执行施工安全强制性标准的情况实施监督。

工程质量监督机构应当对工程建设施工、监理、验收等阶段执行强制性标准的情况实施监督。

根据该规定的分工，审图机构对验收规范中的强制条文无审查责任。

【问题 17】 《房屋建筑和市政基础设施工程施工图设计文件审查管理办法》第十一条第（四）款“其他法律、法规、规章规定必须审查的内容”问题。

【分析与对策】 《建筑法》、国务院《建设工程质量管理条例》中关于设计选用的设备、材料等“不得指定生产厂、供应商”的规定。国务院《建设工程勘察设计管理条例》中关于设计文件应符合“国家规定的建设工程勘察、设计深度要求”规定，国务院《城市供水条例》中关于不得在城市公共供水管道上直接装泵抽水和不得擅自将自建设施供水管网系统与城市公共供水管网系统连接的规定。建设部《城市节约用水管理规定》中关于各用水单位及新建住宅应当安装分户计量水表的规定及应当采取循环用水的规定。《河北省民用建筑节能条例》中关于用水量较大的建筑面积大于三万平方米的公共建筑和建筑面积十万平方米以上的新建住宅小区，配套建设中水回用设施的规定。建设部和河北省建设行政主管部门推广新技术和限制、禁止使用落后技术的规定等都在施工图审查之列。

3.3　中水设计

【问题 1】 中水的设置要求及设计问题。

【分析与对策】 应严格执行《河北省民用建筑节能条例》第十九条的规定：建筑面积在三万平方米以上、用水量较大的新建公共建筑和建筑面积在十万平方米以上的新建住宅小区，应配套建设中水回用设施。各地、市的要求严于省规定时，应执行各地、市的规定。

中水部分设计应说明原水性质、来源、处理站的位置、占地面积、处理水量，设计进、出水水质，主要的平面布置、采用的工艺流程等。

中水原水不得采用医疗废水、放射性废水、生物污染废水、重金属及其他有害有毒物质超标的排水。

中水管道严禁与生活饮用水管道连接。自来水补水应从水箱上部、顶部接入，补水口最低点高出溢流边缘的空气间隙不应小于150mm。

中水给水管道应采取防止误接、误用、误饮的措施。

中水管网中所有组件和附属设施的显著位置应配置“中水”耐久标识，中水管道应涂浅绿色，埋地、暗敷中水管道应设置连续耐久标志带。中水管道取水接口处应配置“中水禁止饮用”的耐久标识。

中水设计如需二次深化设计，在设计中应明确且要经过施工图审查通过后才能施工。但应满足同时设计、施工、验收使用。

3.4 消防设计

【问题1】 设计说明中应明确工业建筑（厂房、仓库）及民用建筑分类：

【分析与对策】 设计说明中应根据《建筑防火设计规范》GB 50016—2014（2018年版），说明各类厂房、仓库的火灾危险性分类及耐火等级，建筑物的面积、体积、高度等，以便确定各消防系统设计流量、火灾延续时间、消防水量等。

根据《建筑防火设计规范》GB 50016—2014（2018年版），民用建筑分类应说明建筑物为单、多层民用建筑还是高层民用建筑；高层民用建筑需明确一类住宅、公共建筑或二类住宅、公共建筑，不能出现商住楼等名称。

此外，宿舍、公寓等非住宅类的居住建筑的防火要求应按公共建筑的规定执行。

【问题2】 关于住宅部分与其他使用功能的建筑消防设计。

【分析与对策】 根据《建筑防火设计规范》GB 50016—2014（2018年版）第5.4.10条第3款中，室内的消防设施配置，可根据各自的要求确定消防水量、设置室内消防系统的规定执行；但该建筑物的室外消防水量、防火间距等按公共建筑规定执行。

按照《建筑防火设计规范》GB 50016—2014（2018年版）第5.4.10条第3款规定：住宅部分和非住宅部分的安全疏散、防火分区和室内消防设施配置，可根据各自的建筑高度分别按照本规范有关住宅建筑和公共建筑的规定执行，可理解为各自独立设置。但是根据《消防给水及消火栓系统技术规范》GB 50974—2014第7.4.3条规定，设置室内消火栓的建筑，包括设备层在内的各层均应设置消火栓。可以理解为如果某部分需要设置室内消火栓，则包括设备层在内的各层都应设置消火栓。规范上执行标准前后矛盾，这种情况应视建筑使用功能及火灾危险程度等来确定。

【问题3】 室内消防水量的确定问题。

【分析与对策】 建筑物内同时设有消火栓系统、自动喷水灭火系统、大空间智能型主动喷水灭火系统、固定消防水炮系统、水喷雾灭火系统、泡沫灭火系统、水幕系统等时，其室内消防用水量应按需要同时开启的灭火系统用水量之和计算。也就是说，按火灾时，需要开启的灭火系统最多的情况计算消防水量，不能将全部灭火系统用水量之和作为室内消防用水量。

【问题 4】 建筑物室内消火栓用水量和充实水柱问题。

【分析与对策】 室内消火栓用水量按《消防给水及消火栓系统技术规范》GB 50974—2014 第 3.5.2 条选取，消火栓栓口压力按《消防给水及消火栓系统技术规范》GB 50974—2014 第 3.5.2 条第 2 款执行，可不按栓口水压，再计算消防水量和充实水柱。

【问题 5】 消防电梯间前室内消火栓是否可以计入消火栓总数问题。

【分析与对策】 《消防给水及消火栓系统技术规范》GB 50974—2014 第 7.4.5 条规定："消防电梯前室应设置室内消火栓，并应计入消火栓使用数量"。

【问题 6】 室内消火栓系统是否可以局部设置问题。

【分析与对策】 应按《消防给水及消火栓系统技术规范》GB 50974—2014 第 7.4.3 条《强制条文》执行。即：设置室内消火栓的建筑，包括设备层在内的各层均应设置消火栓。

【问题 7】 多层建筑消防水箱设置问题。

【分析与对策】 设置临时高压给水系统的建筑物应在建筑的最高部位设重力自流的消防水箱。《消防给水及消火栓技术规范》第 6.1.9 条第 2 款明确规定：当设置高位消防水箱确有困难，且采用安全可靠的消防给水形式时，可不设高位消防水箱，但应设稳压泵。安全可靠的消防给水形式包括消防水源、消防水池、消防水泵、消防电源等。如消防电源按一级负荷要求供电，当不能满足一级负荷要求供电时应采用柴油发电机组做备用动力等。

【问题 8】 消防水池取水口设置问题。

【分析与对策】 消防水池不需储存室外消防用水时，说明室外消防管网能够保证室外消防用水量。火灾发生时，消防车可以直接从室外消防管网上的消火栓取水灭火。消防水池不需设供消防车的取水口。当消防水池储存室外消防用水时，即使同时设有室外消火栓泵和室外消防管网及室外消火栓，也应设消防车取水口。

【问题 9】 室内净空高度大于 8m 的大空间场所消防问题。

【分析与对策】

(1) 室内净空高度 8～18m 的大空间，《自动喷水灭火系统设计规范》GB 50084—2017 第 5.0.2 条《强制条文》已有规定，所以净空高度 8～18m 的中庭、体育馆、航站楼、影剧院、音乐厅、会展中心等，应优先采用自动喷水灭火系统。但应考虑喷水强度增加，喷头间距变小等问题，相应要求详见具体规范。如设计采用大空间智能型主动喷水灭火系统应进行方案分析、计算、比选，说明采用合理性。

(2) 室内净空高度大于 18m 的大空间，《大空间智能型主动喷水灭火系统技术规程》

第3.0.3条明确提出：凡按国家有关消防设计规范的要求应设置自动喷水灭火系统，火灾类别为A类，但由于空间高度较高，采用其他自动灭火系统难以有效探测、扑灭及控制火灾的大空间场所应设置大空间智能型主动喷水灭火系统。

【问题10】 关于高层住宅设自动喷水灭火系统问题。

【分析与对策】 《住宅建筑规范》GB 50368—2005第9.6.2条《强制条文》规定："35层及35层以上住宅建筑应设置自动喷水灭火系统"。

《建筑设计防火规范》GB 50016—2014（2018年版）第8.3.3条《强制条文》规定："建筑高度大于100m的住宅建筑应设置自动喷水灭火系统"。

规范不同，规定各异，且都是强制条文，执行起来，难免不一致。建议：从严掌握，即35层及35层以上的住宅和建筑高度大于100m的住宅建筑这两个条件，只需满足一个条件，即在其室内，走廊（包括地下储藏等）均设喷淋。35层以下的住宅和建筑高度不大于100m的住宅建筑一般不设自动喷水灭火系统，如当地消防部门另有规定，应执行当地消防部门的规定。

【问题11】 高层民用建筑中配电室气体灭火系统设置问题。

【分析与对策】 公消（2007）226号文《关于加强消防监督有关问题的通知》中提到：配电室属"特殊重要设备室"应设气体灭火系统。许多设计人对此有不同的见解。

（1）配电室控制范围有大小，断电后影响范围不同。简单地下结论即：配电室属特殊重要设备室，设气体灭火系统不一定合适。比如住宅地下室一个小房间内设1～2块配电盘的配电室，仅控制一个单元或一座建筑物，就无必要设气体灭火系统。建议在大型的变、配电室（控制若干座公共建筑或控制10万平方米以上居住小区）设气体灭火系统。

（2）该通知是发给各省、自治区、直辖市公安消防部队的。审图机构以此进行施工图审查，并要求凡是配电室就要设气体灭火系统是欠妥当的。

【问题12】 消防水泵接合器设置问题。

【分析与对策】 《消防给水及消火栓系统技术规范》GB 50974—2014第5.4.1条《强制条文》规定：

（1）高层民用建筑；

（2）高消防给水的住宅、超过五层的其他多层民用建筑；

（3）超过二层或建筑面积大于10000m^{2}的地下或半地下建筑（室）、室内消火栓设计流量大于10L/s平战结合的人防工程；

（4）高层工业建筑和超过四层的多层工业建筑；

（5）城市交通隧道都应设消防水泵接合器。

《消防给水及消火栓系统技术规范》GB 50974—2014第5.4.2条《强制条文》规定：自动喷水灭火系统、水喷雾灭火系统、泡沫灭火系统和固定消防炮灭火系统等水灭火系统，均应设置消防水泵接合器。临时高压消防给水系统向多栋建筑物供水时，消防水泵接合器应在每座建筑物附件就近设置。为避免一个建筑物周围接合器设置过多的问题，消防水泵接合器可区域设置，此时相邻建筑物设置的消防水泵接合器距设计建筑物40m内时，可考虑为设计建筑物使用。不参与建筑物消防保护的系统可不必在建筑物旁设置水泵接合器。

【问题13】 人防地下室消火栓管网与建筑主体内消火栓管网的连接问题。

【分析与对策】 当人防地下室内消火栓总数超过10个时，应布置成环状管网，并应有两个连接管与建筑主体内消火栓环网或消防水泵相连接。不提倡每个消火栓与建筑主体内消火栓环网相连接，因这样将增加许多防护阀，同时，人防顶板、侧壁也不希望开许多洞。那种建筑主体消防立管穿过人防工程（消防泵通过这些立管向建筑主体消火栓管网输水）的作法是不妥当的。因为在人防地下室内侧的消防立管上的防护阀，按规定，在战时是要关闭的，这时建筑主体内的消火栓管网便与消防水泵隔断了。主体建筑将无法利用消火栓灭火，存在着安全隐患。

【问题14】 建筑群共用屋顶消防水箱稳压问题。

【分析与对策】 建筑群共用屋顶消防水箱（当水箱高度不够时，在水箱旁增设稳压泵和气压罐）进行稳压，当消防稳压管不直接与室外管网连接而与室内消防管网连接，并通过室内管网与室外管网相通对其他建筑室内消火栓管网进行稳压时，这时设有消防水箱的该建筑室内消防引入管上不能设止回阀。

注意选择增设稳压泵和气压罐时，应考虑共用屋顶消防水箱的建筑群系统中最不利建筑内最不利点消防用水压力应满足规范要求。

此外稳压装置可以采用消火栓系统及自动喷水系统合用，稳压泵流量、压力应满足两个系统的要求，并应分别设置流量、压力开关；稳压管分别设置，接入各自系统中。

【问题15】 消防管道保温问题。

【分析与对策】 生活用水管道内的水是流动的，实施保温后，可以保证管网水温在一个符合要求的温降范围内，然而消防管道内的水是不流动的，保温仅能延长结冰的时间而已。故露天安装及在有可能结冻的场所的消防管道应采取伴热措施，方能保证管内的水不结冰。

【问题16】 住宅底部的商业服务网点设自动喷水灭火系统的问题。

【分析与对策】 建筑高度100m以下和35层及35层以下住宅底部的商业服务网点一般不设自动喷水灭火系统。《建筑防水设计规范》GB 50016—2014（2018年版）第5.5.17条规定，建筑物内全部设置自动喷水灭火系统时，其安全疏散距离可增加25%；商业服务网点的安全疏散距离为22m，如建筑专业需要增加安全疏散距离，商业服务网点可设自动喷水灭火系统。

根据《建筑设计防火规范》GB 50016—2014（2018年版）第8.3.3条第4款《强制条文》规定，建筑高度大于100m的住宅建筑应设置自动喷水灭火系统；《住宅建筑规范》GB 50368—2005第9.6.2条《强制条文》规定，35层及35层以上的住宅及建筑高度100m以上的应设置自动喷水灭火系统，其底部的商业网点也应设自动喷水灭火系统。

【问题 17】 关于手术室内是否可以放置消火栓、喷淋问题。

【分析与对策】 手术室属于洁净区域，在室内设置消火栓或布置喷头，难以保证洁净要求。但根据《建筑设计防火规范》GB 50016—2014（2018 年版）第 8.3.4 条第 2 款《强制条文》，任一层面积大于 1500m² 的手术部（做手术的房间以外的其他房间和走道）应设自动喷水灭火系统。当然也就应当设消火栓灭火系统。

【问题 18】 高层建筑群共用消防设施问题。

【分析与对策】 《消防给水及消火栓技术规范》GB 50974—2014 第 3.3.2 条附注中提出了“当单座建筑的总建筑面积大于 50 万平方米时，建筑物室外消火栓设计流量应按规定值增加一倍”。但未对室内消火栓设计流量提出增加一倍的要求。

【问题 19】 《消防给水及消火栓系统技术规范》GB 50974—2014 与其他现行规范矛盾之处及审查建议。

【分析与对策】 《消防给水及消火栓系统技术规范》GB 50974—2014 中的非强制条文内容，在其他现行规范中是强制条文时，按其他现行规范中的强制条文进行审查。例如《消防给水及消火栓系统技术规范》GB 50974—2014 中第 5.2.6 条第 6 款：“进水管口的最低点高出溢流边缘的高度应等于进水管管径，但最小不应小于 100mm，最大不应大于 150mm”。而《建筑给水排水设计规范》GB 50015—2003（2009 年版）第 3.2.4C 条（强制条文）则规定“从生活饮用水管网向消防用水贮水箱补水时，其进水管口最低点高出溢流边缘的空气间隙不应小于 150mm”，两者截然相反。

《消防给水及消火栓系统技术规范》GB 50974—2014 中的强制条文内容，在其他现行规范是非强制条文或无规定时，应按《消防给水及消火栓系统技术规范》GB 50974—2014 进行审查。例如：《消防给水及消火栓系统技术规范》GB 50974—2014 中第 5.5.12 条第 2 款“附属在建筑物内的消防水泵房，不应设置在地下三层及以下”的规定。在其他现行规范中并无这样的规定，应按《消防给水及消火栓系统技术规范》GB 50974—2014 进行审查。

《消防给水及消火栓系统技术规范》GB 50974—2014 的非强制条文内容，在其他现行规范中无规定或也是非强制条文时，审查机构可不予审查。但审查机构可从优化设计的角度，建议设计单位按要求严格的条文进行设计。但应尊重设计单位的最终决定。因为《建筑法》第五十六条规定，设计单位对设计质量负责。

【问题 20】 《消防给水及消火栓系统技术规范》GB 50974—2014 中应特别重视的几个问题：

【分析与对策】 《消防给水及消火栓系统技术规范》GB 50974—2014 新提出了若干条《强制条文》，仅重点分析以下几条，审图机构应特别注意对其进行审查。

（1）消防水池：第 4.3.9 条第 2 款《强制条文》规定，“消防水池应设置就地水位显示装置，并应在消防控制中心或值班室等地点设置显示消防水池水位的装置，同时应有最高和最低报警水位”。就地水位显示装置应在消防水池设计图中表示出来。消防控制中心或值班室显示消防水池水位（最高和最低报警水位）的设计要求（具体由电气专业设计）

应在设计总说明中写清楚。《强制条文》第4.3.9条第3款规定："消防水池应设置溢流水管和排水设施，并应采用间接排水"。消防水池溢流管和排水设施应在消防水池设计图中表示清楚。

（2）消防水箱：第5.2.5条《强制条文》规定，"设置在寒冷地区（河北省全部为寒冷地区）的非采暖房间的消防水箱，应采取防冻措施，环境或水温不应低于5℃"。设计中应对消防水箱间的环境或水温能否保证不低于5℃作出明确说明并说明采取的措施，比如设采暖。仅对消防水箱进行保温是难以保证的，《强制条文》第5.2.6条第2款规定，"消防水箱的最低有效水位应根据出水管喇叭口和防止旋流器的淹没深度确定"。在消防水箱设计图中应表示清楚。

（3）消防水泵：第5.1.13条第2款《强制条文》规定，"消防水泵吸水管布置应避免形成气囊"。消防水泵吸水管上的大小头应采用偏心的，应与吸水管管顶平接，并在水泵吸水管上表示清楚。第5.1.13条第4款《强制条文》规定，"消防水泵吸水喇叭口应在消防水池最低水位以下，其间距不应小于600mm，当采用旋流防止器时，其淹没深度不应小于200mm"。应在消防水池设计图中表示清楚。

（4）消防水泵房：第5.5.9条《强制条文》规定，"寒冷地区消防水泵房的采暖温度不应低于10℃，无人值守时不应低于5℃"。寒冷地区易结冰，必须提出采暖要求（具体由采暖通风专业设计）应在设计说明中写清楚。

（5）室外消火栓：第7.2.8条、第7.3.10条《强制条文》规定，"当市政给水管网设有市政消火栓时，其平时的运行工作压力不应小于0.14MPa"。室外消防给水引入管当设倒流防止器后，火灾时因其水头损失导致室外消火栓水压小于0.1MPa，出水量小于15L/s时，应在倒流防止器前设置一个消火栓。

（6）消防排水：第9.3.1条《强制条文》规定，"消防给水系统试验装置处应设专用排水设施，1）自动喷水灭火系统等自动水灭火系统末端试水装置处的排水立管不宜小于DN75；2）报警阀处的排水立管宜为DN100，减压阀处的压力试验排水管直径不应小于DN100。"

【问题21】 高层或多层住宅的地下室自行车库是否设置自动喷淋系统。

【分析与对策】 35层及35层以下和建筑高度小于100m的住宅，其地下自行车库可不设自动喷淋系统，与住宅同等对待。

【问题22】 高位消防水箱容积如何确定。

【分析与对策】 《消防给水及消火栓系统技术规范》GB 50974—2014第6.1.9条第1款《强制条文》规定：高层民用建筑、总建筑面积大于10000m^{2}且层数超过2层的公共建筑和其他重要建筑，必须设置高位消防水箱。

各类建筑物屋顶消防水箱的大小按《消防给水及消火栓系统技术规范》GB 50974—2014第5.2.1条直接选取，不必计算。

（1）一类高层公共建筑不小于36m^3，但当建筑高度大于100m时，应不小于50m^3，当建筑高度大于150m时，应不小于100m^3；

（2）多层公共建筑、二类高层公共建筑和一类高层住宅不小于18m^3，当一类高层住宅超过100m时，不小于36m³；

(3) 二类高层住宅不小于12m³；

(4) 建筑高度大于21m的多层住宅不小于6m³；

(5) 工业建筑室内消防设计流量≤25L/s时，不小于12m³，大于25L/s时，不小于18m³；

(6) 总建筑面积大于30000m² 的商店，不小于50m³，当与本条第1款规定不一致时应取其较大值。

高位水箱容积指屋顶水箱，不含转输水箱兼高位水箱。转输水箱兼做高位水箱时，其容积按转输水箱确定；一类建筑由裙房公共建筑和其上的住宅构成时，屋顶水箱容积应按较大水量部分确定。

【问题23】 喷淋系统的控制方式。

【分析与对策】 根据《自动喷水灭火系统设计规范》GB 50084—2017第11.0.1条规定，湿式系统、干式系统应由消防水泵出水干管上设置的压力开关、高位消防水箱出水管上的流量开关和报警阀组压力开关直接自动启动消防水泵。

根据《自动喷水灭火系统设计规范》GB 50084—2017第11.0.2条规定，预作用系统应由火灾自动报警系统、消防水泵出水干管上设置的压力开关、高位消防水箱出水管上的流量开关和报警阀组压力开关直接自动启动消防水泵。

自动喷水灭火系统高位水箱出管上的流量开关会产生误启泵或不能及时启泵，必须配置更可靠的其他自动启泵控制方式比如压力开关，并重点依靠压力开关启泵；高位水箱稳压的消防给水系统其水泵出口的压力开关不能及时启泵，自动喷水灭火系统应重点依靠报警阀组压力开关启泵；水泵管网直吸、市政水稳压的消防给水系统，水泵出口的压力开关很难启泵，自动喷水灭火系统应重点依靠报警阀组压力开关启泵；高位水池临时高压消防给水系统，水泵出口不应设启泵压力开关，自动喷水灭火系统应重点依靠报警阀组压力开关及时启泵。

【问题24】 高低分区的室内消火栓系统，低区消火栓系统上需要设置试验消火栓吗?

【分析与对策】 根据《消防给水及消火栓系统技术规范》GB 50974—2014第7.4.9条规定，设有室内消火栓的建筑应设置带有压力表的试验消火栓。低区消火栓系统一般为高区消火栓减压后管网，减压阀前后设有压力表，均能检查系统压力，低区消火栓系统设置试验消火栓存在排水困难等问题，所以低区消火栓处不设置试验消火栓。

【问题25】 人防工程内消火栓系统、自动喷水系统上设置的防护阀门是否要设置为信号阀?

【分析与对策】 根据相关规范一般自动喷水系统连接报警阀进出口的控制阀及水流指示器入口前设置的控制阀采用信号阀。穿越人防工程采用的防护阀门一般带有设定阀位的锁具，用锁具锁上，并处于常开状态，因此消火栓系统、自动喷水系统上设置的防护阀门可不设置为信号阀，可只设置为防护阀门，如设计人采用满足防护要求的信号阀应该也是可以的。

【问题 26】 地下室潜水泵兼做消防排水时设计要求。

【分析与对策】 根据《消防给水及消火栓系统技术规范》GB 50974—2014 第 9.2.1 条规定，下列建筑物和场所应采取消防排水措施：(1) 消防水泵房；(2) 设有消防给水系统的地下室；(3) 消防电梯的井底；(4) 仓库。根据《消防给水及消火栓系统技术规范》GB 50974—2014 第 9.2.3 条《强制条文》规定，消防电梯的井底排水泵的排水量不应小于 10L/s，其他三种情况对排水量无具体要求，但设有消防给水系统的地下室需设消防排水。消防排水设施宜与地下室其他地面废水排水设施共用，排水泵在火灾及平时均应该可以使用。

【问题 27】 临时高压消防给水系统的设备器材的压力选用问题。

【分析与对策】 需要注意采用高位水箱稳压的临时高压消防给水系统的系统工作压力，应为消防水泵零流量时的压力与水泵吸水口最大静水压力之和。消防给水系统中的设备、器材、管材管件、阀门和配件等系统组件的产品工作压力等级，应大于消防给水系统的系统工作压力，且应保证系统试验压力要求。

3.5　绿色建筑设计

【问题 1】 施工图设计审查中给水排水专业绿色建筑需说明的内容。

【分析与对策】 《房屋建筑和市政基础设施工程施工图设计文件管理办法》中第十一条第（三）款规定：对执行绿色建筑标准的项目，还应当审查是否符合绿色建筑标准。设计说明应明确设计绿建星级，根据国标《绿色建筑评价标准》GB/T 50378—2014 及省标《绿色建筑评价标准》DB13 (J)/T 113—2015，所有的控制项必须进行说明及落实，包括水资源利用方案；设置合理、完善、安全的给水系统；卫生器具应采用节水器具；特别要注意在绿建设计时，景观用水不得采用市政供水和自备地下水井供水；使用非传统水源时，采取用水安全保障措施，且不对人体健康与周围环境产生不良影响。

在评分项中应说明项目设计平均日用水量（设计阶段不参评），阀门、管材选用、水表设置情况、明确用水点的压力；有无公共浴室、节水器具的等级、绿化灌溉方式、有无空调设施及冷却方式、非传统水源利用等主要内容。

绿建评分表应根据绿建或设计说明分项评分，并注明不参评项及分值。

注意设计平均日用水量设计阶段为不参评；没有公共浴室不参评；不得分。

没有集中空调、没有冷却水补水、没有景观水体应直接得分。

该标准中其他要求具体见《绿色建筑评价标准》GB/T 50378—2014，DB13 (J)/T 113—2015 的要求。

第 4 章　房屋建筑工程暖通专业

4.1　供暖设计

【问题 1】 如何执行《民用建筑供暖通风与空气调节设计规范》GB 50736— 2012/3.0.6-1 款，最小新风量如何保证？仅设有热水供暖的建筑，是否考虑必须设新风系统？

【分析与对策】 新风指标综合考虑了人员污染和建筑污染对人体健康的影响。如果按原来依赖开窗换气，新风量不能控制，在供暖季和空调季就会造成能源浪费；受季节和风向影响，有时新风量又不够，对人的健康造成不利影响。因此，无论采取何种供暖、空调方式，都要切实采取措施保证新风供给。

设计人员应认真学习规范，更新设计理念，按规范要求进行设计，根据建筑物的规模、房间具体功能、甲方要求等多方面因素，制定合理的新风供应措施，确保新风量不低于规定值。具体形式可以多样，如新风机组送风、新风换气机送风、房间有机械排风时负压进风、窗上或墙上安装换气扇等等。

特别提醒，由于新风量增加了系统热负荷，热指标有所增长。

【问题 2】 审图时经常发现计算书中围护结构传热系数经常出现与建筑专业不符的情况，节能备案表中相关参数与图纸不符。

【分析与对策】 《民用建筑供暖通风与空气调节设计规范》GB 50736—2012/ 5.2.1；《严寒和寒冷地区居住建筑节能设计标准》JGJ 26—2010/5.1.1；《公共建筑节能设计标准》GB 50189—2015/5.1.1，都以强制性条文的形式明确规定：必须对每一个房间进行热负荷计算。施工图阶段，必须进行逐项的供暖热负荷的计算，应该按每个房间的每面墙、每扇窗逐项计算。之所以这样规定，就是因为热负荷计算是我们的设计基础，不可以用所谓“热指标”替代计算。

必须提醒设计人员注意的是，在热负荷计算开始之前，还要将传热系数与限值进行比较，如果有超过限值的情况，应与建筑专业协商，避免建筑专业后来修改传热系数，而给暖通专业带来很大的修改工作量。

计算书中采用的围护结构传热系数，不可以按围护结构传热系数的限值（最大值）计算，应与建筑专业保持一致，这也是近几年全国节能检查的内容之一。

【问题 3】 采用低温热水地板辐射供暖或低温发热电缆地板供暖的房间，由于底层敷设有加热管或加热电缆的地面，地面或楼板“热负荷”和“传热损失”概念混乱，造成加热管布置错误。

【分析与对策】 审图中发现，设计人对《辐射供暖供冷技术规程》JGJ 142—2012/

3.3.5、3.4.8条规定的内容不理解，按使用散热器供暖的供暖系统计算地面热负荷的方法，计算敷设加热管的地面热负荷，（当一层平面与标准层平面布置完全相同时）一层加热管间距比标准层加热管间距小。对规范的错误理解，产生两个错误：（1）热力入口应提供的总热负荷计算错误，由于未计算传热损失，总热媒供应量偏低；（2）一层加热管布置过密，房间过热，浪费热量和管材。

当地面敷设加热管时，地面作为高温体，它向上、下两个方向传热，因此不存在通过地面的传热损失，这是不同于使用散热器供暖系统的热负荷计算。地板向上辐射传热，用于抵消围护结构的传热损失，即构成“房间热负荷”（Q_1）；地板向下辐射传热虽是无助于房间供暖，但却无法避免，这也就是为什么地面要增加保温层，这部分传热负荷（Q_2）应计算在辐射供暖房间热媒的供热量中，由换热站提供，Q_2的计算就是地面面积乘以单位面积向下传热量（查表JGJ 142—2012/附录B）。我们在热力入口标注的热负荷其实是由两部分组成（$Q1_+Q_2$）。当供暖系统分为高区、低区时，Q_2应计入高区系统。

【问题4】 目前地板辐射供暖系统在住宅设计中被大量使用，由于供回水温度和加热管间距选择不当，经常会出现房间过热的现象。但因图纸已完成，修改工作量大，设计人不愿修改。

【分析与对策】 出现这种问题的原因有多种，首先，设计人对规范学习不够，未进行供回水温度的计算，而是习惯性的“设定”一个供回水温度（比如常用50～40℃热水，但对于满足“75%节能”标准的建筑来说，这样的温度也可能偏高的），即使加热管间距取300mm，仍会造成单位面积散热量大于实际所需散热量。JGJ142—2012/附录B，加热管间距不再局限于最大300mm，而是可以取400mm、500mm。供回水温度由GB 50736—2012/5.4.1条推荐水温为45～35℃，但不是说地板辐射供暖系统水温就只能按此温度。水温偏高带来的问题还有：地表面温度偏高，加热管提供的热量远大于设计所需散热量，造成顶层与标准层加热管布置相同、有外墙房间与无外墙房间加热管布置相同。针对这种情况，可以通过降低供回水温度、加大加热管间距等办法，减少单位面积的供热量。

很多设计人在确定地面散热量时，未校核地表面平均温度，造成地表面平均温度超过JGJ 142—2012/表3.1.3的规定；在查JGJ 142—2012/附录B时，地面层都按水泥或陶瓷设计。在此提醒大家的是：目前住宅装修，地面铺木地板的家庭不在少数，设计时应考虑地面铺木地板的单位面积散热量要低于地面铺水泥或陶瓷时的散热量。

【问题5】 有设计人问，原来地板辐射供暖多采用40～50℃水温，JGJ 142— 2012执行后，3.1.1条“民用建筑供水温度宜用35～45℃”，供回水水温统一改为35～45℃吗？如果再采用40～50℃水温就是错误的吗？

【分析与对策】 这样理解不对。从设计原则来讲，热水地面辐射供暖系统的供、回水温度应由计算确定。35～45℃水温是规范推荐的温度，理由在规范的GB 50736—2012和JGJ 142—2012相应条文说明中论述得很清楚，在此不再重复。但不意味着必须是此温度，不同地区，不同建筑，此温度可能变化。

【问题6】 建筑物供暖热力入口的位置在哪里比较合适？

【分析与对策】 确定热力入口的位置，应在设计之初认真考虑，当进行到图纸审查阶段再修改，为时已晚。

根据《供热计量技术规程》JGJ 173—2009/5.1.3的规定，热力入口装置设置在专用表计小室中。《全国民用建筑工程设计技术措施-暖通空调·动力（2009年版）》(以下简称《技术措施》)/2.1.11规定：有地下室的建筑物，热力入口装置设置在地下室内的专用小室内，不要设在室外狭小的地沟内。这些规定都是基于满足热量表、计算器防护所需要的安装环境要求而制定的，我省属于严寒、寒冷地区，在建筑内设专用表计小室更容易做到防盗、防水和防冻。

有地下室的建筑，宜设置在地下室的专用空间内，空间净高不应低于2.0m，前操作面净距离不应小于0.8m。无地下室的建筑，宜于楼梯间下部设置小室，操作面净高不应低于1.4m，前操作面净距离不应小于1.0m。还有一些无地下室的建筑，不具备楼梯间下部设置表计小室的条件时，其热力入口的计量装置不得不设在室外检查井内时，前操作面净距离不应小于0.8m，外加保护箱，起到防盗、防水和防冻的作用。

【问题7】 电热膜地板供暖是否属于电供暖？能否大面积地采用电热膜供暖？如何理解“电热膜供暖可达到节能效果”？设计之前要设计单位或建设单位提供哪方面的批文？

【分析与对策】 电热膜地板供暖属于电供暖。电供暖另一种常见形式是“发热电缆地板辐射供暖”。从合理利用能源的角度分析，将高品位的电能直接转换为低品位的热能进行供暖，热效率低，运行费用高，是不合适的。无论是住宅建筑还是公共建筑，各种形式的电供暖都是被严格限制使用的，涉及电供暖的规范条文很多：GB 50736—2012/5.5.1；GB 50368—2005/8.3.5；JGJ 26—2010/5.1.6；GB 50189—2015/4.2.2、4.2.3都是强制性条文。

与热水供暖相比，如果都采用连续供暖，达到同样舒适的室内设计温度，电供暖所花的费用肯定是比集中供热的费用高得多。但电热膜供暖也有它的优势，首先它计量简单(用电表计量)，管理简单；对于一些白天家中无人的家庭而言，人们早出晚归，使用供暖的时间短，运行费用自然低；还有一些别墅，居住时间短，使用时间不固定，用电热膜供暖使用灵活，免掉敷设供暖外线的费用；电供暖属于间歇供暖，舒适性比不上集中热水供暖；在上述情况下，与按面积收缴供暖费相比，虽然可以省钱，但因此说电供暖节能是不正确的。

进行电热膜供暖设计之前，应办理有相关手续，如果使用任何形式的电供暖（包括发热电缆、电热膜、电热锅炉等)，需通过节能办等部门的审查，审图时应向审图单位出示。

【问题8】 建筑物耗热量指标与供暖设计热负荷指标的区别和关联。

【分析与对策】 建筑物耗热量指标与供暖设计热负荷指标没有对应关系。

建筑物耗热量指标：在供暖期室外平均温度条件下，为保持室内计算温度，单位计算建筑面积在单位时间内消耗的、需由室内供暖设施供给的热量。

供暖设计热负荷指标：在供暖期室外计算温度条件下，为保持室内计算温度，单位计算建筑面积在单位时间内消耗的、需由锅炉房或其他供暖设施供给的热量。

对同一城市，在进行上述两指标计算时，不仅室外温度取值不同，室内计算温度也不同，计算方法也不相同。

一栋建筑，一旦它的窗墙比、体形系数、围护结构确定了，建筑物耗热量指标就确定了。一栋建筑无论采取哪种供暖或空调方式，对建筑物的耗热量指标的高低是没有影响的。换句话说，通过计算“建筑物耗热量指标”，把各式各样的建筑放在一个公共平台上，用统一标准进行衡量，该指标越低说明该建筑越节能，但这个指标同“供暖设计热指标”不存在直接对应关系。一栋建筑房间室内设计温度取不同值，“供暖设计热指标”就会变化，但“建筑物耗热量指标”不会变。

【问题 9】 以风机盘管为主的空调系统，个别房间使用散热器供暖时，在设计中应该注意什么？

【分析与对策】 散热器供暖，供水温度在 75～85℃，温差 20～25℃；风机盘管的供水温度在 60℃以下，温差 5～15℃。两者原则上不能混用。

住宅采用集中空调系统，多为风机盘管系统。厨房、卫生间面积小、负荷低，由于其自身的特点决定，不适宜单独设一台风机盘管，这些房间采用散热器供暖，是可以的。应该注意的是，应根据散热器在设计工况下的散热量来确定散热器的数量，散热器还应采用内腔无砂、低温高效的散热器，如钢质散热器、铜铝复合散热器等。如果散热器大量用于供水温度低于 75℃、温差小于 20℃的系统中，片数会很多而且效果差，是不合理的。

住宅用风机盘管空调系统，厨房、厕所可使用散热器供暖，夏季关闭。风机盘管不要与以散热器供暖为主的系统混用，因为风机盘管水阻力大得多。

【问题 10】 住宅每层超过三户，管井内供暖立管是否必须设分集水器？

【分析与对策】 JGJ 142—2012/3. 5. 3. 3 原文是“一对共用立管在每层连接的户数不宜超过 3 户”。当住宅每层超过三户，每户供暖支管不要从供暖立管直接接出，这主要是考虑调节方便，先进行层与层间调节，再进行户与户间调节。这样规定，主要是针对一对共用立管所担负的户内系统较多的情况，提供一种简便易行且行之有效的方法。

【问题 11】 地板辐射供暖系统集配器的供回水管之间无旁通管。

【分析与对策】 JGJ 142—2012/3. 5. 14 条要求：在分水器的总进水管与集水器的总出水管之间宜设置清洗供暖系统时使用的旁通管，旁通管上应设置阀门。这样做的目的，是为了保证对供暖管路系统冲洗时水不流进加热管，不会对户内系统造成污染。有的设计人在分水器的总进水管与集水器的总出水管之间以设置三通恒温控制阀替代旁通管旁通阀，这种方法不可取，因为会造成三通恒温控制阀的堵塞。如果采用三通阀的混水系统(外网为定水量时)，三通温控阀之前，还应设一关断阀。

如果采用《技术措施》2. 6. 27 的做法，可以将各户的旁通阀设在每层管道井内，保证系统冲洗时，户内系统不被污染。

【问题 12】 高层建筑中的供暖立管上安装的波纹补偿器设置的位置在上部和下部的均属常见，具体安装在哪个部位更为合理？

【分析与对策】 判断固定支架设置的位置在上部和下部，主要应尽量减少推力对固定支架的影响，避免对固定支架造成破坏。固定支架承受的荷载包括：

（1）活动支架因热伸缩所引起的摩擦反力；（2）补偿器因热伸缩引起的弹性反力；（3）因内压力不平衡产生的推力；（4）钢管的重力及水的重力。因此受各种作用力的影响以及受力方向不同，室内垂直管道上波纹补偿器宜布置在两个固定支架之间的上端还是下端，应依据计算确定。补偿器放在下端，弹性力可抵消重力，但内压力较大；补偿器放在上端，内压力减小对固定支架有利，弹性力与重力方向相同。

应注意的是：

（1）住宅主立管一般采取下供下回异程式系统，下面管径大，上面管径小，如果波纹补偿器布置在靠近上端固定支架，当上端管径变得比下部管径小许多时，稳定性不好。

（2）计算供热管道的热膨胀量时，应按实际供暖系统水温进行计算，采用12N1-P192表格中的数据时，一定要注意选取相应的水温。

（3）应充分利用自由端解决热膨胀问题。例如：低温热水地板辐射供暖系统，水温35～45℃，高度12层，在2～3层设固定支架，整个系统一般不必加补偿器。

GB 50736—2012/5.9.5条文说明，以大篇幅介绍了如何设置固定支架及补偿器，并明确要求，当采用管径大于等于DN50的套筒补偿器或波纹补偿器时，应进行固定支架的推力计算，并验算支架的强度。对于供暖系统分为高、低多个分区的高层住宅，在设置波纹补偿器的时候，当高、低区固定支架和补偿器集中设在一个标高时，应进行固定支架的推力计算，并验算支架的强度。为减少应力集中，各区固定支架不要都设在同一标高。

采用（下供下回）共用立管的住宅采暖系统，室内垂直主管道上、每层分支管处的最大位移控制在20mm以内。另外，立管底部固定支架位置不宜过高，固定支架下部管道热伸长对地下室水平干管的支吊架产生的应力过大时会将其破坏，应合理选用支架形式，将该处热伸长产生的位移控制在较小范围内。

【问题13】 经常有设计人询问供暖系统热力入口处设自力式流量控制阀还是自力式压差控制阀？

【分析与对策】 首先要明确无论哪种阀都应通过计算确定，且不是每个热力入口都要设的；即使设置，一般管径都小于所在处管径。

这两种阀，都属于动态调节阀，分别针对“外网压差经常发生变动”和“用户内部系统流量经常会发生变动”这两种情况配置。当室内供暖系统为变流量系统时，不应设自力式流量控制阀，是否设置自力式压差控制阀应通过计算热力入口的压差变化幅度确定。JGJ 26—2010/5.2.14规定：应根据室外管网的水力平衡要求和建筑物内供暖系统所采用的调节方式，决定是否还要设置自力式流量控制阀、自力式压差控制阀或其他装置。应该明确的是，上述阀门的设置是以室外管网达到水力平衡为前提的，也就是说，不能依靠动态阀实现外网初调节水力平衡。

JGJ 26—2010/5.2.13（强文）规定：室外管网应进行严格的水力平衡计算。当室外管网通过阀门截流来进行阻力平衡时，各并联环路之间的压力损失差值，不应大于15%。当室外管网水力平衡计算达不到上述要求时，应在热力站和建筑物热力入口处设置静态水力平衡阀。目前大量设计缺乏必要的计算，选用静态平衡阀或自力式控制阀的规格时，不是根据管网总体及具体环路的水力工况，通过计算确定，而是按所在处管径确定，造成所选阀门过大，调节作用很差。调节阀对于实现系统的水力平衡并不是万能的，所有的调节阀都只能调节供回水压差的过盈量，当某些环路不存在过盈量，甚至资用压差不能满足其阻力损失，此时如果一律配平衡阀，反而会加剧不平衡。

【问题 14】 建筑物的屋顶水箱间是否可以电采暖解决防冻问题。

【分析与对策】 有集中热水供暖的建筑屋顶水箱间也应采用热水供暖，即使热媒温度较低（如地暖系统），由于屋顶水箱间供暖温度为 5℃即可实现防冻，室温的降低加大了热媒平均温度与室温的温差，只要设计计算正确，散热器供暖仍可以满足室温要求。如果建筑物非热水供暖，可采用水箱及水管电伴热实现防冻。

当屋顶水箱采用散热器供暖时，散热器之前供水管道上不要再设自动温控阀。

【问题 15】 厨房是否应设散热器或布置地暖盘管？

【分析与对策】 《住宅建筑规范》GB 50368—2005/表 8.3.2 规定设置集中供暖的住宅其厨房室内供暖设计温度不应低于 15℃，这是强制性条文，必须遵守。对于一些开放式厨房及餐厅，只要能保证厨房室内供暖设计温度不低于 15℃，散热器可集中设在餐厅，但设计说明中必须增加必要的说明文字。

【问题 16】 地板辐射供暖系统，户内加热管如何划分环路？集配器设在什么位置较好？

【分析与对策】 地板辐射供暖，不同的主要房间（一般指起居室及卧室等）共用环路的问题时有发生，有的户型小，设计人认为一个卧室一环，加热管太短，就将不同卧室共用一环，或者卧室与客厅共用一环，这都是错误的。每个主要房间应独立设置环路，面积小的附属房间内加热管可串联。当各环路长度差距较大时，宜采用不同管径的加热管，或在每个分环路设置平衡装置。连接在同一集分水器的相同管径的各环路长度宜接近，各环路长度差不超过 15%。另外应注意，不同标高的房间地面，不宜共用一个环路。

集配器应放在较开阔的房间内，便于检修；入户管道尽量直、尽量短，靠近外门，尽量不发生加热管彼此交叉现象。经常有人将集配器设在厨房橱柜下面或者卫生间内，接集配器的入户干管会与加热盘管发生交叉；厨房、卫生间的门洞大多数不足 1m 宽，当分支环路在 4、5 组以上时，进出门洞就会困难。当集配器设在隐蔽位置时，自动温度控制阀就不能选自力式的阀门，因为无法感知需要控制房间的温度，这时必须采用“电热式控制阀＋无限远传控制器”的模式。

【问题 17】 供暖系统使用两通调节阀或三通调节阀调节室内温度，有何区别？

【分析与对策】 某些工程设计中，其供暖系统既有独立使用三通调节阀方式又有独立使用两通阀调节方式，甚至同一个建筑物（如低层商铺）供暖系统为单管系统加跨越管，而高层住宅部分为双管系统采用两通阀形式。使用三通调节阀是定流量的调节措施，使用两通阀属于变流量的调节措施，二者虽然都能在末端处满足调节的要求，但对于整个供暖系统的运行调节方式、水泵是否变频运行有很大影响。

一栋建筑内宜独立设计三通调节阀或独立设计两通调节阀，如果二者同时采用，应在分支路或主入口及供热站处采取相应措施，保证系统的平衡和调节方式的协调。

【问题 18】 设计说明未提供供暖、空调系统的水压试验的具体数值，只是简单抄录规范条文。

在设计说明中，经常可以见到“水压试验按照 GB 50242—2002/8.6.1 执行”的说法，把确定水压试验压力的责任，推给了施工单位，这是不妥的。还有的设计，整个小区，不管多少栋楼、距离换热站远近，单体建筑的工作压力都取相同的数值。

【分析与对策】 首先，设计人应根据 GB 50242—2002/8.6.1 的具体规定，将适合本设计的试验方法在图纸上标注，而不是将三种方法全部照抄，让施工单位自己选择；设计人应给出顶点试验压力的具体值。从水压图分析来看，系统工作压力是静压加动压之和，随着建筑物距离热交换站的距离不同，动压逐渐减少的；而单体设计常常在供暖外线设计之前进行，经常是换热站还未设计，循环水泵的扬程还未确定；即使水泵扬程确定，水泵的工作点也会随管网阻力特性而改变，一般将热力入口处供水管最低点作为工作压力计算点，这一点的动力水头，是循环泵扬程减去从循环水泵出口至计算点的水头损失，因此单体设计时，系统工作压力不可能准确计算出来，只能估算。

因此相比较而言，“顶点的试验压力”较好确定，执行 GB 50242—2002/8.6.1 来确定“顶点的试验压力”。提醒设计人注意：对于一个小区供暖系统，一般沿街商业或商业服务网点，楼层较低，当与住宅低区共用一个系统时，它的顶点试验压力常常超过 0.4MPa 或 0.3MPa，针对这样的建筑，设计说明中更应明确试验压力的具体数值。

【问题 19】 供暖管道跨越防火分区时未采取防火固定措施而带来一系列问题。

【分析与对策】 主要常见于一些大型公建，一层分为几个防火分区，设计中，一般设计人都比较注意空调、通风系统的风管在穿过时要加防火阀，但空调水管、供暖水管跨越防火分区时经常忘记在穿过处设固定措施并采取防火封堵。由于供暖系统的划分常常跨越防火分区，这个问题尤为明显。

整理图纸时，平面图中应保留防火分区示意图（建筑专业提供的条件图都有的，请保留，不要删掉），防火门、防火卷帘等防火分区的一些标志性图例不要删除，确定固定支架的位置时，首先考虑在穿过防火分区的地方布置固定措施，然后在每个分区内逐段解决管道热膨胀问题，比如增加方形补偿器、波纹补偿器、套筒补偿器等。

目前，集中供暖管网在地下汽车库内架空安装的情况十分常见，供暖管网的分支管进入每个单体建筑时，穿过地下室外墙处的做法，常常采取“防水”措施，而忽略了防火要求。因为地下车库与住宅地下室常常分属于不同的防火分区，因此供暖管道在穿过地下室外墙处的时候，应采取防火措施。如果集中供暖管网是直埋敷设在土壤内时，供暖管道在穿过地下室外墙进入地下室的时候，则应采取防水措施。设计人应在图中标注清楚何处采用防火封堵、何处采用防水措施。

【问题 20】 在高层住宅小区内过度使用高层直连供暖技术。

【分析与对策】 在审图过程中，发现错误地使用高层直连供暖技术。有一个住宅小区，共有 8 座 26 层的高层住宅，供暖系统分为两个区，低区 1～13 层，高区 14～26 层，设计人采用了 4 套高层直连供暖机组。造成初投资大大增加，还造成运行费用过高，集中热水供暖系统热水循环水泵的耗电输热比超标。

高层直连供暖技术不适合大面积使用，它的使用是对供暖方式的一个补充，这种系统类似开式系统，它的循环水泵耗电量是十分可观的。它适用于这样一些情形：以多层建筑为主的供暖系统中，有极少数的高层建筑，受一些条件的局限不能单独设换热站，比如一次水温度低，再经过换热，供水温度不能满足使用要求；或者高区面积小，做换热站，投资高，没有合适的机房位置等原因，经技术经济比较可采用高层直连供暖。即使采用高层直连供暖系统的高层建筑，在分区时也不要“拦腰砍一刀”，将建筑从中间一分为二，而应从整个小区着眼，尽可能的“用足低区”，比如一幢 18 层的住宅，层高 2.9m，低区工作压力 0.6MPa，这样低区可达 13 层或 14 层，高区就只剩 5 层或 4 层，这样直连供暖机组的容量就进一步降低，运行费用也进一步减少。

【问题 21】 地下或地上汽车停车库是否需要冬季供暖？如果不设置集中供暖设施，应该对地下汽车库内的管道和设施采取什么保护措施？

【分析与对策】 JGJ 100—2015/7.3.1 条对严寒和寒冷地区的汽车库内是否设置集中供暖系统有明确的规定，停车区域温度 5～10℃。条文说明解释：停车库以冬季易于启动汽车和不冰冻为准，故仅取 5℃。由于现在冬季汽车都添加防冻液，上述规范所依据的“易于启动汽车和不冰冻”问题已不复存在，《技术措施》中的“集中供暖系统室内供暖设计计算温度”表中，删除了 2003 年版中汽车库、停车库、地下车库温度 5～10℃的规定。如果地处严寒地区，以及建设开发单位或当地主管部门要求停车库设置供暖系统时，应当尊重。如果设置供暖系统，就应该按照设计通风量、通风系统使用时间、使用频率，进行供暖负荷计算并作相应的配置，而不是仅仅在口部配置热风幕。目前很多热风幕的供回水温度仅 50℃左右，可提供的热量远远低于热风幕的额定供热量。当机械通风系统运行时，可能会出现冻坏消防设施的事故，设计时尤为注意。在车辆出入较小时通风量减小，供暖末端设备还应具备自动调节的功能，节约能源。

不提倡车库入口设电热空气幕，尤其是有集中供热条件的车库，禁止使用电热空气幕。

如果不设置集中供暖设施，暖通专业应与给排水专业配合，宜采取以下措施：

（1）自动喷淋系统应全部采用预作用系统或干式系统；

（2）消火栓及系统管道、自动喷淋系统预作用阀前的充水管道、其他经常无流动的水管，应采用自限温电热缆或电热带伴热防冻；

（3）地下车库内经常有水流动的管道（如排水管道、给水管道、雨水管道、中水管道），作“保温防冻”。保温厚度应根据在当地的冬季通风计算温度条件下不冻结要求计算确定；

（4）地下车库内供暖管道的保温应按室外安装管道保温处理。

还可以与建筑专业配合，采取防冻措施。比如，在车库入口设保温卷帘及感应装置；坡道入口避开冬季主导风向；尽量利用地势、汽车沿弯道进入车库，避免冷风直接灌入车库。

【问题22】 应正确界定“有冻结危险的场所”，保证应供暖区域的设计温度。

【分析与对策】 GB 50736—2012/5.3.5规定：管道有冻结危险的场所，散热器的供暖立管或支管应单独设置。这样规定，是为了避免冻裂散热器后，影响邻室供暖。关于“有冻结危险的场所”的界定，成为执行本条规范的首要问题。审图中发现，有些设计人为了规避此条规定，公共建筑（如办公楼、学校教学楼等）楼梯间及有温度要求的门厅、走廊不设供暖装置，也确有一些审图人将所有楼梯间和门厅、走廊全部视作“有冻结危险的场所”，从某种程度上促成了门厅、走廊、楼梯间不供暖的做法。

随着建筑水平和物业管理水平的提高及供暖区域的扩大，有的楼梯间并无冻结危险，比如在建筑物中间的楼梯间，无外门直通室外，因此对楼梯间也不能一概而论，不应判定为“有冻结危险的场所”。楼梯间、门厅和走廊供暖的散热器前不宜设置恒温阀。

【问题23】 低温热水地板辐射供暖系统，在敷设加热管时，确定管间距应注意可实施性。管间距可以大于300mm吗？

【分析与对策】 审图中常发现，卫生间加热管采用平行型布置、间距150mm，设计人未考虑“塑料管的弯曲半径不宜小于8倍管外径”的规定，给施工造成困难，实际布置的加热管长度达不到设计要求，室内温度无法保证。

室内加热管的布置，不宜采用全室等间距均布模式，应以保证室内地表面温度分布均匀为布置原则。加热管的敷设间距一般不应小于150mm，JGJ 142—2012/附录B，允许管间距增大到500mm。

有些公共场所采用地板辐射供暖系统，由于面积较大或进深较大，在远离建筑物外围护的内部区域（该内部区域几乎没有供暖热损失或很少），可分别计算热负荷。一般宜距外墙6m为界。

【问题24】 低温热水地板辐射供暖系统，经常发现在卫生间敷设加热管的数量或长度过少，无法满足室内设计温度（18℃）的要求。审图中还发现，由于对GB 50096—2011/8.3.7条理解的偏差，也有人将卫生间设计温度定得过高（比如25℃）。

【分析与对策】 卫生间面积较小，再加上坐便器、洗脸盆等卫生洁具占据一定面积，使敷设加热管的地方非常有限，因此布置加热管时，需精心设计，灵活布置。在审图中发现，有的设计人图省事，加热管随便布置一些，达不到GB 50368—2005/8.3.2条要求，就在说明中要求设辅助加热设备（比如浴霸、红外暖风机）；而另一方面，又将卫生间设计温度定得过高，人为造成计算热负荷偏大，又加剧了这个“加热管长度不够”的问题。

GB 50368—2005/8.3.2条及GB 50096—2011/8.3.6条都规定，卫生间设计温度不应低于18℃，GB 50096—2011/8.3.7条还规定，设有洗浴器并有热水设施的卫生间宜按沐浴时室温为25℃设计。目前，热水供应（包括集中热水供应和设置燃气或电热水器）在有洗浴器的卫生间越来越普遍，沐浴时室温应相应提高。但如按25℃设置热水供暖设施，不沐浴时室温偏高，既不舒适也不节能。当采用散热器供暖时，可利用散热器支管的恒温控制阀随时调节室温。但采用低温热水地面辐射供暖时，由于供暖地板热惰性较大，难以快速调节室温，且设计室温过高、负荷过大，加热管难以敷设。因此，可以按18℃室温设计热水供暖设施，沐浴时可以通过其他辅助加热方式（比如浴霸、红外暖风机），短时间内提高室内温度。

【问题 25】 目前很多公共建筑采用低温热水地板辐射供暖，由于集配器放置的位置与恒温阀放置的位置不匹配，或者自动恒温阀的室温控制器的位置不对，造成恒温阀无法实现自动调节。

【分析与对策】 供暖系统常见的问题有：

（1）集配器设在内走廊、卫生间等非主要房间内，却使用自力式恒温阀设在集配器的供水管上；

（2）不同朝向的房间共用同一组集配器，自动恒温阀设在集配器的供水管上。

出现第一种错误，是由于设计人出于美观要求，把集配器隐蔽起来，造成自力式恒温阀无法感受要控制温度的房间的温度，它只能感知所在处温度；出现第二种错误，是由于设计人将南北方向或东西方向相对的房间就近共用同一组集配器，由于朝向不同，不同朝向房间获得太阳自由热不是同步的，恒温阀无法同时保证各个房间用热均衡。

一组集配器担负的房间应该是同一朝向，当采取“总体控制模式”时，只有将集配器设在有代表性的房间内，以此房间温度为基准进行统一调节；如果受某些原因的影响，集配器没有放在供暖房间内，可以将控制模式改为“电热式温控阀＋远传型温控器”的模式，也可实现自动温控。还有一种解决办法，就是每个房间都设一个远传型温控器，集配器的每一环路都设电热式温控阀，实现“电热式温控阀＋远传型温控器”的控制模式。但这种方式的成本要高于总体控制的模式。

再次提醒大家注意，要根据“总体控制”和“分室控制”两种模式，根据恒温阀所在位置、设计流量，确定是选用高阻力阀还是低阻力恒温阀。

【问题 26】 地下车库内消防水泵房应设供暖系统吗？

【分析与对策】 根据《消防给水及消火栓系统技术规范》GB 50974—2014/ 5.5.9-1 款要求，严寒、寒冷地区消防水泵房室内设计温度为 5～10℃，主要是为了防止水被冻结，消防水泵无法运行，影响灭火。因此，即使地下水泵房，围护结构热负荷较少，但是水泵房通风带来的热负荷也是不容忽视的，要满足室内设计温度，设置相应的供暖系统是必须的。审图中发现，有些设计人在散热器供水管上还设置自动温控阀（即恒温阀），其实这是不需要的，因为室内温度很低，自动温控阀根本不工作，应取消。设在其余位置的消防水泵房（屋顶或室外地上），都参照上述办法设计。

4.2　供暖分户计量、热源设计

【问题 1】 住宅供暖系统一般采取分户计量，供暖主立管采取下供下回异程式系统，这样的系统可以做到多少层？

【分析与对策】 判断可以做到多少层的关键，是要实现水力平衡，即最不利环路的不平衡率小于 15%。这个问题是没有固定答案的，影响因素有：（1）供回水温度及温差：供回水温度高、温差大，由热压造成的重力水头大，对末端有利，异程式系统实现水力平衡的楼层就多。以 40～50℃地板供暖系统与 55～80℃散热器供暖系统比较，每 1m 高差重力水头分别为31.7Pa和90.2Pa。

（2）户内水阻力：末端水阻力越大，对水力平衡越有利。设计中时常发现，设计人害怕出现不平衡，每层的户内管径做得很大，户内阻力很小，系统水力平衡反而不易实现。

有的计算书出现不平衡率大于15%达到25%甚至更高（甚至有50%～60%），调节手段仅是“通过阀门调节”。如果系统中大量末端存在不平衡率超过规定值时，仅以“阀门调节”为主要调节手段是不行的，出现这种问题，一般是系统形式不合理造成的，应修改系统形式。

供暖系统的水力平衡计算一定要进行。GB 50736—2012/5.9.11条文说明中详细阐述具体措施：系统划分要均匀对称；当出现不平衡时，应首先调整管径；当调整管径仍不能满足要求时，可采取增大末端阻力或者设置水力平衡装置的措施。最后的水力平衡计算结果应符合规范要求。

【问题2】 热量表设计选型混乱。错误一：管径过大，热量表的公称流量远大于设计流量；错误二：不能正确计算热计量装置的水阻力；错误三：不标注热量表类型及公称流量，施工无法采购。

【分析与对策】《供热计量技术规程》JGJ 173—2009 3.0.1条（强文）规定：集中供热的新建建筑和既有建筑的节能改造必须安装热计量装置。河北省标DB13（J）185—2015/5.3.1条；DB13（J）81—2016/4.6.3条也都以强文的形式强调必须在热力入口设计量装置。以上规定说明，热力入口处热量表的选型不能再停留在“预留位置”这个深度了。（提醒：节能表中“是否安装热计量表、恒温阀”一栏必须填写“安装”而不能再写“预留”）但从目前审图中发现，热表选型不合理的问题普遍存在，其中选型过大是最常见的错误。

选型过大的原因有多种：（1）确定管径时未进行水力平衡计算，热量表管径是按总管径减一档确定的。审图中经常发现，热力入口管径过大，如果按设计流量选热量表，管径与所在处管径相差三档管径或更多。很多设计人在选管径时，供回水管的沿程比摩阻常控制在30Pa/m以下，违反《技术措施》规定的室内共用立管的沿程比摩阻控制在30～60Pa/m。（2）设计人没有热量表的样本，没有热量表的性能曲线，对其阻力无法进行准确计算。不同类型的热计量表，水阻力是不一样的，机械式的热量表、电磁热量表、超声波热量表，公称流量下水阻力可能相差近10KPa，因此，确定热量表的阻力，一定要按照热量表的性能曲线，确定设计流量下的水阻力，避免由于热量表阻力过大，在外网输配方面“吃亏”。

热量表的选型，不可按管道直径直接选用，应按流量和压降选用，否则会导致热量表工作在高误差区。一般表示热量表的流量特性的指标主要有起始流量qV_{m}（有的称为最小流量）、最小流量qV_{t}（即最大误差区域向最小误差区域过度的流量）、最大流量qV_{max}、额定流量或常用流量qV_{n}（公称流量）。几个数据依次为$qV_{m}<qV_{t}<qV_{n}<qV_{max}$，选择热量表，应保证其流量经常工作在$qV_{t}$与$qV_{n}$之间。

热表分为机械式热表、电磁式热表、超声波式热表。机械式热表初投资相对较低，对水质有一定要求，多为水平安装；超声波表的初投资相对较高，精度高、压损小、不易堵塞，安装要求较宽松，水平或垂直安装均可；电磁式热表的初投资相对机械式热表要高，但流量精度是热表所用的流量传感器中最高的且压损小，电磁式热表的流量计需要外部电源，且必须水平安装，需要较长的直管段，安装、拆卸和维护较为不便。

热量表的设计、安装在JGJ 173—2009/3.0.6条有明确规定。在此再次提醒设计人：热量表的选型和计算必须以样本作依据，按照设计流量，通过查“流量一压力损失”的曲线确定表的阻力。

【问题3】 住宅建筑供暖设计中，已采用以楼栋作为一个供热计量结算点，住户采用热量分摊的计费。是否可以取消分户热计量装置，可以减少热计量装置购置费及检修费。

【分析与对策】 这种做法是错误的，分户热计量装置（含热分摊装置）不能取消。因为用户热量分摊计量方式是在楼栋热力入口处安装热量表，再通过设置在住宅户内的测量记录装置，确定每个独立核算用户的用热量占总热量的比例，进而计算出用户的分摊热量，实现分户热计量。

设计人可以根据具体设计，采取多种用户分摊方法：如散热器热分配计法，流量温度法，通断时间面积法，户用热量表法。各种方法分别具有不同特点，适用于不同供暖系统。

【问题4】 能否大面积地采用水源热泵供暖或空调？设计之前要勘察单位或建设单位提供哪方面的参数及批文》?

【分析与对策】 水源热泵供暖或空调系统有多种形式，当水源热泵采用地下水或源生污水作为水源时，应采用闭式系统，不能对地下水造成破坏，并应按照相应主管部门的批示进行设计。《地源热泵系统工程技术规范》GB 50366—2005/3.1.1条（强文）对此有严格的规定：方案设计之前，应进行工程场地状况调查，并对浅层热能资源进行勘察；规范GB 50366—2005/5.1.1（强文）对抽水和回灌有严格要求。因此设计时应根据勘察单位的报告（包括出水量、回灌量、冬夏季水温等具体参数）进行设计。

【问题5】 目前很多住宅采用地板辐射供暖，集配器设在厨房或卫生间内，在集配器的供水管上设自力式恒温阀，选用恒温阀的 K_v 值为 0.7m³/h（DN15）或 0.82m³/h（DN20），而系统水阻力仅标注25～30kPa。

【分析与对策】 上述设计存在两个错误：首先，当集配器设在厨房或卫生间内，自力式恒温阀的感温元件无法正确测量所要控制的房间的温度，也就无法正常工作。这时应将自力式恒温阀改为电热式恒温阀，在主要房间内设“温控器”或“无限远传控制器”，实现总体控制。其次，从恒温阀的 K_v 值可以判断，该恒温阀属于高阻力阀门，阀件水阻力较大。通过恒温阀的流量是全部户内流量，除极少数一梯多户的公寓式办公建筑，由于户内面积小在45m²以下，每一户流量（约135kg/h）采用 K_v 值为 0.7m³/h（DN15）或0.82m³/h（DN20）的恒温阀，阻力不太大；一般居住建筑，户内流量都在250kg/h以上，该值远远超过一组散热器通过的流量，通过查寻恒温阀“流量-水阻力”曲线，可以发现该阀门的水阻力在25kPa以上，而设计人常常忽略该阀门的水阻力，系统总水阻力仅标注25～30kPa。

产生这样的错误，首先是因为没有进行水力平衡计算。恒温阀的选择和所负责的调温末端系统的阻力有关，须通过计算确定。

再次提醒注意，集配器的供水管上使用的恒温阀，是采用低阻力阀还是高阻力阀，并不是固定不变的。如上面列举的公寓式办公建筑，一层可能多达7～8户，每一户面积小，为实现同层之间各户的水力平衡，当然希望各户户内阻力大一些，因此采用高阻力恒温阀比采用低阻力恒温阀效果要好一些；如果这样的系统采用低阻力恒温阀，户内阻力小，当供暖干管采用下供下回异程式系统时，共用管道的阻力损失在水力平衡计算中占得份额大，对水力平衡计算不利。

无论是采用低阻力恒温阀还是高阻力恒温阀，都一定要计算它的水阻力，因为对于系统水阻力损失来讲，它都有举足轻重的作用。

【问题6】 低温热水地面辐射供暖系统户内系统不安装自动控温调节装置的情况在审图中时有发生。设计图应达到怎样深度？

【分析与对策】《供热计量技术规程》第7.2.1条明确规定居住建筑室内系统应安装自动温度控制阀进行室温调控。方法很多，该规程的条文解释作了较详细的说明，在此不再重复。JGJ 142—2012第3.8.3条，提供了两种控制模式（分环路控制和总体控制），设计人按实际情况选用。《居住建筑节能设计标准》、《公共建筑节能标准》对此都有明确规定。

具体是采取分环路控制或总体控制，图纸和说明都应有必要的文字与示意图，一般通过集配器详图就可表达清楚。集配器详图可以参考河北标12N7-第99～104页，其中采用自力式恒温控制阀，参考12N7-第104页，其余均采用电热式恒温控制阀。（1）使用电热式恒温控制阀，平面图还要绘出温控器的位置，它的位置和选型，应符合JGJ 142—2012第3.8.5条规定。（2）水力平衡计算，一定要计算恒温阀的阻力，图纸还要提供温控阀的型号和K_v（或者K_{vs}）值。（3）如果采用电热式恒温控制阀，会涉及电气执行机构，应与电气专业配合，做好预留。

【问题7】 散热器供暖系统户内系统不安装自动控温调节装置的情况在审图中时有发生。设计图应达到怎样深度？

【分析与对策】《供热计量技术规程》/7.2.1条明确规定，居住建筑或以散热器为主的公共建筑的室内系统应安装自动温度控制阀进行室温调控。《居住建筑节能设计标准》《公共建筑节能标准》对此都有明确规定。

散热器的恒温控制阀分为两通恒温阀和三通恒温阀，高阻力两通恒温阀多用于双管系统，三通恒温阀和低阻力两通恒温阀多用于单管系统。三通恒温阀的调节特性与手动三通调节阀不同，水阻力较大。

虽然恒温控制阀水阻力较大，加大末端阻力对系统平衡是有好处的，但它并不能代替水力平衡计算。增加了恒温控制阀的系统，较未设恒温阀的系统来说，系统总阻力增大，尤其是单管跨越式系统，一定要充分考虑对系统总阻力的影响。

设计说明中还要提供温控阀的管径和K_v（或者K_{vs}）值，图纸中应提供图例及安装系统图或详图，保证施工正确。

【问题8】 集中换热站设置气候补偿器的问题。

【分析与对策】 供暖设计室外计算温度，是采用历年平均不保证5天的日平均温度，因此一个供暖季期间，大多时间室外温度高于这个温度，当室外温度升高时，如果没有及时调整供水温度，会造成室温过高，造成能源大量浪费。为避免上述情况发生，《供热计量技术规程》JGJ 173—2009/4.2.1 条（强制性条文）规定：热源或热力站必须安装供热量自动控制装置。《严寒和寒冷地区居住建筑节能设计标准》《公共建筑节能标准》涉及此项内容均为强制性条文，对锅炉房和换热站的监测和控制分别进行了说明。由于气候补偿器可以满足上述要求，比较简单经济。目前由于集中供热的推广，区域锅炉房数量少，换热站比较多，为了推进换热站的节能控制，控制装置以气候补偿器较为常见，在审图中还应坚持要求。

【问题 9】 集中供热系统哪些部位应该设热量计量装置？

【分析与对策】 以下部位注意设置热计量表或水表，热计量表须明确计量装置的名称（机械式、电磁式、超声波式）、规格型号和公称流量。

（1）热源和热力站的供热量应采用热量测量装置。在热力站，如果是水-水换热，一次水侧设热计量装置即可；如果是汽-水换热，蒸汽侧和二次水侧均要设热计量装置。如果是区域锅炉房供热，供热总管上也应设热计量装置。

（2）集中供暖系统中建筑物的热力入口处，必须设置楼前热量表。

（3）住宅必须设置分户热计量的装置。

（4）热源或热力站的补水量应计量，在软化水的补水管上设水表。

【问题 10】 如何理解 DB13（J）185—2015/5.3.2-4 款：住宅建筑内的公共用房和公共空间，应单独设置供暖系统和热表？不能与住宅供暖系统共用系统吗？

【分析与对策】 就这条规范本身，与 DB13（J）185—2015/5.1.7 条是不同的，它仅要求能实现对住宅建筑的商业网点、需要供暖的门厅、地下室、楼梯间等公共空间实现单独控制和用热计量，这些区域与上部住宅是可以共用一个供暖系统的。

DB13（J）185—2015/5.1.7 条则是要求居住区内的配套公共建筑的供暖系统与居住部分分开，这种分开设置可能是换热机组分开、热媒温度不同、供暖外线分置等，这主要是由于两者在使用时间、系统形式和计量收费方面的差异而分开设置，不仅有利于管网水力平衡、系统调节，而且有利于收费和节能管理。

4.3　建筑防排烟设计

【问题 1】 《建筑防排烟系统技术标准》（以下简称《烟规》）GB 51251—2017/3.1.3 第 1 款，是不是楼梯间可以是完全封闭的楼梯间，不设置任何外窗？

【分析与对策】 是的，允许这样。防烟系统包括自然通风系统和机械加压送风系统，不设置防烟系统，也就是说没有自然通风条件的楼梯间也可以不设置送风系统。因为此时的前室、合用前室自然通风性能优良，能及时排除从走道侵入的烟气。

【问题 2】 当楼梯间满足自然通风，其合用前室有多个门（此处不包括合用前室通向楼梯间的门）并需要设加压送风系统，此时合用前室的加压送风口可以只在合用前室的中间设一个风口吗？

【分析与对策】 当楼梯间采取自然通风时，其无外窗的前室，除设置加压送风系统外，《烟规》对加压送风口提出了“加强版”要求。3.1.3-2款给出了两种方式，即侧送风和顶送风。当送风口无法正对前室的门的时候，可以采用顶部集中送风的方式，保证风口不被遮挡，送风量很大，前室压力容易形成。所以，当合用前室有多个门时，可以采用在合用前室顶部设加压送风口的送风方式。

需要提醒设计人的是，在实际工程中，可能受层高限制，顶部加压送风口的底标高较低，设计时应绘制剖面图，保证底标高在前室疏散门高度以上，千万不可影响门的开启。例如，住宅层高2.9m，管井处结构圈梁高度≤0.2m，每层送风量15000～16000m^3/h，风管厚度≤320mm，常闭加压送风口厚度275mm，风口下皮标高2.1m，合用前室的门高度在2.0～2.1m。如果开向合用前室的门有2个以上，每层加压送风量更大，风口下净空高度可能就会影响疏散，就不可以采用这种加压送风方式了，这时就要考虑楼梯间增加加压送风系统，合用前室的送风口就不必采用这两种方式，可以侧墙布置，只要不被前室门遮挡即可。

【问题3】 对于地下只有1～3层，需要设置加压送风的前室或合用前室，是否可采用常开风口？

【分析与对策】 如果加压送风系统小于、等于3层，可以采用常开风口，也可以按规范要求，采用常闭风口。加压送风机的启动，规范中有明确要求，其中5.1.2-4条要求“系统中任一加压送风口开启时，加压风机应能自动启动”，常闭风口具有手动开启、远程开启、自动开启等开启方式，开启信号传至消控室显示。阀门开启时，同时联动送风机开启。

【问题4】 防烟楼梯间或封闭楼梯间，当建筑高度不大于10m时，根据《烟规》3.2.1条，仅在顶层设置不小于1.0m^{2}的可开启外窗或开口就可以了吗？不需要2.0m^2？

【分析与对策】 可以，不小于1.0m^{2}即可。确切说，此处“建筑高度”是指楼梯高度，因为一栋建筑有多部楼梯，而“建筑高度”只有一个。

地下封闭楼梯间、防烟楼梯间均可采用自然通风方式，当楼梯高度不满10m，需要在该楼梯间的最高部位（楼梯间顶部梁下或顶部）开设面积不小于1.0m^{2}的可开启外窗。

【问题5】 设计机械加压送风防烟系统时，还可以在屋顶设加压送风机吗？一定要设屋顶机房吗？

【分析与对策】 可以设在屋顶，设置在机房内，保证风机不因风吹雨淋而侵蚀损坏，在火灾时能正常运行。当加压送风机与排烟风机都设在屋顶时，要采取措施防止烟气被吸入。注意进风口不要与排烟风机的出风口在同一朝向上，否则，应按《烟规》3.3.5-3要求，让两者在竖向与横向保持足够的距离。

设计人应领会规范的核心思想，在设计时灵活运用，例如：同一个墙角的不同面（朝向）上分别有送风口和排风口，但要避免送风口、排烟口都距离墙角较近，建议折线距离也不小于20m。再比如，住宅防烟楼梯间、前室及合用前室采用加压送风时，有时受建筑格局所限，将加压送风机设在了入户大堂门庭上方的屋面上，布置采风口时，一定要远离用于地下室自然排烟的竖井及排烟百叶口。

【问题6】 居住建筑剪刀楼梯间一定要采取加压送风的方式进行防烟吗？

【分析与对策】 建筑高度小于100m的住宅建筑，除共用前室与消防电梯前室合用的“三合一前室”必须设加压送风系统外，防烟楼梯间、独立前室、共用前室、合用前室及消防电梯前室都可以采用自然通风，剪刀楼梯是两个独立的疏散口，由防火墙完全分开的两部楼梯间，当其前室、合用前室加压送风口设置均满足《烟规》3.1.3第2款时，剪刀楼梯间也可采用自然通风系统；当然，如果其前室、合用前室满足自然排烟条件，剪刀楼梯间也可以采取自然通风，不是一定要设加压送风（仅就这点来说，与旧《高层民用建筑设计防火规范》6.1.2.3是不同的）。当剪刀楼梯间及其前室均需要设加压送风系统时，各个系统要独立设置，不可以共用。

【问题7】 具有两个门的前室，门为2.0m×1.0m单扇门，通过查表确定加压送风量时，按表3.4.2的风量乘1.5，再乘0.75？

【分析与对策】 具有多个门的前室，不能用查表乘系数方法确定加压送风量。

应按《烟规》3.4.5～3.4.8计算。计算值与表格中风量对比时，表中风量的选取应按建筑高度或楼层，通过内插法确定，不能都取最小值或最大值。

【问题8】 根据《烟规》3.1.6条，是否可容易理解为地下楼梯间可采用自然通风方式？当仅地下一层的楼梯间，不满足自然通风条件，但有直通室外的门或1.2m²的外窗可不设加压送风。

【分析与对策】 当不满足《烟规》3.2.1条自然通风条件的地下、半地下封闭楼梯间，应设置加压送风系统。3.1.6条后面的放宽条件仅适用于地下封闭楼梯间（不适用于地下防烟楼梯间），且仅为地下一层的时候；还有一个重要条件是“不与地上楼梯间共用”，即不通过与地上楼梯间共用空间疏散至室外的地下楼梯间就是不与地上楼梯间“共用”。当地上地下楼梯间是一个筒体（在同一平面投影内），仅在一层处有防火分隔，该种楼梯间也属于共用楼梯［详见《建筑设计防火规范》(以下简称《建规》) 6.4.4-3］，那么这种“共用楼梯”间也不适用3.1.6条放宽条件，而必须执行3.2.1条。

当确定采取自然通风的方案后，如何设置固定窗、可开启外窗及开口，是由建筑专业设计的，请建筑专业考虑。

【问题9】 机械排烟系统中，当防烟分区总排烟量大于单个排烟口“最大允许排烟量”，而需设多个排烟口时，排烟口间距如何控制？

【分析与对策】 风口中心点的距离可以参考《烟规》4.6.14的计算方法，r取1.0时，除满足风口中心点到最近墙体的距离≥2倍的排烟口当量直径的同时，两风口中心点距离还应满足≥4倍的排烟口当量直径。

【问题10】 加压送风系统什么情况下需要安装单向风阀或电动风阀？

【分析与对策】 对于寒冷、严寒地区，设置常开风口的楼梯间加压送风系统，为了防止产生烟囱效应，风机出风口应设置单向风阀（止回阀）或电动风阀。电动风阀，还可起到调节风量的作用，通过阀门节流，调节楼梯间或前室余压。使用止回阀时应该注意，要求风管中风速不能小于 8m/s，多叶式风管止回阀只能水平安装。

常开风口建议使用双层百叶风口或单层百叶带调节阀风口。不建议采用自垂百叶风口。自垂百叶也属于常开风口，开启时不需要电信号开启，仅需通过送风系统气流吹开。自垂百叶损失了风机的压头，但阻力损失无法准确计算；另外，自垂百叶无法进行风量调节。

【问题 11】 根据《烟规》3.2.3 条，采用自然通风方式的避难层（间）应设有不同朝向的可开启外窗，那高层住宅的避难间是否也要开有两个不同朝向的外窗呢？

【分析与对策】 仔细阅读《建规》5.5.23、5.5.24、5.5.24（A）、5.5.31 条对避难层（间）的叙述，对照 5.5.32 条可以发现，对于大于 54m 小于 100m 的高层住宅需要设一间靠外墙且具备一定安全条件的房间，但它不属于“避难间”。

【问题 12】《烟规》3.3.7、4.4.7 条规定机械加压送风及机械排烟系统应采用管道送风，地下室加压风机吸入段和汽车库排烟风机压出段可否采用土建竖井，不再内衬风管？

【分析与对策】《烟规》之所以禁止使用土建井道，是由于土建风道内表面粗糙，风量沿程损耗较大易导致机械防烟系统和机械排烟系统失效。当加压送风机之前的土建竖井内风速低，内壁光滑，连接室外采风口与加压送风机的土建风道长度较短，风机的机外余压完全可以克服这部分损失时，可以使用土建风道。同理，车库排烟系统，当排烟竖井直通室外不会对其他房间造成不利影响时，也可以使用土建风道排烟。

【问题 13】 走廊外门能否作为排烟口使用？

【分析与对策】 首先应根据疏散方向进行判定。如果是疏散至室外的走廊门，由于烟流方向不应与人员疏散方向同向，因此，此门不应作为自然排烟口；如果不是疏散门，再根据《烟规》4.3.3 第 1 款的规定“当设置在外墙上，自然排烟口应在储烟仓内”，如果走廊外门设有可开启的上亮子，且在清晰高度以上，这部分可以作为自然排烟口。

【问题 14】 商业扶梯开洞，上下贯通区域，是否算做中庭，如何计算排烟量？

【分析与对策】《民用建筑设计术语标准》规定中庭：建筑中贯通多层的室内大厅。由此可判断商业扶梯可不算中庭。《民用建筑设计通则》6.8.2-1：自动扶梯不得计作安全出口。商业扶梯四周设有防火卷帘或挡烟垂壁，由于该空间既不是人员长期停留空间，也不是可燃物较多的空间，没必要设置排烟设施。

【问题 15】《烟规》4.4.2 条规定高度超过 50m 但不超过 100m 的公共建筑排烟系统应竖向分段设置，但有些建筑在 100m 以内没有设备层，能否把低区排烟风机也设置在屋顶？

【分析与对策】 该条文的本意就是为了提高系统的可靠性及时排出烟气，防止系统因负担层数过多或竖向高度过高失效而制定的强制措施，因此不能把所有排烟风机都设在顶层，应分段从中间层和屋顶排出。

【问题16】《烟规》3.4.1、4.6.1中设计风量是否指风机风量？选择风机时在1.2倍计算风量基础上还再附加漏风系数吗？排烟系统、正压送风系统的风管风速是按计算风量还是风机选型风量？

【分析与对策】 正是充分考虑实际工程中由于风管的漏风与风机制造标准中允许风量的偏差等各种风量损耗的影响，为保证加压送风、机械排烟系统效能，设计风量应至少为计算风量的1.2倍，各种漏风因素已考虑，因此系统设计风量就是用来选风机的，是风机的额定风量。

排烟系统、正压送风系统的风管、风口风速是按计算风量计算。

【问题17】《烟规》3.2.1条对楼梯间开窗部位高度有规定，3.2.2及3.2.3条对前室、避难间的可开启外窗是否也要求设置在净高的1/2以上或储烟仓内？

【分析与对策】 3.2节的自然通风设施，是属于防烟系统，防烟系统的作用是阻止烟气进来，可开启外窗的作用是通过空气对流，阻止烟气侵入被保护区域。根据烟气流动规律，楼梯间最高部位设置一定面积的可开启窗，是把侵入楼梯间内的烟气排出去，对于前室、合用前室，自然通风的外窗不要求一定设在最高处，而要开够面积。排烟系统：火灾时烟气上升至建筑物顶部，并会聚在挡烟垂壁、梁等形成的储烟仓内，所以用于排烟的外窗一定设在储烟仓内。

规范对开窗部位有明确要求的，就按规范执行；没有明确规定开窗高度的，可认为没有高度要求。

【问题18】 汽车库的每个防烟分区排烟量按GB 50067—2014/8.2.5确定，风机设计风量是否还乘以1.2倍？

【分析与对策】 不必再乘1.2倍，8.2.5条规定的就是风机的设计风量。

车库内单个排烟口的排烟量不能超过最大允许排烟量（按《烟规》4.6.14计算），而排烟量又与排烟口的位置、安装高度以及挡烟垂壁的高度息息相关，若加大排烟口的最大排烟量，挡烟垂壁高度会加大，疏散高度会受影响，设计时应注意。

【问题19】 内走廊排烟系统采用竖向共用排烟系统的方式时，排烟风机的设计排烟量按什么原则计算？

【分析与对策】 竖向系统担负的楼层层高多有变化，采用《烟规》4.6.4-1款计算出每层计算排烟量后，取其中最大值作为系统排烟量。当排烟系统仅担负走廊排烟时，排烟风机设计排烟量按各层排烟量最大的那层再乘1.2倍确定。对于一些小型建筑，可能1～2层或更多层同属一个防火分区，但其净高一般不会超过6m，应首先“按同一防火分区任意两个相邻防烟分区的排烟量之和的最大值计算”排烟量，再与其余层进行比较，从而确定最大值作为该排烟系统的计算值。进而确定风机设计风量。

【问题 20】 地下非机动车库的排烟按什么标准计算?

【分析与对策】 住宅地下室非机动车库存放的车辆，相当一些是电动自行车，有的还有充电条件，当不能满足自然排烟条件时，应设机械排烟。一般住宅底层非机动车库层高小于 6m，排烟量可按 60m³/h 计算，且一个防烟分区排烟量不小于 15000m³/h。对于公共场所非机动车库，人流量大，属于经常有人停留且可燃物较多的场所，因此应设排烟设施。

【问题 21】 关于防排烟系统设置，住宅底下三层商业，建筑高度大于 50m 但不超过 100m，请问住宅部分核心筒能否采用自然防烟设施，还是必须加压送风?

【分析与对策】 根据《建规》"商业服务网点"的定义，该建筑不属于居住建筑，根据该规范 5.4.10-3 款规定"除安全疏散、防火分区和室内消防设施配置"系统外，"该建筑的其他防火设计应根据建筑的总高度和建筑规模按本规范有关公共建筑的规定执行。"再仔细研读条文说明，"住宅部分疏散楼梯间内防烟与排烟系统的设置应根据该建筑的总高度确定；非住宅部分的安全疏散楼梯、安全出口和疏散门的布置与设置要求，防火分区划分，室内消火栓系统、自动灭火系统、火灾自动报警系统和防排烟系统等的设置，可以根据非住宅部分的建筑高度，按照本规范有关公共建筑的要求确定。"

综上所述，无论底层商业属于"商业服务网点"还是底层商业超出"商业服务网点"，住宅部分防排烟系统仍按住宅建筑设计，即不大于 100m、满足自然通风条件的住宅，可采取自然通风方式，不设加压送风系统。

【问题 22】 对于小于 50m² 的设在四层及以上楼层或设在地下一层的歌舞娱乐场所的房间，可不可以在走廊集中设排烟口进行机械排烟?

【分析与对策】 可以。根据《建规》8.5.3-1 条的规定，设在四层及以上楼层、地下或半地下的歌舞娱乐场所放映游艺场所，应设排烟设施。如果这些房间又是无窗房间，不满足自然排烟，必须机械排烟。根据《烟规》4.4.12-3，不必在每个房间设排烟口，可以仅在走道设排烟口或自然排烟窗。

【问题 23】 卫生间接排风竖井是加防火阀还是止回阀?

【分析与对策】 浴室、厕所内安装的卫生间通风器，风量小、余压低，它接至排风竖井的风管上不要使用止回阀（如设计人明确知道选用的止回阀在设计风速下可打开的情形除外）。卫生间通风器出风口一般有塑料叶片的自垂百叶可起止回作用，因此只要在它接至排风竖井的风管上加简易防火阀。目前，住宅建筑的浴室和厕所多设有变压式风道，可以有效防止回流，因此使用变压式风道的通风器接至排风竖井的风管上不必加简易防火阀。目前变压式风道标准图编制是为住宅服务的，一般分为厨房用变压式风道和卫生间用变压式风道两种，用于卫生间的变压式风道每层支风道的排风量在 100m³/h 左右，不适用于公共卫生间的排风，因此公共建筑中的厕所不要采用这样的变压式风道。

如果建筑图中已标明采用的防止回流措施的标准图号，卫生间排风器可直接与竖井相连。如果建筑图采用的竖井为普通排风管道，卫生间排风器应在接竖井之前、靠近竖井处加防火阀。

【问题 24】 汽车库设置机械排烟，当汽车库进出口设置防火卷帘时，该防烟分区是否还需要设置机械送风系统？

【分析与对策】 地下汽车库直接通向室外的汽车坡道的出入口上设有防火卷帘时，该防烟分区应设机械补风或自然补风（比如：坡道侧墙开百叶风口）系统。因为防火卷帘的“落地”，受温度影响，当温感元件达到 70℃，卷帘落地，此时可能排烟风机还在工作，因此补风不能结束，所以不可以靠坡道补风。

当直接通向室外的汽车坡道上设置自动灭火系统，坡道入口未设防火卷帘或甲级防火门，该防烟分区可以靠坡道补风，仅设机械排烟即可。

【问题 25】 设有气体灭火的房间，还需要排烟吗？

【分析与对策】 根据《气体灭火系统设计规范》GB 50370—2005/3.2.9 条的规定：设有气体灭火的房间，当火灾发生时，“喷放灭火剂前，防护区内除泄压口外的开口应能自行关闭”。5.0.6 条规定：气体灭火系统的操作与控制，应包括对开口封闭装置、通风机械和防火阀等设备的联动与操作。也就是说，这样的房间只要满足平时通风和火灾后排风要求，不需要排烟，因此也不需要 280℃防火阀，应注意的是，穿过气体灭火房间的风管上的防火阀必须可以电动关闭，否则无法实现联动。

【问题 26】 审图中发现，有些设计人在住宅地下室内走道设防雨百叶窗作为自然排烟窗，在楼梯间、前室使用固定百叶窗解决自然通风，这样做存在哪些问题？

【分析与对策】 首先，固定百叶窗作为自然排烟窗，有效面积只有洞口面积的50%～60%，而且只有位于储烟仓内或层高 1/2 以上部分才是排烟口有效面积，这样做比平开窗要增加开孔面积，现场发现由于百叶窗过大，甚至影响室内采光。其次，固定百叶窗属于常开风口，会造成地下室各层之间“串烟”却不能控制。再有，采用常开百叶窗，冷空气直接侵入，地下室与室外直接相通，采暖设计应按照与室外相通的地下室计算。综上所述，住宅地下室内走道、楼梯间、前室等需要自然排烟、自然通风的场所不要使用固定（防雨）百叶窗。解决这个问题，需要暖通专业和建筑专业共同完成。

【问题 27】 加压送风系统的余压值超过《烟规》3.4.4 规定值时，有哪些泄压措施？

【分析与对策】

方法 1：设置余压阀，可以按《技术措施》/4.10.10-1 条计算确定；

方法 2：在楼梯间、前室、合用前室采用压力传感器，控制风机旁通管上电动阀的开度，通过调节旁通风量，达到调节余压的目的。

【问题 28】 《技术措施》/4.11.6.4 条地下汽车库排烟系统控制：当排烟温度达到 280℃时，排烟机房入口处的总管上排烟防火阀熔断，并联锁排烟风机关闭，与《汽车库、修车库、停车场设计防火规范》GB 50067—2014/8.2.8 条：在穿过不同防烟分区的排烟支管上应设置温度不大于 280℃时能自动关闭的排烟防火阀，排烟防火阀应连锁关闭相应的排烟风机，如何理解？

【分析与对策】 两者的目的是一致的，但操作起来要具体分析。地下车库一个防火分区常常被划分为两个防烟分区，为了节省机房面积，经常是两个防烟分区共用一个排烟机房、一个补风机房，这样就会有一个排烟系统穿越相邻防烟分区，排烟地点距离排烟风机就会有相当一段距离，当火灾发生时，烟气经过一段时间方能到达排烟风机，温度要比火场中心温度低很多。所以，为了及时关闭温度已达280℃的防烟分区的排烟，就需要在穿越防烟分区处设置排烟防火阀，并由它联锁排烟风机关闭，而不是排烟机房入口处的排烟防火阀联动风机关闭。但如果排烟系统未发生穿过防烟分区，仅为风机房旁边的防烟分区排烟，那么当排烟机房入口处的总管上排烟防火阀熔断关闭时，联锁排烟风机关闭即可。

由此可知，为了及时有效并全面掌控防烟分区的排烟，建议在设计时，穿越防烟分区的分支管尽量少，由排烟机房出来的排烟总管穿过防烟分区后再分支，仅在总管上设一个排烟防火阀即可。

审图中发现，防排烟系统控制说明中，经常忽略GB 50067—2014/8.2.8条的要求，任何时候排烟风机的关闭都是以机房入口处排烟防火阀为准，这是不对的。

【问题29】 汽车库火灾时补风系统风量偏大的情况在设计中很常见，有的补风量高达排烟量的80%，大有“助火焰一臂之力”的作用，为什么会出现这样错误呢？

【分析与对策】 出现这样的错误，是由于车库内火灾时补风系统和平时通风用补风系统共用风机，在确定补风机的风量时，设计人将“平时通风时，补风量为排风量的80%”错误地理解为“补风机的风量为排风机的风量的80%”，忽略了平时排风时，汽车坡道上没有防火卷帘，一旦排风机开启，会有大量的风由坡道进入车库，甚至不需要开补风机。而火灾时，补风机风量过大，会造成烟气温度下降，上升浮力减小，烟气流动混乱。

【问题30】 《建规》8.5.2-3、4条中规定的面积是针对单个车间和仓库的面积，还是单栋生产车间和仓库的面积？

【分析与对策】 这两条都是针对单个车间和仓库的面积而言，不是建筑物的总建筑面积。原条文中使用“场所或部位”，也是这个意思。

【问题31】 《烟规》中多次出现“建筑高度”，但其意义不尽相同，如何理解？

【分析与对策】 3.1节中“建筑高度”适用于建筑定性的，计算方法按《建规》附录A.0.1计算；

3.2节中“建筑高度”是指楼梯间高度，同一建筑物中会有不同高度的楼梯，比如主楼楼梯间和裙房楼梯间，它们高度不同，处理方法也不同；

3.3节、4.4节“建筑高度”是指系统服务高度，加压送风或机械排烟是否分段以此为据。如竖向排烟系统的分段，是以建筑高度为标准判断，分段的高度按有效服务高度确定，即最底层的排烟口至最顶层的排烟口之间的距离；

设计人应根据条文内容及上下承接关系，做出判断。

【问题32】 有审图人员问：设计人以“消防部门已认可方案”为理由拒绝按审图意见修改设计图纸，该如何处理？

【分析与对策】 对于已进行消防论证或性能化分析且有结论意见的项目，可以以意见

（或报告）为准。口头答复不作为审查通过的依据，审图人员应以规范为依据。

【问题 33】 对今后防排烟图纸、计算书的要求。

【分析与对策】 设计说明中消防章节应交代各个区域系统设置情况，针对楼梯间、前室、走廊、房间、地下室、中庭等各区域的具体情况，明确采取何种防排烟形式。对于明确采取自然排烟、自然通风的场所，排烟窗的有效面积、开窗位置、开启方式等均应由建筑专业完成。对于采取机械排烟、加压送风系统的场所和部位，可以通过列表的形式，对系统进行编号，分别列出系统服务部位、风机风量及所在位置、储烟仓厚度、清晰高度、排烟口最大允许排烟量等。系统控制方式应明确。

平面图中应示意防火分区（标注面积）、防烟分区（标注面积）、挡烟垂壁等，防火门或防火卷帘的文字等要保留，加压送风口、排烟口的风量应在平面图中标注。计算书中按系统编号逐个计算风口、风管、风机的风量，风机的压头也要通过计算确定。高大空间排烟有效性校核计算（《烟规》4.6.8）也应写入计算书。

下列表格仅作参考，设计人员可以根据实际情况酌情修改。

机械排烟/补风系统参数：

序号	系统编号	类型	服务对象	排烟量（m^3/h）	风机安装位置	补风方式	房间净高（m）	烟仓厚度（m）	排烟口最大允许排烟量（m^3/h）
1	PY-01	排烟	地下一层机房区域走廊	13000	屋面 1 号排烟机房	地下机械补风	3.0	1.0	13800
2	B-01	补风	同上	6500	一层 1 号补风机房				
3	PY-02	排烟	各层办公区域房间	30000	屋面 2 号排烟机房	地下机械补风			
4	B-02	补风	同上	15000	一层 2 号补风机房		3.5	1.0	12400

加压送风系统参数：

序号	系统编号	类型	服务对象	送风量（m^3/h）	风机安装位置	补风方式	
1	JY-01	加压送风	LT-1 号楼梯间	25300	一层 1 号机房	常开百叶风口	
2	JY-02	加压送风	LT-1 号楼梯间合用前室	24800	一层 1 号机房	常闭百叶风口，火灾时打开着火层及上下层	

4.4　空调通风设计

【问题 1】 有些空调水系统采用变流量系统，但没有采取相应的技术措施保证系统正常运行。

【分析与对策】 分析原因：

（1）没有考虑如何在变流量条件下保证室内设计参数。由于当系统中流量减少时，变频泵的扬程也随之降低，有可能造成最不利点循环动力不足，从而不能保证全部房间达到室内设计参数。

（2）末端设备没有采用变水量措施，使变流量系统形同虚设。由于没有采用两通电动调节阀，无法保证每一个末端所在的房间室内温度变化时相应调节流量，未能达到室内设计温度。

解决办法：

（1）根据空调水系统特点，可采用冷源测定流量、负荷侧变流量的一次泵系统，或者冷源侧一级泵（定流量）负荷侧二级泵（变流量）的二次泵系统，以及冷源侧和负荷侧均变流量的一次泵（变频）变流量系统；

（2）在最不利点设置温湿度传感器，将信号传到控制器，并设定系统最低流量与供回水压差值，使系统的工作点不低于设定值。

（3）在每一个房间的空调末端管路上设电动两通调节阀。

【问题2】 有些设计中，空调机或通风机采用的功率超过了《公共建筑节能设计标准》GB 50189—2015/4.3.22的规定，应改正。

【分析与对策】 缺少风系统的阻力计算，设计人一味加大风机的压头，常常造成风机全压高、能耗大；送排风系统覆盖的半径过大、风管过长，也是产生问题的原因之一。

合理划分系统，合理控制风口、风管的风速，认真计算系统阻力损失，可以有效降低风机风压，减少装机电功率。现在设计中经常采用双速风机，即平时通风采用低档、火灾时切换到高档，但设计人常常忽略低转速时，其装机容量超过上述规范规定。如果两个工况不能兼顾，应按设计工况分别采用两台风机，以减少平时通风用功率。

设计人应将计算出来的W_S值作为设备性能参数，写在设备表中。

【问题3】 GB 50736—2012/8.5.12、GB 50189—2015/4.3.9、DB 13（J）81—2016/4.3.4涉及3个公式，在计算空气调节冷热水系统循环水泵的耗电输冷（热）比时略有差别；计算冬季热水循环泵的耗电输热比的时候，GB 50736—2012/8.11.13、JGJ 26—2010/5.2.16、DB 13（J）185—2015/5.2.17也不尽相同，设计中经常出现超过限值的情况，设计时怎样避免？

【分析与对策】 DB13（J）81—2016、DB13（J）185—2015作为河北省地方标准，设计人应严格执行。严寒和寒冷地区空调热水的供回水温差不宜小于15℃这条规定，经常被设计人忽略掉，审图中发现，相当一部分设计人依然采用10℃温差进行设计，选择的循环水泵流量大，扬程高（缺乏水力平衡计算造成的），耗电输热比的设计值偏大；公式的限值计算要求ΔT取15℃，这样温差下计算出来的限值较低，采用10℃温差的计算值偏大，很难达到规范的要求。

为避免上述问题，设计人要认真学习规范，按规范要求进行计算后选用循环水泵，而不是凭所谓的“经验”估算来选用水泵；我省属于严寒和寒冷地区，空调热水的供回水温差不宜取10℃；为实现节能要求，设备选型时，注意设备运行工况在高效率区，η是每台运行水泵对应设计工作点的效率，如果设计工况下，所选水泵工况点未在高效工况范围内，则很难满足规范要求。

【问题4】 设集中供暖的建筑物的公共卫生间和浴室设排风系统，是否一定机械通风？

【分析与对策】 公共卫生间和浴室通风关系到公众健康和安全的问题，应保证良好的通风。

公共卫生间应设机械排风系统，公共浴室宜设气窗。无条件设气窗时，应设独立的排风措施。上述房间应保持负压，防止热、湿空气扩散到其他公共区域。

【问题5】 变配电室设有气体灭火时，通风设计存在的问题：(1) 仅设上排风口，缺少下排风口；(2) 气体灭火装置开启后，没有及时关闭送排风管道上的阀门；(3) 排风不能直排室外，排风管穿越其他房间；(4) 变配电室与其他设备机房共用通风系统。

【分析与对策】《气体灭火系统设计规范》GB 50370—2005/3.2.9（强文）：喷射灭火剂前，防护区内除泄压口外的开口应能自行关闭。GB 50370—2005/5.0.6 条规定：气体灭火系统的操作与控制，应包括对开口封闭装置、通风机械和防火阀等设备的联动与操作。GB 50370—2005/6.0.4（强文）：灭火后的防护区应通风换气，地下防护区和无窗或设固定窗扇的地上防护区，应设置机械排风装置，排风口宜设在防护区的下部并应直通室外。

有些设计人经常忽视“排风口宜设在防护区的下部并应直通室外”的要求，以为规范用词“宜”就可以不遵守，由于灭火用物质在下部残留多，仅上部排风效果不好。变配电室的设备发热量较大，设上排风口平时排风效果好，因此上排风口和下排风口都要设置，并方便切换。

送风系统、排风系统上都要设置可电动封闭的阀门，以保证气体灭火系统工作时的室内压力。

排风直排室外，不要穿过其他房间，是为了避免有毒物质对其他房间的环境、人员造成伤害。排风口不应布置在人员经常停留或经常通行的地点。

变配电室宜独立设置送、排风系统，主要是由它的工作时间、工作频率特点决定的。不应与水泵房、换热站合用系统。

【问题6】 变配电室的机械通风换气次数按几次计算比较合适？是否可采用空调降温？

【分析与对策】 变配电室宜采用自然通风排除室内余热，当不能满足要求时，应采用机械通风；地下变配电室应设置机械通风。

变配电室的通风量应根据热平衡计算确定。变压器的发热量可按《技术措施》4.4.2 公式计算，通风量按《技术措施》4.1.5 公式计算，送风温度取夏季通风室外计算温度，排风温度取 40℃。资料不全时，可采用换取次数法确定风量。

当通风无法保证变配电室设备工作要求时，宜设置空调降温设施。如果变配电室附近有现成的冷源，且采用降温装置比通风降温更合理时，也可设置空调降温。采用空调降温的同时，还应保证最小新风量≥3 次/h 或≥5%的送风量。

【问题 7】 建筑物内设有集中排风系统时，是不是一定设排风热回收装置？

【分析与对策】 我省 DB13（J）81—2016/4.4.16 条对空调系统是否设置热回收装置，提出更加合理的要求，要求设计人应充分考虑当地的气象条件、能量回收系统的使用时间、使用场所等因素，在进行技术经济比较后，如果系统回收期过长，也不应采用热回收系统。

在审图中还发现，图纸即使设计了热回收，对热回收的计算也很粗糙，回收的冷、热量并未在总冷、热负荷中体现。

设置热回收的系统应结合空调通风系统同步进行，采用热回收装置时，一定要注意室外采风口和排风口的距离应尽可能大，不要发生新风污染。室内送排风口布置合理，气流组织合理、均匀，没有死角，也不短路。常见的错误是，新风管道将送风送至各个房间，而回风口仅在机房附近，比如走廊内设置，远离需要热回收的房间；还有的房间另外设有机械排风系统，回风口处回风量很少，热回收装置形同虚设。

【问题 8】 地源热泵系统方案设计，不进行工程场地状况调查及浅层地能资源勘察，盲目采用。

【分析与对策】 工程场地状况调查及浅层地能资源条件是能否应用地源热泵系统的基础。地源热泵系统方案设计之前，应根据调查及勘察情况，选择采用地埋管、地下水或地表水地源热泵系统。勘察内容应满足《地源热泵系统工程技术规程》3.2、3.3、3.4 节内容，并在施工图说明中提供，作为设计依据条件。

【问题 9】 城市周围一些县市有地热资源，地热供热工程呈增长趋势。目前地尾水排放温度高，造成浪费和热污染。

【分析与对策】《城镇地热工程技术规程》11.0.5 条明确规定，地热供暖尾水排放温度必须小于 35℃，不然会造成严重的热污染。从节约地热资源考虑，尾水排放温度越低越有利于提高地热利用率，提高地热资源的经济效益。例如通过水源热泵机组，利用 35℃左右的地热尾水制备出 50℃左右的热水，可供地板供暖或空调系统使用。

地尾水的排放应分别符合《污水排入城市下水道水质标准》、《农田灌溉水质标准》、《污水综合排放标准》的要求。

【问题 10】 公共建筑的厨房通风应设计排风、油烟净化、补风系统，不能简单地推给“二次设计”。

【分析与对策】 厨房通风应设计排风、油烟净化、补风系统，送排风之间的比例，对今后厨房排风效果影响很大，有些厨房内部灶台、炊事机械的位置数量不确定，使送排风管无法布置，但一些必要的通风设计是应该完成的：应有换气次数的要求，其中厨房全面排风（10～14 次/h）；邻室补风或送风系统；预留排油烟竖井；预留屋顶排油烟风机；预留屋顶脱排油烟过滤装置等，以及通风系统的控制要求，指导二次设计。

注意根据厨房燃料，确定通风机是否选择防爆风机。使用燃气的厨房设置事故排风，风机采用防爆风机，机械通风设施应设置导除静电的接地装置。事故通风的手动控制装置应在室内外便于操作的地点分别设置。

【问题 11】 空调、通风系统新风口、采风口的位置、面积不合理。

【分析与对策】 新风口的设置时应符合以下要求：

(1) 新风口距排风口距离不应太近，进风口宜低于排风口 3m 以上，当进排风口在同一高度时，宜在不同方向设置，且水平距离一般不宜小于 10m。进、排风口距室外地坪不宜小于 2m，当进风口设在绿化带时，不宜小于 1m，符合 GB 50736—2012/6.3.1 条的规定。

(2) 空调系统新风口的面积应满足最大新风量需要，进风口处应设与机组联动关闭的电动阀门。

(3) 噪声应符合环保部门的要求。新风口、排风口的风速应控制在适当范围内。一般新、排风口采用防雨百叶风口，有效面积按窗洞口面积的 50%～60%计算。

【问题 12】 通风系统直通大气的进、出口漏设防护罩，造成安全隐患。

【分析与对策】 为防止风机对人的意外伤害，《通风与空调工程施工质量验收规范》7.2.2 条规定：通风系统直通大气的进、出口必须装设防护罩。比如屋顶风机进出口设镀锌钢丝网；墙上安装的轴流风机出风口设防雨百叶或自垂风口；有些房间要求下排风，风机安装位置在 1.5m 以下人员活动范围内时，风机应进行内、外防护。

【问题 13】 供暖、空调冷（热）水管道，穿过地下室外墙，未采取防水措施。

【分析与对策】 《建筑给排水及供暖工程施工质量验收规范》3.3.3 条规定：供暖、空调冷（热）水管道，穿过地下室外墙，应采取防水措施。对于严格防水要求的建筑物，必须采用柔性防水套环。河北省 12N 系列建筑标准设计图集 12N1《供暖工程》中有相应作法。

设计人在选用标准图时应注意：12N1-P234～237 的做法适用于人防工程，普通民用建筑选用 12N1-P225～229 的做法。

【问题 14】 设计人常常忽略通风与空调系统产生的噪声和振动的不利影响，未采取处理措施。

【分析与对策】 随着人们生活水平提高，人们对环境舒适度的要求，不仅仅是温度、湿度适宜，还要尽量远离噪声和振动影响。GB 50736—2012/10.2.3 条规定：通风与空调系统产生的噪声，当自然衰减不能达到允许噪声标准时，应设置消声设备或采取其他消声措施。系统所需的消声量，应通过计算确定。GB 50736—2012/10.3.1 条规定：当通风、空调、制冷装置以及水泵等设备的振动靠自然衰减不能达标时，应设置隔振器或采取其他隔振措施。

对于平常使用的系统，常常由于忽略消声量的计算，由此引起的投诉并不少见。设计人在选用设备时，不仅要关注风量够不够，风压够不够，还要关注噪声是否过大，否则一定要采取降噪措施：比如设消声器、采用可以吸声降噪的风管、设软接头、设减振器和减震台座等等，还可以将通风空调设在风机房内。

【问题 15】 对于采用空调多联式空调（热泵）机组的系统，是否也要进行包括冷热负荷计算、新风系统计算在内的各项计算？

【分析与对策】 GB 50736—2012/7.2.1 中明确规定，施工图设计阶段应对空调区的冬季热负荷和夏季逐时冷负荷进行计算。这条是针对滥用冷、热负荷指标进行设计的现象而提出来的。用冷、热负荷指标进行设计时，估算的结果总是偏大，由此造成主机、输配系统及末端设备容量等偏大，这不仅给国家和投资者带来巨大损失，而且给系统、节能和环保带来潜在问题。上述原则同样适用采用多联式空调（热泵）机组的空调系统。

设计人在设计时应充分考虑多联机空调系统的特点，在系统划分、管长布置和计算时，推荐将负荷特性较为一致的空调区域划分在一个系统内，充分利用多联机系统在50%～80%负荷率范围内具有较高的制冷性能系数；提高系统的能效比的另一重要因素是通过合理划分服务范围，减少制冷剂的衰减。由此看来，准确的负荷计算，是必不可少的。除负荷计算外，设备选型时应进行所有相关计算。

使用多联机空调系统，设计说明中应明确所选用机组的制冷综合性能系数，且不低于国家标准《多联机空调（热泵）机组能效限定值及能源效率等级》GB 21454—2008 中规定的第 3 级。

在设计过程中可以和厂家合作，图纸深度应符合国家对施工图设计深度要求。

【问题 16】 审图中经常发现，风机盘管选型时，没有通过焓-湿（*i-d*）图计算风量，而是按房间的计算冷负荷对照风机盘管的表冷器的额定制冷量，进行选型。

【分析与对策】 这样选出的风机盘管，型号偏小，尤其是发湿量偏小的房间，尤为明显。风机盘管加新风系统，是空调设计常见形式。在确定新风终态方案而绘出新风+风机盘管系统在 *i-d* 图上的处理过程，从而确定夏季送风量，进而在 *i-d* 图上查出焓差，即可算出风机盘管的供冷量，根据风量和制冷量选择风机盘管的性能参数。

【问题 17】《中小学校设计规范》GB 50099—2011，对教室、实验室的新风量有明确规定，但设计中经常被忽视。

【分析与对策】 新鲜空气对于学生的健康和听课时集中注意力是必要保障（河北的孩子够辛苦了，不要让他们再在缺氧、空气污浊的教室里学习吧!）我省地处严寒、寒冷地区，在供暖季不能通过开窗换气满足新风供应量；即使在过渡季，新风量折合成的换气次数超过 2 次/h，开窗换气也无法满足新风量。因此，应采取机械通风、新风空调系统、新风热回收系统等多种方式，保证新风供应。

新风量增加，必然带来冷、热负荷增加，审图中发现，这部分的热负荷计算问题较多。

【问题 18】 设在屋顶的电梯机房需要供暖吗？是否需要冷暖空调？

【分析与对策】 机房的空气温度应保持在 5～40℃，运行地点空气相对湿度在 25℃时不大于 90%，当温度在 40℃时相对湿度不超过 50%。确定机房热负荷时，应充分考虑电梯设备发热量，再根据当地气象条件，确定是否需要设置供暖设施，一般来讲夏季可采用机械通风或设置单冷空调器进行降温，采用通风降温的风量应根据设备发热量按公式计算，也可以按换气次数确定通风量。严寒地区，通过计算确定是否供暖，不推荐使用冷暖空调，因为冬季制热效率偏低。

4.5　节能设计

【问题 1】 节能表中各围护结构传热系数均在限值以下，建筑物耗热量指标的数值是否可以不填写？

【分析与对策】 我省《居住建筑节能设计标准》DB13（J）185—2015 明确规定：当设计建筑的体形系数、窗墙面积不满足本标准 4.1.3、4.1.4 条时，应进行权衡判断。应进行建筑物耗热量指标的计算，并以此为判据，不应超过该标准 3.0.4 条的数值。对于可直接判定为满足节能设计标准的建筑，不需再进行建筑物耗热量指标的计算，节能表上该数值可以不填写；需要进行建筑物耗热量指标计算的建筑，需将计算结果填写在节能表上。

根据《建筑工程设计文件编制深度（2017 年版）》4.3.9-1（4）条的规定：围护结构热工性能的权衡判断，由建筑专业设计完成，并由建筑专业填写。建筑物耗热量指标与暖通专业的热负荷指标不存在直接对应关系。

【问题 2】 计算供暖设计热负荷指标时所依据的面积应该是哪部分面积？填写“居住建筑节能表”时，“计算建筑面积”一栏很多设计人填写的是“地上建筑面积”。“采暖设计热负荷指标”对应的供暖面积应如何计算？

【分析与对策】 供暖设计热负荷指标是在供暖室外计算温度下，为保持室内设计温度，单位计算建筑面积在单位时间内由锅炉房或其他供热设备供给的热量。“计算建筑面积”的计算方法不正确，会造成供暖设计热负荷指标计算不准确。“计算建筑面积”既不是地上面积，也不是供暖房间净面积。DB13（J）185—2015“计算建筑面积 Ao”在标准附录 A 中的定义是：应按各层外墙外包围线围成面积的总和。不包括阳台、不供暖地下室、不供暖半地下室的面积。由此可见，“计算建筑面积”与“地上建筑面积”是不同的。《公共建筑节能设计审查备案登记表》中的“采暖（空调）面积”填写时可参照执行，不用扣除建筑物内的未供暖楼梯间、走廊的面积；但当有大面积的区域不供暖，例如车库、地下库房、设备用房等，可视实际情况扣除。

【问题 3】 对于改扩建项目如何进行节能设计？

【分析与对策】 《公共建筑节能设计标准》DB13（J）81—2016 在总则 1.0.2 条中明确说明该标准适用于新建、扩建和改建的公共建筑，也就是说对改扩建建筑设计也都应按照上述标准执行。居住建筑如进行改建、扩建，可参照《居住建筑节能设计标准》DB13（J）185—2015 执行，总则 1.0.2 条文说明对“扩建”、“改建”有明确规定，但不适用于居住建筑节能改造项目，既有居住建筑节能改造可依据 DB13（J）/T 74—2008 执行。

【问题 4】 现在存在大量的底部为商业（或商业网点）、上部为住宅的高层建筑，其功能较为复杂，既有居住部分又有公建部分，节能设计依据的规范如何确定？如何填写节能设计审查备案登记表？

【分析与对策】 根据《居住建筑节能设计标准》总则1.0.2条文说明，该标准适用于住宅和集体宿舍，住宅包括纯住宅建筑，也包括底部为商业（网点）、上部为住宅的住宅部分，商业网点可按公共建筑要求进行节能设计。底部商业部分在面积、层数和用途上符合商业网点的要求时，就可视该建筑物为居住建筑，可以统一填写一个“居住建筑节能设计审查备案登记表”，也可以分别填写“居住建筑节能设计审查备案登记表”和“公共建筑节能设计审查备案登记表”。如果底商部分超出了商业网点的范畴时，则住宅部分执行《居住建筑节能设计标准》、商业部分执行《公共建筑节能设计标准》，并按上部居住和下部公建分别填写相应节能表。

填写节能备案登记表是设计工作的一部分，建筑专业为上行专业，暖通专业为下行专业，一般应是建筑专业选好适应类型的表格，填写完建筑专业的内容后，再交由暖通专业的设计人填写暖通专业的相应内容。

【问题5】 公共建筑节能设计审查备案表中常见错误：采暖系统形式叙述过于简单；空调供热内容填写在供暖设计中；采暖空调面积有误。

【分析与对策】 当采用散热器供暖时，“采暖系统形式”不要简单填写“散热器供暖”，建议将具体形式填写清楚，如：上供下回单管垂直串联异程式系统、上供上回双管同程式系统等。

如果只有空调系统设计，没有涉及供暖系统，“采暖设计”相应各栏目空白即可，不要把空调供热的数据再在“采暖设计”中重复填写。

采暖（空调）建筑面积应该填写暖通专业计算冷、热负荷指标时依据的面积，应与图纸保持一致。也就是说，“采暖（空调）建筑面积”应同时写在设计说明中。

【问题6】 厂区内的办公楼、化验办公楼属于公共建筑吗？应填写公共建筑节能表吗？

【分析与对策】 厂区内的行政办公楼、实验楼、食堂和后勤服务楼等办公建筑节能设计应符合《公共建筑节能设计标准》，填写“公共建筑节能设计审查备案表”。生产厂房和生产辅助用房（仓库及公用辅助用房）应执行《工业建筑节能设计统一标准》，这部分建筑不必填写节能表。生产厂房内一些为生产服务的化验室、控制室、休息室，可按《工业建筑节能设计统一标准》要求设计。

【问题7】 很多审图人反映，暖通计算书深度不够的问题普遍存在，如果退回去重新计算，人员、时间又经常不允许，审图时如何把握？

【分析与对策】 应该承认，经过审图人员多年努力，目前计算书的内容较前几年已有明显进步，但大部分计算书依然不能满足国家对于计算书深度的要求，大部分的计算书仅包括热负荷的计算和空调冷负荷的计算，提供水力平衡计算的只占很少数量，更别要求风系统、焓-湿图计算等等。因此在审图过程中，不能过分依赖计算书，否则审图工作难以进行。对于已提交的计算内容，应认真审查，发现问题，及时提出，及时修改，对于有严重的、对设计结果产生不良影响的错误，应责成设计人重新计算、重新提供。对于经常缺少的内容，比如风系统的水力计算，防排烟系统的计算、设备选型，审查人应根据多年设计经验，根据图纸提供的设备性能参数进行校核，必要时可有针对性地要求设计人补充计算内容。审图的目的是发现设计问题，修改设计错误，不要仅泛泛地要求完善计算书，而要通过对计算书的审查，提出对设计的改进意见。计算书是设计工作的重要组成部分，设计中很多问题，究其根源是计算方法的错误和缺失，因此提高设计水平，必须提高计算水平。作为审查人员，一方面抓住设计成果——施工图纸，一方面将计算书中错误内容及时指出，不要让存在设计缺陷的设计交付施工．

4.6　绿色建筑设计

【问题 1】 哪些建筑必须执行绿色建筑标准?

【分析与对策】 河北省住房和城乡建设厅（文号：冀建科〔2013〕19 号）规定：政府投资的国家机关、学校、医院、博物馆、科技馆、体育馆等建筑，省会城市的保障性住房，以及单体建筑面积超过 2 万平方米的机场、车站、宾馆、饭店、商场、写字楼等大型公共建筑，自 2014 年起全面执行绿色建筑标准。引导房地产开发项目执行绿色建筑标准，鼓励房地产开发企业建设绿色住宅小区，具备条件地区的新建建筑可分步或全部执行绿色建筑标准。之后，我省各地市都陆续发布了本市住宅建筑和政府投资的保障性住房、学校、医院等公益性建筑应达到绿色建筑各种星级标准的文件，设计部门在设计时，应依据建筑物所在地政府部门（节能办）的要求进行设计。

【问题 2】 绿色建筑评价标准中一些条文涉及计算书的，图纸送审时未提供计算书。

【分析与对策】《绿色建筑评价标准》DB13（J)/T 113—2015/5.2.3-2 款、5.2.5 条、5.2.6 条等均需要提供相应的计算书、5.2.13 条应提供排风能量回收系统计算等，其他需提供计算书的条文，设计人可根据河北省住建厅冀建（2016）21 号文件《河北省绿色建筑施工图审查要点》要求执行。

【问题 3】 设计人在做绿色建筑评价时，经常出现“漏项”，未按标准评价打分。

【分析与对策】《绿色建筑评价标准》不同于一般设计规范，未涉及的领域或条件不允许未采取措施条目也要按规定进行评价，确定参评或不参评，参评项逐一打分。《河北省绿色建筑施工图审查要点》，已按专业将各项分类，设计人只要按本专业内容逐条做出判断即可，不要随意跳过，也不要随意增加非本专业内容，例如 8.2.1 条属于建筑与暖通专业联合审查，8.2.2 条不属于暖通专业内容。

有些得分并不是一定采取了相应设计才会得分。例如，一些设分体空调器的场所和未设置空调系统的项目，针对《绿色建筑评价标准》6.2.8 条就可以得满分。

【问题 4】 缺乏全年动态负荷和能耗评估分析，《绿色建筑评价标准》5.2.3-2 款不可以得分。

【分析与对策】 民用建筑绿色设计，有别于传统计算模式。利用建筑物能耗分析和动态负荷模拟等计算机软件，可以估算建筑物整个使用期能耗费用，提供建筑能耗计算及优化设计、建筑设计方案分析及能耗评估分析，使得设计可以从传统的单点设计拓展到全工况设计。进行全年动态负荷和能耗评估分析，有助于选择合理的冷热源和空调系统形式。

采用计算机能耗模拟技术，优化节能设计，便于在设计过程中的各阶段对设计进行节能评估。

【问题 5】 暖通空调系统供回水温度的确定不合理，有些温差过小，造成水泵能耗高。

【分析与对策】 暖通空调系统供回水温度决定了循环水泵流量，从而影响水循环系统的运行能耗。除温、湿度独立调节系统外，如果空调冷冻水的供水温度高于 7℃，对空调设备末端的选型不利，同时也不利于夏季除湿。供回水温差小于 5℃，将增大水流量和管道口径，增加初投资费用和运行费用。暖通空调系统供回水温度按照《民用建筑绿色设计规范》9.3.1 条执行，末端采用散热器的集中供暖系统的供水温度不应高于 90℃，不宜低于 65℃，供回水温差不宜小于 20℃。

【问题 6】 《绿色建筑评价标准》8.2.11 条在住宅建筑判定中经常被疏忽；空调送回风口布置不合理等问题。

【分析与对策】 大量住宅的空调设计深度仅为预留室外机位置和预留电量，前者在建筑图中体现为室外机安装板和外墙上的预留洞，后者在电气图上为空调插座，而这两者的定位就决定了室内机的位置，审图中经常发现室内机的位置与居室内的床相对，造成冷风直吹到居住着，这种做法是不符合《绿色建筑评价标准》8.2.11 条要求的，不能得分。

气流组织并不是只涉及高大空间，对于居室小空间一样重要，设计起来一样要用心。又比如一些设计风机盘管的房间，送、回风口位置不合理，送回风口之间距离过近，存在空气循环覆盖不到的区域或死角。

【问题 7】 设置机械通风的车库，未设置一氧化碳检测和控制装置控制通风系统运行。

【分析与对策】 汽车库不同时间使用频率有很大差别，室内空气质量随使用频率变化较大。因此在保证室内空气品质的前提下，设置一氧化碳检测传感置，控制通风系统的运行，可以大大节省运行费用。设计说明中必须有关于检测和控制装置的说明，否则不可得分。

【问题 8】 医院绿色建筑内容不同于一般建筑，应执行《绿色医院建筑评价标准》，有些设计人依据《绿色建筑评价标准》是不对的。

【分析与对策】 医院建筑在进行绿色建筑设计与评价时，应依据《绿色医院建筑评价标准》GB/T 51153—2015 进行。

第5章　房屋建筑工程电气专业

5.1　设计标准和依据及设计文件编制深度

【问题1】 设计依据的规程、规范版本过期或名称错误；采用不适用本工程的规程、规范；缺少相关的行业规范。

【分析与对策】 最近几年规程、规范更新较快，设计人员应加强规程、规范的学习，在引用规程、规范的条文时应注意其适用范围和使用要求。

【问题2】《民用建筑电气设计规范》JGJ 16—2008 第 13.1.3 条："下列民用建筑应设置火灾自动报警系统：建筑高度不超过 24m 的单层及多层公共建筑"。此条很不严谨。未考虑建筑物的性质、规模、位置、经济合理等因素，只要是公共建筑就应设置火灾自动报警系统？此与《建筑设计防火规范》GB 50016—2014 第 8.4.1 条相差太大。是否应按《建筑设计防火规范》GB 50016—2014 第 8.4.1 条执行。

【分析与对策】《建筑设计防火规范》GB 50016—2014 第 8.4.1 条是强制性条文，必须严格执行。

【问题3】 依据《建筑设计防火规范》GB 50016—2014 第 8.4.3 条规定，建筑内可能散发可燃气体、可燃蒸汽的场所应设置可燃气体报警装置，此条为强制性条文，条文解释说不包括住宅内的厨房，有人说条文解释不具法律效应（部分规范有此说明）。应该怎么理解操作？

【分析与对策】 住宅内的厨房可不设置可燃气体报警装置。

条文说明是规范正式文本不可分割的一部分，有时还会以条文说明为依据。条文说明是对规范条文的补充，帮助读者更好的理解规范、了解规范编写者的思路。在一些对规范条文理解有争议时，条文说明往往能够起到决定性作用。条文说明怎么说我们就该怎么做。

【问题4】 对于非消防一级负荷，目前没有规范规定需两路电源在最末一级配电装置处自动切换，只有《全国民用建筑工程设计技术措施·电气》(2009 年版）第 2.3.1 条第 12 款有明确规定。为确保非消防一级负荷的供电可靠性，是否应要求两路电源在最末一级配电装置处自动切换。

【分析与对策】 确实没有规范规定非消防一级负荷需两路电源在最末一级配电装置处自动切换，只有《全国民用建筑工程设计技术措施·电气》(2009 年版）有这个要求。对于非消防一级负荷供配电系统，应结合具体工程和规范进行分析、审查。不能简单地要求两路电源在最末一级配电装置处设自动切换装置。

【问题5】 工程设计中部分区域可由二次装修设计，但有的设计，除走道、干线设计外，其余整幢楼都由二次装修设计，请问是否符合要求？

【分析与对策】 从所审装修设计图纸来看，一般包括正常照明和插座布置。对于正常照明，关键是看照度是否满足使用功能要求，照明单位功率密度值是否满足节能评价标准的要求，光源选择、灯具效率及其附件是否满足相关规范的规定。只要设计者对二次装修提出了上述要求，则可以认为满足设计深度要求。

【问题6】 照明设计中缺少对办公室、会议室等主要房间、场所的计算照度值和照明功率密度值的说明或标注，不满足设计文件编制深度、照明节能设计要求。

【分析与对策】 依据《绿色建筑评价标准》GB/T 50378—2014 第5.1.4条要求，应按《建筑照明设计标准》GB 50034—20013 第6章所列举的场所，列出照度值和照明功率密度值的实际计算值。

依据《建筑照明设计标准》GB 50034—20013 第6.1.3条设计要求，照明节能应采用一般照明的照明功率密度值（LPD）作为评价指标，评价指标应体现在施工图设计文件中。

【问题7】 燃气锅炉房是否应按爆炸危险环境进行电力装置设计。

【分析与对策】 燃气锅炉房的锅炉间属于利用气体作为燃料的生产环节，依据GB 50016—2014《建筑设计防火规范》表3.1.1的分类，锅炉间应属于丁类生产厂房，不属于爆炸危险区域。依据《锅炉房设计规范》GB 50041—2008 第15.1.1条第3款，燃气调压间属于甲类生产厂房，属爆炸危险区域。

因此，燃气锅炉房的锅炉间可不按爆炸危险环境进行电力装置设计，燃气调压间应按爆炸危险环境进行电力装置设计。

【问题8】 多层建筑的消防用电设备负荷等级划分未按《建筑防火设计规范》GB 50016—2014 第10.1.3条规定定级。室外消防用水量未超过25L/s的公共建筑，很多工程在设计文件中定为二级负荷。

【分析与对策】 对于《建筑设计防火规范》GB 50016—2014 第10.1.3条中的“其他公共建筑”，设计人员应从给排水专业获取室外消防用水量，并写入设计说明中，作为确定消防用电设备负荷等级划分的依据。

消防用电设备负荷等级的划分应符合《建筑设计防火规范》GB 50016—2014 第10.1.1、10.1.2、10.1.3条的设计要求，负荷分级划分不可随意，在供电条件许可的情况下，可以提高消防用电设备的供电措施。

【问题9】 如何满足新建住宅小区电动汽车充电桩的设计深度要求。

【分析与对策】 根据《居民住宅小区电力配置规范》GB/T 36040—2018 第15.2条规定：新建居民住宅小区配建的停车位应同步建设电动汽车充电设施或预留建设条件。预留的建设条件应包括预留安装位置、预埋电力管线和预留供电容量。

交流充电桩出线回路断路器应具备过负荷保护、短路保护和漏电保护功能。电动汽车充电设施应有计量装置。

另外，设计单位参加竣工验收时要核查是否按照设计进行了施工和设置了有关设施。

5.2 供配电设计

【问题 1】 一类高层的消防设备的负荷等级按照防火规范应为一级负荷。根据《供配电系统设计规范》GB 50052—2009 第 3.0.9 条不应接入应急供电系统，否则违反强条。但有的审图人员认为消防设备属于安全设施，根据《供配电系统设计规范》GB 50052—2009 第 2.0.3、3.0.3 条应由应急供电系统供电，否则违反强条。面对不同审图人员对安全设施的不同理解，设计人员无论怎么设计消防设备的供电电源都有可能被判定违反强条。

【分析与对策】 应急供电系统即安全供电系统，《供配电系统设计规范》GB 50052—2009 第 2.0.3 条解释为用来维持人体和家畜的健康和安全的供电系统。此处的“安全”不能理解为消防安全，所以消防用电设备不能属于一级负荷中特别重要的负荷。通常情况下，采用一级负荷供电的变配电所应急照明系统、一级负荷供电的柴油发电机房应急照明系统，应属于特别重要的负荷而采用应急供电系统。工程设计中，对于其他专业提出的特别重要负荷，应仔细研究，凡能采取非电气保安措施者，应尽可能减少特别重要负荷的负荷量。

【问题 2】 小型公共建筑，室外消防用水量小于或等于 25L/s，消防设备用电负荷等级为三级，《建筑设计防火规范》GB 50016—2014 第 10.1.8 条关于消防用电设备最末一级配电箱处设置自动切换装置的规定是否适用于三级负荷。

【分析与对策】《建筑设计防火规范》GB 50016—2014 第 10.1.3 条规定了“除本规范第 10.1.1 条和第 10.1.2 条外的建筑物、储罐（区）和堆场等的消防用电，可按三级负荷供电。”；第 10.1.4 条规定了“不同级别负荷的供电电源应符合现行国家标准《供配电系统设计规范》GB 50052 的规定。”。对于三级负荷供电，《供配电系统设计规范》GB 50052—2009 未作要求，《民用建筑电气设计规范》JGJ 16—2008 第 3.2.11 条规定“三级负荷可按约定供电。”，可见定为三级负荷的消防用电设备，单电源、单回路供电也是允许的，自然也就没有在最末一级配电箱处设置自动切换装置的要求。

【问题 3】 消防控制室及弱电机房经常布置在变配电室旁。

【分析与对策】 变配电室能产生较强的电磁干扰，会影响电子信息系统的正常工作。依据《民用建筑电气设计规范》JGJ 16—2008 第 13.11.6 条规定，消防控制室及弱电机房应远离强电磁干扰场所，或采取必要的防护措施。

【问题 4】 电缆竖井内消防、非消防电缆分开两侧设置，消防电缆采用有机绝缘防火电缆，在敞开式梯架敷设不符合《建筑设计防火规范》GB 50016—2014 第 10.1.10 条 3

款设计要求，如果采用耐火电缆走封闭防火槽盒敷设，是否可以视作满足规范要求。

【分析与对策】 在规范要求消防配电线路可以选用阻燃耐火线缆的情况下，采用耐火电缆走封闭防火槽盒在竖井两侧设置，并满足防火间距要求，可以视为满足规范设计要求。

【问题5】 由建筑物外引入的配电线路，室内进线处不装设隔离电器。

【分析与对策】 依据《供配电系统设计规范》GB 50052—2009 第7.0.10条，室内进线处应装设隔离电器。

【问题6】 燃油锅炉房的锅炉间、柴油发电机机房的储油间是否属于爆炸性危险环境，是否需要设置防爆灯具。

【分析与对策】 燃油锅炉房的锅炉间属于丁类生产厂房、柴油发电机机房的储油间为丙类生产厂房，均属于非爆炸性危险环境，不需要设置防爆灯具。

为了保证生产设备的安全和稳定运行，同时考虑维修安全，作为设计人员，适当提高电气设计的安全等级也是很有必要的，如采用防爆灯具（按爆炸危险环境进行电力装置设计）。但是这些都不是规范的强制要求，只是单纯为了提高安全运行等级。

【问题7】《中小学校设计规范》GB 50099—2011 第10.3.2条第4款，关于中小学校的建筑应预留配电系统的竖向贯通井道及配电设置位置。有些层数较少，比如仅2层的砌体结构且设置竖向贯通井道比较困难时，是否可以不设竖向贯通井道，本条规范的目的是考虑用电安全可靠，能否将暗设配电箱做安全措施。

【分析与对策】 中小学校的建筑应预留配电系统的竖向贯通井道，层配电箱设备应设置在电气管井内。这是常见问题，特别是乡镇建设的学校设计项目不注意。电气竖井要求上下贯通，位于布线中心，便于管线敷设。竖井面积应考虑设备、管线的间距及操作维修的距离和设备扩容的需求。各层用电设备少时，可以利用通道作为检修面积。《民用建筑设计通则》GB 50352—2005 第8.3.5条规定了高层建筑用通道作为检修面积的最低净宽度要求，可作为多层中小学校建筑设置管井的参考。本条规定较为严格，是设计应该执行的。

【问题8】《供配电系统设计规范》GB 50052—2009 第3.0.4条列出四种应急电源方式，即：(1) 独立于正常电源的发电机组；(2) 供电网络中独立于正常电源的专用的馈电线路；(3) 蓄电池；(4) 干电池。对于一些小型的公共建筑（如：三四层的多层办公楼），只有应急照明是二级负荷。当用蓄电池做应急照明的第二电源时，是从本层的配电箱单一回路给应急照明回路，还是有必要从总配电箱单独设应急照明配电箱，供每层的应急照明。《民用建筑电气设计规范》JGJ 16—2008 第7.2.1条第1款要求：多层公共建筑的照明、电力、消防及其他防灾用电负荷，应分别自成配电系统。上述情况如何处理。

【分析与对策】 应急照明属于消防用电负荷，其分支线路不应引自一般照明配电箱。依据《建筑设计防火规范》GB 50016—2014 第10.1.6条规定，应急照明配电应从总配电箱处采用专用的供电回路，不应与一般照明共用配电箱。消防用电负荷为一级及二级的建筑物，应急照明电源的配置应符合《民用建筑电气设计规范》JGJ 16—2008 第 13.9.12 条规定。消防用电负荷为三级的建筑物，可从建筑物电源进线箱引接单回路树干式供电，并按防火分区或按建筑分层设置应急照明配电箱或配电分支回路。住宅建筑的商业网点，可在商业网点的照明箱内设置应急照明回路。

【问题 9】《住宅建筑电气设计规范》JGJ 242—2011 第 9.3.2 条，10～18 层的二类高层住宅建筑，宜沿疏散走道设置灯光疏散指示标志，并宜在安全出口和疏散门的正上方设置安全出口标志。《建筑设计防火规范》GB 50016—2014 第 10.3.1 条及 10.3.5 条也作了相应规定。请问设计时，对于二类高层住宅建筑如何执行上述规定，审图时如何把握。

【分析与对策】《建筑设计防火规范》GB 50016—2014 第 10.3.1 条第 1 款是强制性条文，必须严格执行。

10～18 层的二类高层住宅建筑都不设置封闭楼梯间、防烟楼梯间及其前室、消防电梯间的前室或合用前室的情况并不多见，建议从严执行《住宅建筑电气设计规范》JGJ 242—2011第 9.3.2 条。

【问题 10】 链式连接的双电源配电箱，当选用 PC 级切换开关时，互投开关前不加短路、过载保护，不符合《低压配电设计规范》GB 50054—2011 关于配电线路保护和用电设备保护的规定。

【分析与对策】 依据《民用建筑电气设计规范》JGJ 16—2008 第 7.1.4 条 4 款规定：对于树干式供电系统的配电回路，各受电端均应装设带保护的开关电器。

【问题 11】 变配电室采用一路 10kV 进线，设置两台变压器分列运行，每台变压器低压侧各引出一路电源，末端设置电源互投装置，这样的供电方式能否满足二级消防用电设备供电要求。

【分析与对策】 采用一路 10kV 进线，仅当进线为专用架空线路时满足。

《供配电系统设计规范》GB 50052—2009 第 3.0.7 条规定，二级负荷的供电系统宜由两回线路供电．在负荷较小或地区供电条件困难时可由一回 6kV 及以上专用架宅线路供电。因此当采用一路 10kV 专用架空线路时能够满足二级负荷的供电要求。

【问题 12】 一些设计人员在计算三相不平衡负荷时，按三相平衡负荷计算电流，使计算电流小于相最大电流，总开关整定电流小于实际工作电流。

【分析与对策】 应依据《民用建筑电气设计规范》JGJ 16—2008 第 3.5.5 条要求，均衡回路的各相负荷。当回路的三相负荷不平衡时，应取最大相负荷计算相电流，再决定总开关的整定电流。

【问题 13】《低压配电设计规范》GB 50054—2011 第 6.4.3 条规定，为减少接地故障引起的电气火灾危险而装设的剩余电流保护电器，其动作电流不应大于 300mA。而《住宅建筑电气设计规范》JGJ 242—2011 第 6.3.1 条款条文解释，当住宅部分建筑面积在 1500～2000m^{2}时，防止电气火灾的剩余电流动作保护器的额定电流值为 500mA。两者相矛盾应执行哪条规范。

【分析与对策】 应按《低压配电设计规范》GB 50054—2011 第 6.4.3 条的设计要求执行。

【问题 14】 加油加气站罩棚、营业室等不设事故照明。

【分析与对策】 不满足《汽车加油加气站设计与施工规范》GB 50156—2012（2014 年版）第 11.1.3 条规定。

【问题 15】 超过规定根数的电线或电缆在钢线槽中敷设，载流量不乘以系数。《民用建筑电气设计规范》JGJ 16—2008 第 8.5.3 条注 2 指出："三根以上载流电线或电缆在线槽内敷设，当乘以本规范第 7 章所规定的载流量校正系数时，可不限电线或电缆根数，其在线槽内的总截面不应超过线槽内截面的 20%"。《低压配电设计规范》GB 50054—2011 第 7.2.14 条规定："金属槽盒内载流导线不宜超过 30 根"。有的设计导线上百根，集中设置表计的高层住宅建筑电缆几十根，均不考虑载流量的减少问题，应该说是一种隐患。

【分析与对策】 钢线槽内的导线或电缆根数超过规定时，应按规范要求乘以载流量校正系数。

【问题 16】《通用用电设备配电设计规范》GB 50055—2011 第 3.3.5 条规定："电梯的动力电源应设独立的隔离电器。轿厢、电梯机房、井道照明、通风、电源插座和报警装置等，其电源可从电梯动力电源隔离电器前取得，并应装设隔离电器和短路保护电器"。就是说电梯电源箱的每个支路均需设置隔离开关，这与《民用建筑电气设计规范》第 9.4.3 条"每台电梯、自动扶梯和自动人行道应装设单独的隔离电器和保护电器"的要求显然不同，不但电梯，而且电梯机房的每个支路都要装隔离开关，与所有现行图集都不同，不知道该怎么处理。

【分析与对策】 两规范对电梯配电回路应设置单独的隔离电器和保护电器的要求均相同。对电梯机房配电箱内其他用电设备提出装设隔离电器，是《通用用电设备配电设计规范》GB 50055—2011 第 3.3.5 条新增要求。设置隔离电器作用在于检修本回路电器时不影响其他配电回路的正常工作。

【问题 17】《通用用电设备配电设计规范》GB 50055—2011 第 2.5.3 条规定："电动机的控制按钮或控制开关宜装设在电动机附近便于操作和观察的地点"。第 2.5.4 条规定"自动控制或连锁控制的电动机应有手动控制和解除自动控制或连锁控制的措施；远方控制的电动机应有就地控制和解除远方控制的措施；当突然起动可能危及周围人员安全时，应在机械旁装设起动预告信号和应急断电控制开关或自锁式停止按钮"。一个生产车间或仓库，彩钢板屋面或混凝土屋面上有若干排烟风机，控制箱设在哪里？屋面上还是室内？有无必要装设就地控制按钮？若控制箱设在屋面上，每台风机都设就地按钮，不但搞得很复杂，管线又多又长，而且又带来了防雨、防雷等问题。有人认为，这种屋面是不会经常有人上去的，就地按钮也没大用，只要写上警示牌就可以了。这种情况不知道该怎么处理。

【分析与对策】 规范明确要求就地控制按钮或控制开关宜装设在电动机附近便于操作

和观察的地点。混凝土建筑屋面上应设置就地操作按钮箱。彩钢板屋面较薄，不适宜人员攀爬操作，一般可考虑设置在便于观察设备运行的场所。

【问题18】《住宅建筑规范》GB 50368—2005、《住宅设计规范》GB 50096—2011均要求住宅内1.8m及以下采用的插座采用安全型，但《家用和类似用途插头插座 第1部分：通用要求》中根本就没有安全型插座的定义，插座只分带保护门和不带保护门，住宅1.8m及以下插座是否可按《通用用电设备配电设计规范》GB 50055—2011要求采用带保护门插座?

【分析与对策】 带保护门插座即为安全型插座，不带保护门的插座即为普通插座。《通用用电设备配电设计规范》GB 50055—2011条文解释第8.0.6条已明确指出。

【问题19】 住宅建筑的门厅应设置便于残疾人使用的照明开关（《住宅建筑电气设计规范》JGJ 242—2011第9.2.4条）。便于残疾人使用的开关指的是什么?

【分析与对策】 便于残疾人使用，一般应考虑照明开关的安装高度和开关面板使用方式应符合残疾人的身体状况的要求。

【问题20】 根据《通用用电设备配电设计规范》GB 50055—2011第3.3.4条的规定，电梯或自动扶梯的供电导线应根据电动机铭牌额定电流及其相应的工作制确定，并应符合下列规定：(1) 单台交流电梯供电导线的连续工作载流量应大于其铭牌连续工作制额定电流的140%或铭牌0.5h或1h工作制额定电流的90%。(2) 单台直流电梯供电导线的连续工作载流量应大于交直流变流器的连续工作制交流额定输入电流的140%。

问题是，在施工图设计时，电梯没有订货也不可能到货，所谓名牌数据应是在设备到货后，由建设单位经开箱取得。在施工图设计不可能取得名牌数据，该如何执行?

【分析与对策】《建筑工程设计文件编制深度规定》(2017年版) 第1.0.5条3款规定，施工图设计文件编制深度，应满足设备材料采购、非标准设备制造和施工的需要。在不知道设备名牌数据等情况下，可按类似设备的常用参数作为参考依据。

【问题21】 消防管道电伴热供电的可靠性与安全性如何保证。消防管道电伴热供电应属于消防用电。为了保证供电的可靠性，根据规范要求消防设备的供电线路漏电保护不应动作于跳闸。但消防管道为金属管道，一般线路长度较长，敷设环境复杂。电伴热线路紧贴金属管道，在线路绝缘破坏的情况下，很容易造成消防管道成为带电导体。严重威胁到人身安全。设与不设漏电保护，成为两难的选择。

【分析与对策】 在电伴热供电支线路上，加漏电保护断路器，带故障跳闸报警接点。当漏电跳闸时，通过报警接点连通消防报警系统总线模块，将跳闸信号传至消防控制中心报警。值班人员及时处理消防管道电伴热线路漏电跳闸的故障，即保证了人员的安全，又不影响消防管道的安全运行。

【问题22】 地下车库内的潜污泵均为非消防负荷。

【分析与对策】 地下车库内的潜污泵均为非消防负荷有误，一旦发生火灾，非消防设施应切除电源，有可能使潜污泵断电。在启动消火栓灭火时，地下车库内的消防积水不能得到迅速排除。为此，应有适当数量的潜污泵设置为消防负荷而采用双回路电源供电。

5.3 照明设计

【问题 1】 一类高层建筑及重要的公共场所等防火要求高的建筑物一般照明导线采用普通导线。

【分析与对策】 根据《民用建筑电气设计规范》JGJ 16—2008 第 7.4.1 条第 2-3）款要求：对一类高层建筑以及重要的公共场所等防火要求高的建筑物，应采用阻燃低烟无卤交联聚乙烯绝缘电力电缆、电线或无烟无卤电力电缆、电线。

【问题 2】 汽车库消防疏散指示方向是按车行方向还是人行方向设置。

【分析与对策】 应按人行方向设置。

【问题 3】 火灾应急照明中的备用照明与疏散照明是否不论工程大小，均应分回路设置。

【分析与对策】 根据《民用建筑电气设计规范》JGJ 16—2008 第 13.8.1 条，火灾应急照明应包括疏散照明、备用照明。供消防作业及救援人员继续工作的场所，应设置备用照明；供人员疏散，并为消防人员撤离火灾现场的场所，应设置疏散指示标志灯和疏散通道照明。根据《民用建筑电气设计规范》JGJ 16—2008 第 13.8.6 条的设计要求，备用照明与疏散照明的最少持续供电时间要求是不一样的。火灾时，为减少线路故障对备用照明与疏散照明的相互供电影响，火灾应急照明中的备用照明与疏散照明应根据《民用建筑电气设计规范》JGJ 16—2008 第 13.9.12 条 4 款要求，不论工程大小，均应分回路设置。

【问题 4】 自带蓄电池的应急照明灯具能否采用切断电源的方式点亮？

【分析与对策】 当应急照明定为一级或二级负荷时，有关规范都要求双重电源或双回路供电；如果采取切断电源来点亮带蓄电池的应急照明灯具，切断市电后仅靠灯具所带蓄电池供电，这就失去了应有的电源保证，有违双重电源或双回路供电的初衷，显然不符合规范设计要求。

【问题 5】 《建筑设计防火规范》GB 50016—2014 第 10.3.2 条与《建筑照明设计标准》GB 50034—2013 第 5.5.4 条规定的场所不同，对某些场所规定的照度要求也不一致，如何执行。

【分析与对策】 当相同场所的照度要求不一致时，应按照《建筑设计防火规范》GB 50016—2014 第 10.3.2 条设计要求实施。

5.4 弱电设计

【问题 1】 关于 2013 年 4 月 1 日起实施《住宅区和住宅建筑内光纤到户通信设施工

程设计规范》GB 50846—2012 的工程界面问题。

【分析与对策】 目前在项目实施中仍有用户接入点至户内的线缆没有穿放，房地产开发企业仍想交于电信业务经营者负责穿放，不能满足用户自由选择运营商的条件要求。《住宅区和住宅建筑内光纤到户通信设施工程设计规范》GB 50846—2012 条文中明确要求：房地产开发企业、项目管理者不得就接入和使用住宅小区和商住楼内的通信管线等通信设施与电信运营企业签订垄断性协议，不得以任何方式限制其他电信运营企业的接入与使用，不得限制用户自由选择电信业务的权力。

下图为电信运营商与住宅建设方分工界面图：

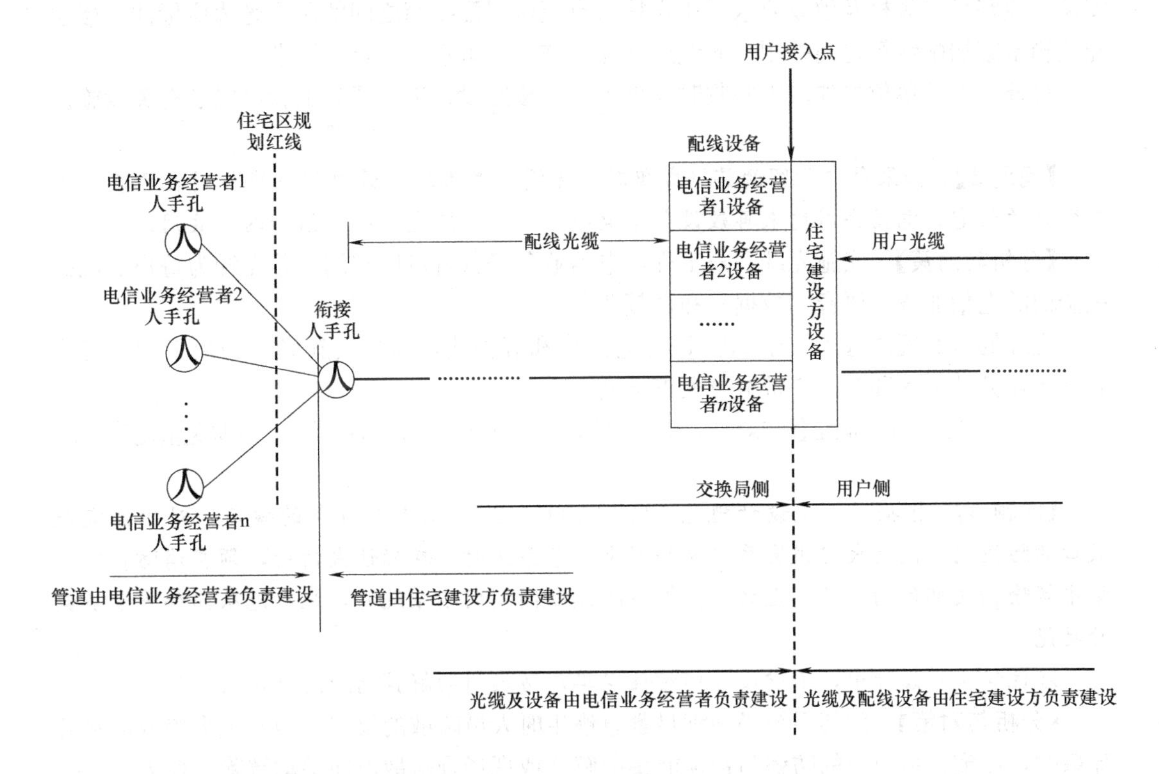

住宅建筑通信设施工程建设分工应符合下列规定：

（1）用户接入点设置的配线设备：

1）电信业务经营者和住宅建设方共用配线箱或光缆交接箱时，由住宅建设方负责箱体的建设；

2）电信业务经营者和住宅建设方分别设置配线箱或配线柜时，各自负责箱体或机柜的建设；

3）交换局侧的配线模块由电信业务经营者负责建设，用户侧的配线模块由住宅建设方负责建设。

（2）用户接入点交换局侧以外的配线设备及配线光缆，应由电信业务经营者负责建设；用户接入点用户侧以内配线设备、用户光缆及户内家居配线箱、终端盒、信息插座、用户线缆，应由住宅建设方负责建设。

（3）住宅区内通信管道及住宅建筑内配线管网，应由住宅建设方负责建设。

(4) 住宅区及住宅建筑内通信设施的安装空间，应由住宅建设方负责提供。

【问题 2】 关于光纤到户（FTTH）设计深度的问题。

【分析与对策】 一是住宅区内通信相关设计图纸不全，缺少通信系统总平面图、地下通信管道设计图、用户配置图等；二是用户接入点至配线箱、家居布线箱，只有配线管网设计，未体现光缆配置，标注不完整；三是部分工程虽然按照光纤到户国家标准要求设计，但是设备间、电信间面积不足，设计中未体现线缆与配线设备的选型要求。

依据《建筑工程设计文件编制深度规定》(2017 年版) 有关规定，应说明各设备定位安装、线路型号规格及敷设要求。用户接入点至楼层配线箱之间的用户光缆应标注。楼层配线箱至家居配线箱之间的用户光缆应标注。施工图审查中应重点要求。

另外，设计单位参加竣工验收时要核查是否按照设计进行了施工和设置了有关设施。

【问题 3】 如果每户预留两芯（或单芯）光缆，是否还要设电话电缆？现在已实施光纤到户的住宅，电信公司均未再敷设电话电缆，采用一芯光纤给电话和网络共用。

【分析与对策】 实施光纤到户工程，电信业务经营者可以利用一芯光纤为每户居民提供全面的电信业务（语音、数据）和视频业务。

光纤的带宽资源远远大于 ADSL 的电话线和五类线，通过实施光纤到户工程，可为后续新业务的引入和对入户带宽更大需求铺平道路。

光纤到户工程能够满足住户对电话业务的需求，不应再另敷设语音线缆，应避免重复建设。

【问题 4】 根据《住宅设计规范》GB 50096—2011 第 8.7.9 条的规定，对于住宅疏散口的防盗门，设有火灾报警系统或联网型门禁系统时，在确认火情后，须在消防控制室集中解除相关部位的门禁，无火灾报警系统或联网型门禁系统时，应有能从内部手动解锁的功能。

在住宅工程设计中，不少设计仍对住宅单元防盗门的解锁问题没有任何交代。

【分析与对策】 门禁系统必须满足紧急逃生时人员疏散的要求。当发生火警或需紧急疏散时，住宅楼疏散门的防盗门锁须能集中解除或现场顺疏散方向手动解除，使人员能迅速安全疏散。设有火灾自动报警系统或联网型门禁系统时，在确认火情后，须在消防控制室集中解除相关部位的门禁。当不设火灾自动报警系统或联网型门禁系统时，要求能在火灾时不需使用任何工具就能从内部徒手打开出口门，以便于人员的逃生。无论采用何种解除门禁的方式，设计说明中应提出措施要求。

【问题 5】 哪些多层建筑应设火灾自动报警系统宜统一规定。如：小学校是否设？按《建筑设计防火规范》GB 50016—2014 第 8.4.1 条 7 款，小学校是否为儿童活动场所。

【分析与对策】 哪些多层建筑应设火灾自动报警系统，应依据《建筑设计防火规范》GB 50016—2014 及相关类别的建筑规范设计要求而定。《建筑设计防火规范》GB 50016—2014 第 8.4.1 条 7 款明确："大、中型幼儿园的儿童用房等场所，老年人建筑，任一层建筑面积 $1500m^2$ 或总建筑面积大于 $3000m^2$ 的疗养院的病房楼、旅馆建筑和其他儿童活动场所，不少于 200 床位的医院门诊楼、病房楼和手术部等"，应设置火灾自动报警系统。上述场所使用人员的特点是行为能力弱、常需他人帮助。小学校是少年儿童集聚的场所，学龄后的儿童具有一定的自我保护的能力，该规范条文并未包含小学校等场所。

【问题 6】 有一些按电气专业规范无需设火灾自动报警系统的小型公建，水专业设有喷淋系统的水流指示器和信号阀（无其他消防联动设备），是否为此而设置整个报警系统？

【分析与对策】 依据《民用建筑电气设计规范》JGJ 16—2008 第 13.4.4 条规定，消防控制室对水流指示器和信号阀应进行监测。没有设置消防报警系统的小型公建及其他建筑物等，不必执行该规定的相关要求。若水专业对喷淋系统的水流指示器和信号阀提出检测要求，应与水专业商议实施监测和显示报警信号的方式及场所。

【问题 7】 地下车库通道上防火卷帘门两侧的防火灾探头设置有两种意见，一种是：火灾探头动作时，防火卷帘门一落到底。另一种说法是：采用两步落地，烟感动作后短时内还是可以开车逃生。

【分析与对策】 防火卷帘门控制应采用两步降落控制方式。

《火灾自动报警系统设计规范》GB 50116—2013 第 4.6.3 条条文说明："设置在疏散通道上的防火卷帘，主要用于防烟、人员疏散和防火分隔，因此需要两步降落方式。""地下车库车辆通道上设置的防火卷帘也应按疏散通道上设置的防火卷帘的设置要求设置。"

【问题 8】 气体灭火的变配电室排风机未在变配电室门外设置显示装置及控制按钮，不满足《气体灭火系统设计规范》GB 50370—2005 第 5.0.4（强条）及 5.0.5 条规定。

【分析与对策】 通常情况下，变配电室不需设置气体灭火装置。对于有特殊要求的变配电所，在实施气体灭火装置时，其控制方式和配套装置应依据相关规范要求与相关专业人员协商配置。

【问题 9】 消防水泵房、配变电室、防排烟机房等场所，未按设计要求设置消防专用电话分机。

【分析与对策】 常见问题。《火灾自动报警系统设计规范》GB 50116—2013 第 6.7.4 条 1 款明确规定：消防水泵房、发电机房、配变电室、计算机网络机房、主要通风和空调机房、防排烟机房、灭火控制系统操作装置处或控制室、企业消防站、消防值班室、总调度室、消防电梯机房及其他与消防联动控制有关的且经常有人值班的机房应设置消防专用电话分机。消防专用电话分机，应固定安装在明显且便于使用的部位，并应有区别于普通电话的标识。

火灾时，上述所列部位是消防作业的主要场所，与这些部位的通信一定要畅通无阻，以确保消防作业的正常进行。

【问题 10】 地下车库有通风排烟系统，电气专业按规范要求可不做火灾报警，这种情况如何实现火灾时联动通风排烟设施

【分析与对策】 应设置火灾自动报警系统，满足火灾时通风排烟设施的联动控制要求。

【问题 11】 住宅访客对讲系统电源是否属于消防电源。

【分析与对策】 住宅访客对讲系统属于安全防范系统，住宅访客对讲系统的供电电源不属于消防电源。

【问题 12】 每户未设紧急求助报警装置，不满足《住宅建筑电气设计规范》JGJ 242—2011 第 14.3.5 条规定。

【分析与对策】 常见问题。《住宅建筑电气设计规范》JGJ 242—2011 第 14.3.5 条规定每户应至少安装一个紧急求助报警装置，紧急求助信号应能报至监控中心。

【问题 13】 防火卷帘门两侧专门用于联动的火灾探测器由一侧总线连接时，是否按《火灾自动报警系统设计规范》GB 50116—2013 第 3.1.6 条要求设置短路隔离器。

【分析与对策】 应按《火灾自动报警系统设计规范》GB 50116—2013 第 3.1.6 条要求设置短路隔离器。

总线穿越防火分区时，应在穿越处设置总线短路隔离器，是考虑穿越后的防火分区部件一旦出现故障，短路隔离器可对故障部件进行隔离，可以最大限度地保障本防火分区（穿越前防火分区）总线的整体功能不受故障部件的影响。

总线包括报警总线和电源线．总线短路隔离器应能隔离故障的报报警总线和电源线。

【问题 14】 住宅建筑在火灾等紧急情况下门禁不能自动打开，不满足《住宅设计规范》GB 50096—2011 第 8.7.9 条规定。

【分析与对策】 通过输入输出模块将门禁接入消防系统，通过消防联动控制门禁及时打开。

【问题 15】 在火灾集中报警系统、控制中心报警系统的设计中，报警、消防联动控制共用二总线传输，二总线线缆却采用阻燃型线缆。

【分析与对策】 在火灾报警及联动控制系统设计中，设计人员大部分采用共用两总线的信号传输方式，在此状况下，二总线不仅传输报警信号，还传输消防联动控制信号。

消防联动控制线路需要在火灾时继续工作，应具有相应的耐火性能（详见规范条文说明），总线线缆采用阻燃型线缆已不能满足消防联动控制的设计要求，二总线传输线路应采用耐火型线缆。

【问题 16】 二类高层住宅公共场所何种情况下要设火灾自动报警系统。

【分析与对策】 二类高层住宅公共场所是否设置火灾自动报警应按《建筑设计防火规范》GB 50016—2014 的有关条文确定，要看二类高层住宅的具体情况而定。按《民用建筑电气设计规范》JGJ 16—2008 第 13.1.3 条有关设计要求，设有消防联动控制要求的二类高层住宅公共场所应设置火灾自动报警系统。

【问题 17】 关于消防控制室的门，《建筑设计防火规范》GB 50016—2014 第 6.2.7

条规定为乙级防火门，《民用建筑电气设计规范》第 23.3.2 条规定为外开双扇甲级防火门，请问以哪个标准为准？

【分析与对策】 应以《建筑设计防火规范》GB 50016—2014 第 6.2.7 条规定为准。

5.5　防雷、接地设计

【问题 1】 加油站金属罩棚防雷设计，利用金属屋面做接闪器，壁厚要求是否要按下面有易燃物品的壁厚来要求。

【分析与对策】 可划分为第二类防雷建筑物，可利用其金属屋面做接闪器，屋面金属板壁厚应按下面有易燃物品来要求。

【问题 2】 《建筑物防雷设计规范》GB 50057—2010 第 4.1.2 条："各类防雷建筑物应设内部防雷装置，并应符合下列规定：……"此条文是否必须明确写在说明中，如果不列出，但设计已做，是否算违反强条？

【分析与对策】 如按《建筑物防雷设计规范》GB 50057—2010 第 4.1.2 条设计，就应视为符合设计要求。

《建筑物防雷设计规范》GB 50057—2010 第 4.1.2 条为强制性条文，防雷分为外部防雷和内部防雷以及防雷击电磁脉冲。建筑物防雷设计通常分三部分：（1）外部防雷设计——建筑物防直击雷设计；（2）内部防雷设计——包括防闪电感应、防反击以及防闪电电涌侵入和防生命危险等的防雷设计，通常采取建筑物内设置总等电位联结方式而满足防雷要求；（3）防雷击电磁脉冲——防雷电流对建筑物内系统（包括线路和设备）引发的电磁效应，它包含防经导体传导的闪电电涌和防辐射脉冲电磁场效应，通常采取设置电涌保护器或设置磁场屏蔽、接地和等电位连接等措施。依据《建筑工程设计文件编制深度规定》（2017 年版），建筑电气设计说明中应包括防雷及接地保护等其他系统有关内容（亦可附在相应图纸上）。可参照 09DX003《民用建筑工程电气施工图设计深度图样》的施工设计说明中"建筑物防雷、接地及安全"及防雷平面图和接地平面图。

【问题 3】 《建筑物防雷设计规范》GB 50057—2010 第 4.4.3 条对专设引下线定义不明确，有审图公司要求在柱筋以外专设引下线，理由是建筑物至少需要设两根专设引下线。

【分析与对策】 《建筑物防雷设计规范》GB 50057—2010 第 4.4.3 条关于专设引下线的要求并无歧义，问题在于如何判别建筑物是否需要专设引下线。第 4.4.5 条已明确"建筑物宜利用钢筋混凝土屋面、梁、柱、基础内的钢筋作为引下线和接地装置"。为节省工程投资，依据 4.4.5 条规定，在利用建筑构件内钢筋作引下线其材料和尺寸满足规范要求时，不需再专设引下线。有审图公司要求在柱筋以外专设引下线是不必要的，只有当不能采用 5.3.8 条的规定时才设专设引下线。

【问题 4】 《建筑物防雷设计规范》GB 50057—2010 第 5.3.8 条：第二类防雷建筑物或第三类防雷建筑物为钢结构或钢筋混凝土建筑物时，在其钢构件或钢筋之间的连接满足本规范规定并利用其作为引下线的条件下，当其垂直支柱均起到引下线的作用时，可不要求满足专设引下线之间的间距。(1) 在剪力墙结构的住宅中，如果所有垂直支柱即结构柱内钢筋作为引下线时，是否均需与屋顶接闪器相连，仅周圈结构柱相连是否满足要求？(2) 如果利用周圈结构柱内钢筋作为引下线，引下线间距同时满足专设引下线的间距要求是否可行？

【分析与对策】 (1) 在剪力墙结构的住宅建筑中，当按《建筑物防雷设计规范》GB 50057—2010 第 5.3.8 条规定将建筑物的所有垂直支柱均作为引下线时，可不要求满足专设引下线之间的间距。若仅利用建筑物周圈结构柱作为引下线，应满足规范的二条规定：一是第 4.5.6 条要求防雷引下线不应少于 10 根；二是第 4.3.3 条要求引下线间距不应大于 25m。(2) 利用周圈结构柱内钢筋作为引下线，且引下线间距同时满足专设引下线的间距要求是符合规范规定的。

【问题 5】 关于 SPD 的电压保护水平：《建筑物防雷设计规范》GB 50057—2010 第 4.3.8 条、第 4.4.7 条规定，SPD 的电压保护水平值应≤2.5kV。该规范第 6.4.4 条规定，耐冲击电压额定值一般用电设备（如家用电器和类似设备）$U_w=2.5\text{kV}$，特殊需要保护的设备（含有电子电路的设备，如计算机、有电子程序的设备）$U_w=1.5\text{kV}$。第 6.4.6 条规定，SPD 的电压有效保护水平：（1）对于限压型 SPD，$U_{p/f}=U_p+\Delta U$；(2) 对于开关型 SPD，$U_{p/f}=U_p$ 或 $U_{p/f}=\Delta U$。式中，$U_{p/f}$ 为 SPD 的电压有效保护水平 (kV)；U_p 为 SPD 的电压保护水平 (kV)；ΔU 为 SPD 的两端引线的感应电压。审图时经常发现，绝大部分设计人员选择 SPD 的时，不管第几级 SPD，不管 SPD 的位置及保护那类设备，一律标上 $U_p\leqslant 2.5\text{kV}$。这是不对的，SPD 的有可能需 $U_p\leqslant 2.0\text{kV}$，也有可能需 $U_p\leqslant 1.2\text{kV}$。

【分析与对策】 应明确的是，选用 SPD 的电压保护水平值应与建筑物或构筑物的防雷等级以及防雷要求和建设投资有关。理论上，SPD 的电压保护水平值越小，其对雷电压的反应灵敏度越高，限制雷电压也越低。当然，要求的投资费用越高，这是技术经济的投资效益问题。防雷规范对一、二、三类防雷建筑物都已做了强制性要求的规定：电涌保护器的电压保护水平值应小于或等于 2.5kV。这也说明在未经建筑物防雷电压水平值校验的情况下，选用电压保护水平值小于或等于 2.5kV 的电涌保护器是可行的。当设计选用电压保护水平值更小的电涌保护器时，因超出规范明确的取值范围，则应提供相关的电压水平值校验计算书，以审查其设计的合理性。

【问题 6】 小学教学楼因为规模较小而忽略防雷计算，定为三类防雷建筑。

【分析与对策】 忽略防雷计算是错误的。无论小学教学楼的规模大小，均应进行防雷分类的计算校验。小学教学楼属于人员密集的公共建筑物，应依据《建筑物防雷设计规范》GB 50057—2010 第 3.0.3 条、3.0.4 条规定，校验预计雷击次数，确定建筑物的防雷等级。

【问题 7】 对防雷计算结果不满足第三类防雷建筑物设置要求，且没有设置防直击雷保护的建筑物，是否需在进线总配电箱内设置电涌保护器。

【分析与对策】 应分三种情况处理：(1) 当建筑物内设置有变电装置时，在变压器的高低压侧均应设置电涌保护器，如变配电站、杆式变电站、台式变电站等。(2) 依据《民用建筑电气设计规范》JGJ 16—2008 第 11.5.3 条要求，对于不装设防雷装置的所有建筑物和构筑物，应在进户处将绝缘子铁脚连同铁横担一起接到电气设备的接地网上，并应在室内总配电箱装设电涌保护器。(3) 除上述二种情况外的其他建筑物可不设置电涌保护器。

【问题 8】 常见问题。电气系统图中选配的电涌保护器应标明各项参数。

【分析与对策】 电涌保护器分两种类型：一种是户外型或称“开关型”，电涌保护器与电缆金属外皮、钢管和绝缘子铁脚、金具等连在一起接地，适宜于电源电缆为架空进线或架空进线转电缆埋地敷设，按《建筑物防雷设计规范》GB 50057—2010 第 4.3.8 条第 4 条规定，第二类防雷建筑物的电涌保护器应选用Ⅰ级试验产品（10/350μs 波形），其电压保护水平应小于或等于 2.5kV，其每一保护模式的冲击电流值大于或等于 12.5kA 10/350μs。另一种是户内型或称“限压型”电涌保护器，适宜于电缆全程埋地敷设，为Ⅱ级分类试验（8/20μs 波形），第二类防雷建筑物的电源进线配电箱内电涌保护器的电压保护水平应小于或等于 2.5kV，标称放电电流值为 60kA 8/20μs。选用电涌保护器应标明极数：在 TN-C-S 系统，进线处电涌保护器应选用三极，其后各级均应选用四极；TN-S 系统电涌保护器应选用四极。

【问题 9】 屋顶太阳能热水器未采取防雷措施，不满足《民用建筑太阳能热水系统应用技术规范》GB 50364—2005 第 4.3.2 及 5.6.2 条规定。

【分析与对策】 设计深度不够。应在屋顶防雷平面图中明确太阳能热水器的防雷措施。

【问题 10】 外低压电源线路引入的总配电箱内能装设Ⅱ级试验的电涌保护器吗？《建筑物防雷设计规范》GB 50057—2010 第 4.3.8 条 4 款、4.4.7 条 1 款规定只能装设Ⅰ级试验的电涌保护器，而《建筑物电子信息系统防雷技术规范》GB 50343—2012 第 5.4.3 条 7 款规定可装设Ⅰ级或Ⅱ级试验的电涌保护器，两本规范的规定不一致，如何执行？

【分析与对策】 应按《建筑物防雷设计规范》GB 50057—2010 装设Ⅰ级试验的电涌保护器。

《建筑物电子信息系统防雷技术规范》GB 50343—2012 第 5.4.3 条 7 款的条文解释中说，允许采用Ⅱ级试验的电涌保护器是征求各方专家的意见而定，且是鉴于现状，可见其主观上是倾向于采用Ⅰ级试验的电涌保护器。

【问题 11】 住宅楼与小区地下车库相连通，地下车库内设置有变配电室，住宅楼电源进线的接地形式，采用 TN-S 系统还是 TN-C-S 系统。

【分析与对策】 住宅楼电源进线的接地形式采用 TN-S 系统或 TN-C-S 系统的情况均为常见，为何？均有说词。采用 TN-S 系统的理由是：住宅楼与地下车库连通，住宅楼供电线缆均为电缆桥架室内敷设，依据《建筑物防雷设计规范》GB 50057—2010 第 6.1.2 条规定，供电线路必须采用 TN-S 的接地形式。采用 TN-C-S 系统的理由是：对住宅楼而言，建筑物总配电箱是住宅楼电源进户处的配电室，不是地下车库内的变配电室，无论住宅楼电源进户处前的电源状态如何，只要满足从住宅楼电源进线配电箱起供给本建筑物内的配电线路和分支线路必须采用 TN-S 系统即可。从配电系统的接地要求来看，两种接地形式均未违反规定，对住宅楼内供电安全可靠性相同，其区别是：(1) TN-S 系统适用于设有变电所的建筑物场所，TN-C-S 系统宜用于不附设变电所的建筑物场所；(2) 在 TN 系统中，中性点应直接接地，中性导体对地线路不宜过长，以免线路电阻增大。而 TN-S 系统的 N 线在车库变配电所接地，比 TN-C-S 系统增长了车库线路，N 线接地电阻相应增大；(3) TN-S 系统比 TN-C-S 系统多使用一根线，建设投资稍大。

【问题 12】 对《建筑物防雷设计规范》GB 50057—2010 第 3.0.3 条 9 款、第 3.0.4 条 2 款的人员密集的公共建筑物的因素未予考虑。

【分析与对策】 人员密集的公共建筑物，是指如集会、展览、博览、体育、商业、影剧院、医院、学校等建筑物（依据《建筑物防雷设计规范》GB 50057—2010 第 3.0.2 条条文说明）。

当人员密集的公共建筑物的预计雷击次数大于 0.05 次/a 时，应按第二类防雷建筑物进行防雷设计。当人员密集的公共建筑物的预计雷击次数大于或等于 0.01 次/a，且小于或等于 0.05 次/a 时，应按第三类防雷建筑物进行防雷设计。

【问题 13】 请明确学生宿舍、学生公寓是居住建筑还是公共建筑，以便进行相应的防雷设计。

【分析与对策】《宿舍建筑设计规范》JGJ 36—2005 第 4.5.4 条条文解释："宿舍属于居住建筑，但又有公共建筑人员密集、人流交通量大和使用时间集中的特点"。因此，学生宿舍、学生公寓应属于居住建筑。

《建筑设计防火规范》GB 50016—2014 第 5.1.6 条条文解释："这里所指人员密集场所，为《中华人民共和国消防法》第七十三条所规定的场所，即：公众聚集场所，医院的门诊楼、病房楼，学校的教学楼、图书馆、食堂和集体宿舍，养老院，福利院，托儿所，幼儿园，公共图书馆的阅览室，公共展览馆、博物馆的展示厅，劳动密集型企业的生产力日工车间和员工集体宿舍，旅游、宗教活动场所等"。

《中小学校设计规范》GB 50099—2011 第 10.3.3 条文解释：学校建筑为人员密集场所。

《建筑物防雷设计规范》GB 50057—2010 第 3.0.2 条条文说明注明：人员密集的公共建筑物，是指如集会、展览、博览、体育、商业、影剧院、医院、学校等建筑物

综上所述，学生宿舍、学生公寓在进行防雷设计时，应视其为人员密集的公共建筑物，并根据雷击次数确定建筑物防雷类别。

5.6 材料与设备选择设计

【问题 1】 住宅内 1.8m 以下安装的插座，若未注明采用"安全型"，是否算违反强条？

【分析与对策】《住宅建筑规范》GB 50386—2005 通篇为“强条”。其第 8.5.5 条规定，“安装在 1.8m 及以下的插座均应采用安全型插座”。故在图纸中未注明此点的，可判违反强条。

【问题 2】 道路照明设计中，长距离供电线路不核算灯具末端电压降数据。

【分析与对策】 长距离照明供电线路应计算末端灯具压降，使其满足《城市道路照明设计标准》CJJ 45—2006 第 6.1.3 条规定。

【问题 3】 配电箱馈线电缆规格与相应的断路器规格不匹配。

【分析与对策】 常见问题。配电线路的导体的类型应按敷设方式及环境条件选择。导体的截面应满足《低压配电设计规范》GB 50054—2011 第 3.2.2 条的规定，并应与短路保护和过负荷保护装置相匹配。

【问题 4】 动力配电箱馈线开关采用微型断路器，不校验其短路分断能力。

【分析与对策】 微型断路器的开断能力较低，通常使用在配电最末级。当用于配电第一级或中间级时，应对断路器的短路分断能力进行校核。

【问题 5】《民用建筑电气设计规范》JGJ 16—2008 第 13.10.4 条 4 款规定：消防设备的分支线路和控制线路，宜选用与消防供电干线或分支干线耐火等级降一类的电线或电缆。“与消防供电干线或分支干线耐火等级降一类的电线或电缆”中的降一类怎么理解。

【分析与对策】 消防设备的分支线路和控制线路宜选用与消防供电干线或分支干线耐火等级降一类的电线或电缆。有设计将“降一类”理解为：供电干线为耐火等级，而分支线路可采用阻燃导线，这是错误的。降一类应理解为耐火等级降一个等级标准。耐火类的导线按导线的耐火性能分为多级别。本条规范就已明确：耐火电缆就分矿物绝缘电缆、有机绝缘电缆等等，其耐火等级是不相同的。以《民用建筑电气设计规范》JGJ 16—2008 第 13.10.4 条为例，火灾自动报警系统保护对象分级为特级的建筑物应采用矿物绝缘电缆，为一级的建筑物可采用有机绝缘耐火类电缆等。《电力工程电缆设计标准》GB 50217—2018 第 7.0.7 条明确要求消防、报警、应急照明等线路应实施耐火防护或选用具有耐火性的电缆。

5.7　绿色建筑设计

【问题 1】 给太阳能系统设备供电的回路未具有剩余电流保护、接地和断电等安全措施，不满足《民用建筑太阳能热水系统应用技术规范》GB 50364—2005 第 5.6.2 条规定。

【分析与对策】 依据《民用建筑太阳能热水系统应用技术规范》GB 50364—2005 第 5.6.2 条规定，太阳能热水系统中所使用的电器设备应有剩余电流保护、接地和断电等安全措施。该条为强条，审图中应严格执行。太阳能热水系统集热装置一般设置在建筑物屋顶等场所，其供电电源配置系统还应按照《建筑物防雷设计规范》GB 50057—2010 第 4.5.4 条规定设置电涌保护器等防止闪电电涌侵入的措施。

【问题 2】 住宅设计中节能说明只对灯具要求采用高效灯具，而不对光源进行设计要求，在图中只说明“由甲方自理”。

【分析与对策】 该做法设计深度不够。《建筑工程设计文件编制深度规定》（2017 年版）第 4.5.3 条明确要求在建筑电气设计说明中应有电气节能措施。根据《住宅建筑规范》GB 50368—2005 第 10.1.4 条规定，住宅公共部位的照明应采用高效光源、高效灯具和节能控制措施，应在施工图设计说明中提出措施和要求。

【问题 3】 在施工图设计中，如何满足《住宅建筑规范》GB 50368—2005 第 10.1.4 条、第 10.1.5 条的设计要求。

【分析与对策】《住宅建筑规范》GB 50368—2005 第 10.1.4 条“住宅公共部位的照明应采用高效光源、高效灯具和节能控制措施”和第 10.1.5 条“住宅内使用的电梯、水泵、风机等设备应采取节电措施”，都是强制性条文，必须严格执行。

采用高效光源、高效灯具，是照明节能设计的基本要求；走廊、楼梯间应采用定时、感应等节能控制措施；合理选用节能型电气设备，满足相关现行国家标准的节能评价值要求。

第6章 市政工程

6.1 道桥工程

6.1.1 道路工程设计

【问题1】 施工图设计文件中采用过时作废的规程规范问题。

【分析与对策】 道路工程施工图设计说明中采用的规程规范、技术标准应为有效版本，但施工图设计中采用已过时作废的规程规范作为设计依据的问题常有发生，特别是采用或参考的公路工程技术规范过时作废的较多，例如：《公路沥青路面设计规范》JTG D50—2006，有效版本应为JTG D50—2017，《公路路线设计规范》JTG D20—2006，有效版本应为JTG D20—2017，《公路路基设计规范》JTG D30—2004，有效版本应为JTG D30—2015，《公路路面基层施工技术规范》JTJ 034—2000已作废，应采用《公路路面基层施工技术细则》JTG/T F20—2015，《公路钢筋混凝土及预应力混凝土桥涵设计规范》JTG D62—2004将作废，新版本编号为JTG 3362—2018。采用的市政道路设计规程规范有时也存在过时作废问题，应引起高度重视。

设计单位应加强对标准规范的有效管理，关注规范更新信息，可通过工标网进行规程规范的有效性查询，加强对新规程规范的学习，确保设计采用的规程规范为当前有效版本。专业设计人员应关注本专业规程规范的修订及相关的内容更新和条款的变化，及时更新设计依据内容，保证采用的规程规范为现行有效版本。

【问题2】 设计内容不完整、设计深度未达到建设部规定的施工图设计深度要求问题。

【分析与对策】 住房和城乡建设部工程质量安全监管司组织编写了《市政公用工程设计文件编制深度规定（2013年版）》并于2013年4月10日发布实施，对照编制规定要求，有的施工图设计文件内容和深度未达到编制深度要求，主要表现为：设计总说明太笼统，设计依据、设计标准、采用的主要技术指标、施工规程规范、工程验收标准等叙述不清，不便于实际操作；没有按照相应的道路等级，选取设计速度，在道路设计说明中，没有道路交通量达到饱和状态时的道路设计年限和路面设计基准期及设计基准期内的累计标准轴次；所使用建筑材料技术指标不符合现行规范规定，对路基路面施工工艺的说明不够详尽，指导施工困难。

为使道路工程设计达到技术先进、经济合理，在设计年限内安全适用、保证质量，并有较好的社会效益和环境效益，遵循和体现以人为本、资源节约、环境友好的设计原则，正确执行国家或行业技术规范和标准是实现上述目标的技术保障。其中，《工程建设标准强制性条文》是直接涉及人民生命安全、环境保护和公众利益的重要内容，必须严格执行。

市政道路施工图设计应以城市道路及公路工程部分的《工程建设标准强制性条文》为准则，以市政工程道路设计规程、规范为指南，严格执行住房和城乡建设部颁发的现行《市政公用工程设计文件编制深度规定（2013年版）》的相关要求。

【问题3】 道路技术标准设计中，道路等级、设计速度、路面设计使用年限不协调问题。

【分析与对策】 道路技术标准设计中，应根据道路等级，确定道路的设计速度，根据采用的设计速度，来设计道路的平、纵、横、路基、路面等各项技术指标。但在设计审查中发现，某城市道路等级为“城市次干路，设计速度采用20km/h，水泥混凝土路面设计使用年限采用15年”，不妥，应按照《城市道路工程设计规范》CJJ 37—2012（2016年版）第3.2.1条及第3.5.2条的规定，城市次干路设计速度最小应采用30km/h，次干路水泥混凝土路面的设计使用年限为20年。

道路施工图设计应根据城市总体规划及批准的初步设计所确定的道路等级、红线宽度、横断面类型、路面控制标高、地上杆线与地下管线布置等进行设计，应按道路等级、设计速度、设计年限、通行能力和服务水平等确定道路平面和纵断面线形标准，根据道路的车辆组成等交通特性合理地选用横断面形式及路面结构，注重道路海绵城市设计，并应考虑足够的绿化用地，以减轻噪声、废气和振动等交通公害对沿线环境的影响及污染。

【问题4】 道路平、纵断面图中存在的一些常见问题

【分析与对策】 平面图中机动车道、非机动车道、人行道宽度无标注，无平面曲线要素表、逐桩坐标表，设计文件中缺少控制工程实施的平面、高程控制资料；道路平面曲线半径和缓和曲线长度设计不能满足规范要求。在小半径曲线道路的超高设计中，超高段的起点、终点位置，超高段的长度及超高渐变率的设计，不够合理。

纵断面图中，道路最小纵坡小于0.3%，且未设置锯齿形边沟或采用其他排水设施，不满足《城市道路工程设计规范》CJJ 37—2012（2016年版）中第6.3.2条的规定；道路纵坡变化处没有设置竖曲线或者设计的竖曲线半径、竖曲线长度没有达到规范要求；机动车道设置的最小坡长小于设计速度限制的最小坡长，坡段长度不符合纵坡的最小坡长要求，不满足《城市道路工程设计规范》CJJ 37—2012（2016年版）中第6.3.3条的规定；平、竖曲线线形组合设计不合理，在长直线内布置了小于一般最小半径的凹形竖曲线，不满足《城市道路路线设计规范》CJJ 37—2012（2016年版）中第8.2.2条的规定。

设计审查中应高度重视平、纵断面设计，使线形设计尽可能做到连续与均衡。道路设计应根据交通运输要求，处理好人、车、路、环境之间的关系。道路的平面、纵断面、横断面应相互协调，并应做到平面线形顺畅，纵坡均衡，平面、纵断面合理组合，横断面布置合理，以保障车辆、行人的安全舒适。应考虑无障碍设计，满足残疾人的使用要求，以人为本，体现社会关爱。

【问题5】 城市道路小半径曲线超高及加宽设置不合理问题。

【分析与对策】 审查中发现设计速度30km/h，平曲线半径$R=100m$，而未设置超高和加宽。按《城市道路工程设计规范》CJJ 37—2012（2016年版）第6.2.2条、第6.2.6条规定：道路的圆曲线半径一般情况下应采用大于或等于表6.2.2规定的不设超高最小半径值，小于规定值时应设置超高。圆曲线半径小于或等于250m时，应在圆曲线内侧加宽，并应设置加宽缓和段。

车辆在曲线上行驶时，车辆除受重力及沿道路纵向的牵引力及阻力作用外，还产生作用于车辆的离心力。在离心力的作用下，车辆可能产生横向滑移与倾翻，并使司乘人员感到不适，同时也增加了车辆离心力的阻力和燃料消耗及轮胎磨损，因而需将横向力系数控制在适宜的范围内。

通常不设超高的最小半径是在满足设计车速的条件下，当车辆行驶在具有双面坡的曲线外侧车道时（此时重力的分力加剧了离心力的作用），取路面状态最不利时的横向摩擦系数所得的半径计算值。

道路的圆曲线半径小于规定值时应设置超高，圆曲线半径小于或等于250m时，应在圆曲线内侧加宽，否则将影响到行车的舒适性和安全性。

【问题6】 *沥青混凝土路面设计中存在的问题。*

【分析与对策】 沥青混凝土路面结构设计审查中发现的主要问题是：路面结构设计中，沥青层之间未设置黏层，基层顶面上未设置沥青透层和封层，未提供面层沥青混合料的矿料级配表、水泥稳定碎石、石灰粉煤灰稳定碎石中碎石集料级配表，基层、垫层的压实标准和压实度、7天龄期的无侧限抗压强度值；缺少土基回弹模量值和沥青面层竣工验收弯沉值；缺少路面设计的抗滑标准；下面层采用6cm粗粒式沥青混凝土（AC-25），其厚度不满足沥青混合料的最小压实厚度及适宜厚度规定的适宜值。路面结构设计应提供路面面层的竣工验收弯沉值，基层材料的压实度和7d龄期无侧限抗压强度，路基顶面设计回弹模量值。

沥青路面在设计基准期内应具有足够的抗车辙、抗裂、抗疲劳的品质和良好的平整、抗滑、耐磨与低噪声性能等使用功能要求。沥青路面各结构层之间应保持紧密结合，各个沥青层之间应设置粘层。各类基层上宜设透层。快速路、主干路的半刚性基层上应设下封层。沥青混合料的最小压实厚度及适宜厚度宜符合规范规定值。

【问题7】 *水泥混凝土路面设计中存在的问题。*

【分析与对策】 水泥混凝土路面结构设计审查中发现的主要问题是：水泥混凝土路面结构设计中，有的设计仍采用“4.5MPa抗折混凝土”强度标准，路面下直接采用石灰土基层，缺少水泥混凝土路面的路面抗滑标准。

“抗折混凝土”强度标准已废止，按照《城镇道路路面设计规范》CJJ 169—2011第6.2.5条规定，水泥混凝土的设计强度应采用28d龄期的弯拉强度控制，水泥混凝土弯拉强度标准值不得低于4.5MPa；按照《公路水泥混凝土路面设计规范》JDG D40—2011第3.0.8条规定，水泥混凝土的设计强度应采用28d龄期的弯拉强度。

路面下直接采用石灰土基层的做法不妥，按照《公路水泥混凝土路面设计规范》JDG D40—2011第4.4条对路面基础材料类型的选择规定，水泥混凝土路面面层下不宜直接采用石灰土基层，由于其水稳定性较差，面层下宜采用水泥稳定碎石或二灰碎石基层，可采用石灰土底基层。

路面抗滑性差将使汽车制动距离增加，行车安全不能保证，容易引起交通事故。行车速度越高，对抗滑性的要求也越高，越是高级路面，越应重视抗滑性的问题。水泥路面表面构造应采用拉毛、拉槽、压槽或刻槽等方法筑做表面构造，构造深度在交工验收时应满足《公路水泥混凝土路面设计规范》TG D40—2011 第 4.5.6 条对各级公路水泥混凝土面层的表面构造深度的要求。

【问题 8】 城市道路无障碍设计存在的问题。

【分析与对策】 城市道路无障碍设计审查中发现的主要问题是：道路无障碍设计图纸不全，仅有无障碍设施平面图及简要说明，未提供缘石坡道、行进盲道、提示盲道设计图。行进盲道的起点、终点及拐弯处应设提示盲道而设计没有设置，单面坡和三面坡缘石坡道的坡度达不到设计规范要求。

缘石坡道的设置是无障碍设计中的重要内容，凡被立缘石横断开的地方要毫无遗漏地设置缘石坡道，构成全线无障碍，要明确认识到无障碍设施不完善的道路仍是有障碍的道路。设计及审查应引起高度重视，应按《无障碍设计规范》GB 50763—2012 的规定进行无障碍设计及审查。

【问题 9】 道路交通工程设计中存在问题。

【分析与对策】 道路交通标志、标线的设置相关规程规范都有具体的要求，但有的设计图纸中交通安全设施不齐全，标志标线没有按照《道路交通标志和标线》GB 5768—2009 进行设计，没有明确具体的标志位置，交通工程标志牌结构设计没有按照《城市道路交通设施设计规范》GB 50688—2011 第 5.5.3 条进行抗风稳定性验算，有的标志材料中钢筋还采用了落后淘汰产品，应引起重视。

道路交通标志标线的设计应符合《道路交通标志和标线》GB 5768—2009 的规定，交通标志不得侵入道路建筑限界。交通设施的设计应符合《城市道路交通设施设计规范》GB 50688—2011 的要求。

6.1.2 桥梁工程设计

【问题 1】 基础设计中地质勘查资料缺乏或不全问题。

【分析与对策】 有的桥梁墩台基础设计缺乏地质勘查资料或地质勘探资料不全，采用钻孔桩基础设计缺乏依据。桥涵地基与基础设计应依据《公路桥涵地基与基础设计规范》JTG D63—2007。桥涵地基基础的设计至关重要，地质勘查资料是桥涵地基基础设计的重要依据之一，《公路桥涵地基与基础设计规范》JTG D63—2007 第 1.0.4 条规定：桥址处应进行工程地质勘察，提供的勘察资料应正确反映地形、地貌、地层结构、影响桥涵稳定的不良地质、岩土的物理力学性质及地下水埋藏等详细情况。没有工程地质勘测资料的基础设计，既不能保证桥梁上部构造的安全和正常使用，又不能付诸施工，达不到施工图设计深度的要求。应依据经审查合格的工程地质勘察报告进行桥梁基础设计审查，并应审查跨河桥梁的设计洪水频率、设计流量、设计水位、冲刷深度等水文资料的完整性及正确性。

【问题2】 桥涵建筑材料—钢筋标准的使用存在的问题。

【分析与对策】 现桥涵设计审查中发现有的设计单位套用作废的标准图集，仍采用牌号 HPB235 和 HRB335 钢筋。根据国家发展和改革委员会令第 21 号公布的《产业结构调整指导目录（2011 年本）》热轧钢筋牌号 HPB235、HRB335 为淘汰落后产品。热轧光圆钢筋国家标准第 1 号修改单（2013 年 1 月 1 日实施）已删除了 HPB235 钢筋，设计应采用牌号 HPB300 光圆钢筋；设计采用的 HRB335 带肋钢筋为淘汰落后产品，应采用牌号 HRB400 带肋钢筋。

【问题3】 桥梁设计存在不符合抗震措施要求问题。

【分析与对策】 桥梁结构设计审查中发现，桥梁抗震设计未切实按照《城市桥梁抗震设计规范》CJJ 166—2011 要求进行抗震计算或设置构造措施。桥梁墩台的盖梁宽度不符合抗震规范的规定，桥墩、台上未设置防止梁横移的抗震挡块，亦未采取其他抗震措施。

桥梁抗震设计应合理确定抗震等级、抗震设计参数，按规范要求或采用专用软件进行抗震计算，并采取相应的抗震措施。对于 7 度地震区的设防，根据《城市桥梁抗震设计规范》CJJ 166—2011 第 11.3.2 条的规定，简支梁桥除了要设置防止纵、横向落梁的挡块和锚栓外，还要注意梁端至墩台帽或盖梁边缘的距离 a（cm）$\geqslant 70+0.5L$（L 为梁的计算跨径，单位 m）。桥面连续不能等同于桥梁结构连续。

针对近年来发生的独柱墩倾覆事件，应重点审查桥台支座布置，保证在重车偏载情况下支座不出现负反力，并留有一定的安全储备，保证桥梁运行安全。

【问题4】 预应力混凝土箱梁人孔布置问题。

【分析与对策】 预应力混凝土箱梁外形设计中，箱梁顶面平面图缺少人孔布置及说明，缺少箱梁人孔加强钢筋布置图。应按照《公路桥涵施工技术规范》JTG/T F50—2011 的要求进行设计和施工，箱梁顶板施工工作人孔尺寸一般为 60cm×80cm，人孔位置原则应设置在 1/4 或 3/4 计算跨径处，每个箱室人孔前后错开布置，且禁止同一断面开多个人孔，施工完成后顶板钢筋应按原状恢复。

【问题5】 关于板式橡胶支座和盆式橡胶支座标准混用问题。

【分析与对策】 在桥梁设计审查中发现，有的设计单位对桥梁盆式和板式橡胶支座认识不清，设计采用板式橡胶支座，要求“其性能符合 JT/T 391—1999 的规定”不妥，该标准为盆式橡胶支座标准且早已作废，采用盆式支座时，应采用《公路桥梁盆式支座》JT/T 391—2009 标准。采用板式支座时，应采用《公路桥梁板式橡胶支座》JT/T 4—2004 标准。

【问题6】 关于桥梁钢筋保护层设计问题。

【分析与对策】 某开发区跨河桥，上部结构采用 3—13m 预应力混凝土空心板梁桥，钻孔灌注桩基础，构件类别为Ⅱ类，设计使用年限 100 年。该桥空心板主筋至板表面的净距仅 27.5mm，钢筋的混凝土净保护层过小，不满足《公路钢筋混凝土及预应力混凝土桥涵设计规范》JTG 3362—2018 第 9.1.1 条的规定。钢筋的混凝土保护层厚度不能过小，否则极易导致保护层脱落，引起钢筋锈蚀、膨胀，钢筋有效受力截面减小，安全度降低。

公路桥涵混凝土结构及构件应根据其表面直接接触的环境按《公路钢筋混凝土及预应力混凝土桥涵设计规范》JTG 3362—2018 表 4.5.2 的规定确定所处环境类别。普通钢筋和预应力钢筋的混凝土保护层厚度应满足第 9.1.1 条要求：(1) 普通钢筋保护层厚度取钢筋外缘至混凝土表面的距离，不应小于钢筋公称直径；当钢筋为束筋时，保护层厚度不应小于束筋的等代直径。(2) 先张法构件中预应力钢筋的保护层厚度取钢筋外缘至混凝土表面的距离，不应小于钢筋公称直径，后张法构件中预应力钢筋的保护层厚度取预应力管道外缘至混凝土表面的距离，不应小于其管道直径的 1/2。(3) 最外层钢筋混凝土保护层厚度不应小于表 9.1.1 混凝土保护层最小厚度的规定值。

保护层厚度也不宜过大，当过大时应防止混凝土开裂剥落、下坠，通常为保护层采用纤维混凝土或加配钢筋网片。

【问题 7】 承台设计尺寸存在的问题。

【分析与对策】 某桥梁桥墩设计采用钻孔桩基础，桩径 1m，基桩设承台与柱式墩身相连接，承台边缘至桩外侧边缘的净距设计为 0.4m，承台边缘与桩外侧的距离小于 0.5 倍桩径，不符合《公路桥涵地基与基础设计规范》JTG D63—2007 第 5.2.4 条的要求。边桩（或角桩）外侧与承台边缘的距离，对于直径或（边长）小于或等于 1.0m 的桩，不应小于 0.5 倍桩径（或边长），并不应小于 250mm；对于直径大于 1.0m 的桩，不应小于 0.3 倍桩径（或边长），并不应小于 500mm。

桥墩的桩与柱采用承台相连时，桩基顶面外伸钢筋段锚固于承台中，需设置 15°的外张角，承台还需具有调节桩基施工误差的功能，所以应按规范规定设置足够的襟边宽度。

【问题 8】 承台设计的构造钢筋设置问题。

【分析与对策】 某桥梁上部为 25m 预应力混凝土简支箱梁，桥面连续，下部为薄壁式桥墩，桩基础。桩基承台仅配置了顶、底层钢筋网，未设置侧面防裂、防缩钢筋及竖向联系钢筋。承台的混凝土保护层厚度较大，且承台体积也较大，使混凝土浇筑时水化热较高，收缩较大，所以承台的顶面、侧面均需配置足够的钢筋网。应按照《公路钢筋混凝土及预应力混凝土桥涵设计规范》JTG 3362—2018 第 9.6.4 条的规定，薄壁式桥墩或肋式桥台，在墩身表层、桥台的耳墙和肋板表层宜设置钢筋网，其表面积在水平方向和竖直方向分别不小于 $25mm^2/m$。承台侧面宜设表层钢筋网及承台竖向联系钢筋。

【问题 9】 钢筋混凝土及预应力混凝土结构梁内箍筋的设置问题。

【分析与对策】 《公路钢筋混凝土及预应力混凝土桥涵设计规范》JTG 3362—2018 第 9.3.12 条规定：同排内任一纵向钢筋间距不应大于 150mm 或 15 倍箍筋直径两者中较大者，否则应设置复合箍筋。有的桥箱梁腹板及墩柱设计不满足该条要求。

梁内箍筋除用于承受主拉应力外，还起到固定或保证主要受力钢筋正确位置和联系受拉与受压区的作用；中心及偏心受压构件中的箍筋，可约束所箍钢筋的纵向弯曲，所以箍筋要做成封闭式，以防止受压钢筋因纵向弯曲而向外凸。

【问题 10】 特殊部位设置加强筋问题。

【分析与对策】 某道路跨线立交桥采用3—30m预应力混凝土变宽度连续箱梁，连续梁中间支承附近的腹板内未设纵向加强钢筋。连续梁中间支承点附近受力较为复杂，支座边缘常有局部拉应力产生，在腹板和底板中设置间距较密的纵向短钢筋，有利于防止箱梁局部裂缝的展开。应按照《公路钢筋混凝土及预应力混凝土桥涵设计规范》JTG D 3362—2018第9.3.7条的规定：在支点附近剪力较大区段和预应力混凝土梁锚固区段，腹板两侧纵向钢筋截面面积应予增加，纵向钢筋间距宜为100～150mm。

【问题 11】 箍筋的数量设置问题。

【分析与对策】 个别桥梁墩柱纵向主筋的箍筋肢数偏少。箍筋靠其转角点来约束纵向钢筋，纵向钢筋离转角点愈远，箍筋对纵向主筋的约束力越小，所以箍筋的肢数不能过少，将箍筋配合拉筋使用，也能达到约束纵向主筋的效果。应按照《公路钢筋混凝土与预应力混凝土桥涵设计规范》JTG 3362—2018第9.6.1条的规定：箍筋应做成闭合式，其直径不应小于纵向钢筋直径的1/4，且不小于8mm。箍筋间距不应大于纵向钢筋直径的15倍、不大于短边尺寸（圆形截面采用0.8倍直径）并不大于400mm。构件内纵向受力钢筋应设置离角筋中心距离不大于150mm或15倍箍筋直径（较大值）范围内，如超出此范围设置纵向受力钢筋，应设复合箍筋。相邻箍筋的弯钩接头，在纵向应错开布置。

【问题 12】 配筋布置不合理问题。

【分析与对策】 桥墩普通钢筋混凝土帽梁设计图中，帽梁的主拉应力钢筋（斜筋）的起弯点布置不合理，斜筋间距偏大；斜筋未与水平向或竖直钢筋相焊接，形成了“浮筋”；预应力混凝土宽幅空心板的悬臂翼缘板长度为1.5m，悬臂翼板的顶层仅配置了横桥向的主要受力钢筋，但未配置顺桥向的纵向分布钢筋，构造不够合理。

梁的主拉应力较大区配置斜筋起弯点的规定主要目的是保证斜截面抗弯效应不小于正截面的抗弯效应。应按照《公路钢筋混凝土及预应力混凝土桥涵设计规范》JTG 3362—2018第9.3.10条的规定：靠近支点的第一排弯起钢筋顶部的弯折点，简支梁或连续梁边支点应位于支座中心截面处，悬臂梁或连续梁中间支点应位于横隔板靠跨径一侧边缘处，以后各排弯起筋的梁顶部弯折点，应落在前一排弯起钢筋的梁底部弯折点处或弯折点以内。

主拉应力钢筋中，“浮筋”是禁用的钢筋形式，由于其两端未与主筋相焊接，不能形成有效的握裹力及锚固构造。所以也不能形成主抗拉应力的效应。按照《公路钢筋混凝土及预应力混凝土桥涵设计规范》JTG 3362—2018第9.3.10条规定：弯起钢筋不得采用浮筋。

分布钢筋的作用，是将荷载分配传递给受力钢筋，分担混凝土收缩和温度变化引起的拉应力，固定受力钢筋的位置。故应按规范规定设置分布钢筋。按照《公路钢筋混凝土及预应力混凝土桥涵设计规范》JTG 3362—2018第9.2.4条的规定：板内应设垂直于主钢筋的分布钢筋，分布钢筋设在主钢筋内侧，其直径不小于8mm，间距应不大于200mm，截面面积不宜小于板的截面面积的0.1%。在主钢筋的弯折处，应布置分布钢筋。

6.2 给水排水工程

【问题1】 施工图设计与前期设计文件的符合性问题。

【分析与对策】 市政给排水工程在立项和初步设计阶段就已经确定了工程的规模、目标、主要技术方案、主要设备的选择及概算总投资的数额。上述前期设计文件都经过了评审和政府相关部门的批准、备案。经过这些前期设计阶段的工程设计应该是符合国家政策和地方政府的规划，也符合项目所在地的气象、水文、环境、人文等客观情况的。施工图是将上述前期设计确定的设计原则落实到工程具体细节设计中，让施工单位照图施工，实现工程的目标。为了贯彻国家政策和规划，施工图审查应核对施工图设计对前期设计文件的符合性。只要施工图所设计的工程规模、技术方案及主要设备器材的选择与经过审查批准了的立项申请报告、可行性研究报告、环境影响评价报告及初步设计文件内容一致，就应该是符合国家政策及政府规划的。而施工图不按照经过审批的前期设计文件设计，就可能偏离建设的目标，施工图审查应尽到把关的责任。

施工图设计时工程情况发生变化，影响了原方案的合理性或前期设计文件有遗漏需要变更某项原先确定的重要内容，应进行重新审批。施工图审查应核对重新审批的相关批复文件。这样仍然能保证施工图设计与前期设计文件的符合性。

变更工程的规模、水处理工艺流程、线路的终点等都曾经在以前审查的施工图中出现过。通过索取变更的依据，解决符合性的问题，也可以圆满通过审查。如果不能提供变更的依据，应维持原定设计原则不变。

对于局部的变更，要根据设计的变更是否影响工程目标的实现分为两种情况。例如某一台设备或某一类的材料的变更有可能影响工程最终目标，例如会影响到能否实现原定的功能和造价目标，故也属于不应轻易更改的内容。而在这些方面的有些改动则明显不影响工程目标的实现，还可能是朝好的方向进行的修改。例如某一设备的型号改变，特性一致，造价变化不大，效率更高，这一般都不违背必须遵循的功能高效、经济合理和环境保护等要求。这些变更根据情况是容许的。施工图审查应对上述两种情况进行鉴别，针对具体情况把好关。

由于种种原因，初步设计文件也会有技术上的较大错误。这个错误会带到施工图上来。例如曾发现设计的水处理工艺流程与项目要求出水所要达到的水质标准不吻合，或根本达不到审查确定的出水水质，此类问题是另一种前期设计文件符合性的问题。尽管设计的图纸符合初步设计列出的工程内容，但不符合设计的最终目标。由于审图人员对工程设计最重要的质量特性——功能性，负有重要责任。故需按满足工程目标的要求进行设计把关，提出修改设计的要求。如果改动的工程量超过设计概算较多，难以实施，应提出修改初步设计重新审批的意见。

【问题2】 设计深度问题。

【分析与对策】 设计深度也是施工图审查的重点，设计深度不够将直接影响到设计的可实施性，并留下功能性和安全性方面的隐患，当然也是需要认真对待的。设计深度不够的表现很多。目前在审查过的市政给排水工程施工图中发现的问题主要为：设计说明有缺漏、缺少必要的图示、缺少必要的标注、缺少必要的计算书等几个方面。另外，也有初步设计文件本身设计深度不够，遗留给施工图的问题。

1. 即使初步设计文件内容详尽，施工图设计中也要全面表述如何落实初步设计的具体做法。在施工图的总说明中应该使施工图依据的主要原则完全明确。比如污水处理厂的设计总说明应包括工程概况、设计依据、污水处理厂水量的总变化系数，近、远期设计规模、工艺流程说明、各工艺单元功能及主要设计参数、污水厂收水范围或服务范围、污水来源、进厂水质标准及主要水质指标、处理后水质标准及主要水质指标、水的出路、厂区平面布置、竖向设计等内容。这样才能使审图人员对每一单体工程是否合理作出判断。目前多数施工图设计可以提供上述重要信息，但有些提供的不全面，缺漏很多。

在以往的设计中，设计说明的缺漏主要为：关于设计依据的说明；关于工程使用年限的说明；关于材料特性的说明；关于施工要求的说明等四个方面。

在构筑物结构设计中还发现有在总说明中给出的参数，例如混凝土的标号，与图中采用的参数不一致的情况。可要求设计进行修改成统一的正确数值。

（1）关于设计依据的说明：

不介绍设计所依据的前期设计文件名称，更缺少上述文件确定的主要相关原则。缺少国家及行业的相关重要设计规范、标准，或写错标准名称、版本编号。一些市政给排水配合专业，如电气、暖通、结构等，设计中采用的标准名称、编号，也经常出现错写的问题。施工图是直接和实际工程相关的技术文件，负有法律终身责任，一些最基本的设计依据一定要认真对待。特别值得注意的是近几年国家标准和通用图纸、图集更新较快，只有保持高度的关注，熟悉专业设计技术规范、标准的变化，才能与工程设计相适应，作出合格的设计文件。

（2）关于工程使用年限的说明：

没有工程设计的工程使用年限，构筑物的结构设计的等级确定没有依据，不符合《建设工程勘察设计管理条例》（2015年6月12日修订）第二十六条规定。

（3）在雨水排放工程中不给出设计考虑的雨水重现期。如计算结果有较大出入，会使整个工程的规模出现偏差。这个问题最值得注意的是：《室外排水设计规范》GB 50014—2006（2016年版）对排水标准的提高就体现在第3.2.4条对雨水重现期取值的扩大上。如不按新标准的取值，计算的雨水量与规范规定的雨水量相差很多，工程的功能性也就偏离很多。

（4）关于材料特性的说明：

材料不标明满足工程需要的特性，所带来的后果是相当严重的。例如由于不标明设计管材的额定工作压力、压力等级或钢管的材料类型及壁厚尺寸，或标注的压力等级不能满足要求，由此会购进不合要求的管材进行施工从而造成劣质工程，无法挽救，这种情况虽然不应该出现但实际上时有发生。

（5）关于施工技术要求的说明：

经常有管道的设计中不给出管道基础设计、地基处理的技术措施、沟槽回填以及金属管道防腐做法等技术细节，甚至有些浸水管道及管件的防腐做法也不给出。另外，管道的内外是否都需要进行防腐、保温的管道及需要保温的阀门、管件的保温做法等，如不说明设计技术要求，就存在施工的随意性和工程质量的漏洞。

(6) 有时初步设计要求购地范围应预留深度处理设施的场地，但在文件中只考虑了面积或随意留一块地并未进行详细布置。施工图阶段如不进一步给予落实就很可能使将来难以实施，因为深度处理应作为工艺流程的一部分统一布局。另外，满足深度处理用电负荷的需要，设计要留出扩建余地。

2. 关于需要提供的计算书

许多单体工程不需要提供计算书。它们是：

(1) 计算过程简单，审图时可以及时校核者；

(2) 前期设计文件已经确定的基本参数，初步设计说明书中已经包含了相关的计算书，可以查阅。如有发现施工图与计算结果不相符的，可在审图报告中向设计单位提出；

(3) 产品样本上提供的额定参数，由生产厂负责，一般只需核对而不需要设计重新计算。有些涉及产品制造细节，设计人无法计算，审图人员也不能做得更多。如果对某个设计参数有疑问，除可采用其他方法对比验证外，也可向设计单位提出重新校核。

当然计算书越全面越严格越好。设计应养成良好的习惯，保留设计参数的计算依据是工作需要，不能因为上述放宽条件可以做到的也简化不做。

上述情况确实不需要提供计算书，但另外一些场合却必须提供计算书。它们是：

(1) 不能进行简单验算的较复杂工程处理，其设计参数又起着非常关键的作用。例如管道支墩，其受力方向和大小比较复杂。荷载的大小也往往超过国家标准图中支墩的设计参数。

(2) 与习惯做法不同的非常规设计，其参数的确定缺乏参考经验。例如有可能发生冻结条件下的管道保温等。管道设在最大冻结线以上，这在原则上是可以的，但要使设计水流时间小于热量散失至冻结的时间，这样管道中的水才不发生冻结。不通过计算就不能保证设计是否有这样的条件，而这种计算必须提供给审图机构。

(3) 对前期设计做了较大改动的施工图设计。

3. 从审图单位反映中提到在设计局部细节方面的常出现下列问题。

(1) 不提供或缺少管线定位尺寸。

(2) 缺少管线的竖向设计。管线设计是否要提供纵断面图倒也不是一概而论的，但设计中一定要给出管线明确的竖向设计是毋庸置疑的。根据工程内容，如管线简单可直接在平面图上标注高程数据或采用标高表。最简单的压力管线也要给出确定管线埋深的原则，使施工有设计依据。复杂的工程则应绘出管线纵断面图。

(3) 设计说明中漏写“井盖上应注明‘污水’‘雨水’‘给水阀门’‘消火栓’‘再生水’等字样”，“车行路、停车场所及消防车登高操作场地上的井盖要用重型井盖，人行便道、绿地和小区甬道等场所的井盖要用轻型井盖”。这样的疏漏会给将来使用带来不少麻烦甚至成为事故发生的原因。

(4) 另外，已知将来要增加或预留管线，施工图却不考虑管线增加或预留位置，将来在增加时已无正常施工的可能。

【问题 3】 设计细节违反国家规范、标准规定的问题。

【分析与对策】 由于设计水平所限，设计文件总在某些设计特性上出现偏离，严格遵守国家标准的规定，避免重要设计质量特性的缺少或较大的偏差是应该做到的。设计人员不熟悉国家规范，特别是新版的规范，很多人或多或少有这样的情况。据审图单位反映在施工图审查中发现有如下问题：

（1）在设计臭氧消毒工艺时不执行《室外给水设计规范》GB 50013—2006 第 9 章 9.9.24 条关于臭氧接触池“池顶应设置尾气排放管和自动气压释放阀”的规定；第 9.9.4 条关于“臭氧净水系统中必须设置臭氧尾气消除装置”的规定；第 9.9.19 条“在设有臭氧发生器的建筑内，其用电设备必须采用防爆型”的规定；还有在消毒前的工艺不符合第 9.10.2 条“炭吸附池的进水浊度应小于 1NTU”的问题。

(2)《室外排水设计规范》GB 50014—2006（2016 年版）第 6.2.5 条规定了合流制处理构筑物设计流量“应考虑截留雨水进入后的影响”，提升泵站、格栅、沉砂池及相应管渠应按照合流设计流量计算，水处理构筑物应按合流设计流量进行校核，污泥脱水规模应根据合流水量水质确定。许多污水处理厂设计疏忽了这一条规定。这样设计出来的污水处理各个环节在实际运行中就会有所欠缺。

(3)《室外排水设计规范》GB 50014—2006（2016 年版）第 5.3.11 条规定：提升泵房“集水池应设冲洗装置，宜设清泥设施”。执行这一条规定所增加的设计内容并不多，但是有的设计一点也不考虑这方面的问题。

（4）按《室外排水设计规范》GB 50014—2006（2016 年版）第 6.8.22 条列出了鼓风机房的内、外的噪声符合相关标准的名录。需要采取的降噪措施要求应引起注意。

（5）按《室外排水设计规范》GB 50014—2006（2016 年版）第 6.10.2 条规定，回流污泥的设备台数不应少于两台，并应有备用。这样的常规设计要求在被审查的施工图设计中也出现过缺漏。

（6）关于排水管道设计坡度偏小的问题。平原地区的城市排水设计中难以按规范规定的最小坡度设计，造成排水量不足或容易发生污物沉积在管底的问题，应在设计中采取措施，如在检查井设沉泥槽，为进行沉积物清理创造条件。

（7）在设计中仍采用河北省淘汰的砖砌污水检查井等违反国家产业政策的问题，也是施工图审查的重点之一。

（8）室外布置的消火栓间距超过了防火规范的规定，火灾时不能满足灭火的需要。

（9）水厂的粉末活性炭的贮藏和投加车间，应按《室外给水设计规范》第 9.2.14 要求，设置防尘、集尘和防火设施而未设。

（10）根据《室外排水设计规范》GB 50014—2006（2016 年版）第 4.4.3 条～第 4.4.7 条的规定，排水检查井应采取一系列安全措施，比如选择与井盖相关的五防，即防响、防跳、防盗、防坠落、防位移。但有一些设计中根本不在说明或标注中提及，这样就会造成设计上的缺漏，按此施工的工程也将存在安全隐患。

【问题 4】 关于设计标注的问题。

【分析与对策】 设计上的漏洞虽然不一定属于强制性条文规定的内容，但毫无疑问会给工程带来损失或造成使用上的隐患，审图时也必须注意。如果存在设计漏洞就应该明确提出要求请设计单位修改设计，进行弥补。这些问题的实例有：

（1）某水厂二级泵站提升泵采用计算机控制，但水泵进出水采用的阀门为手动阀门。

（2）某一道路排水工程，部分污水、雨水检查井设于车行路上，采用的井盖座为轻型井盖、井座。

（3）输水管线和配水管道上该设通气设施的地方没有设置。不满足《室外给水设计规范》GB 50013—2006（2016 年版）中 7.4.7 条规定。也出现应该设置排泥阀和泄水阀的地方漏设排泥阀和泄水阀的情况，这样也会给管线的运行造成管理上的困难。

（4）水厂、污水处理厂的厂区室外管道很多，且常有规格 1m 左右的管道。它们在平面上发生交叉是难免的。在竖向设计时如不认真仔细就会发生管道碰撞，管道根本就过不去。如果施工不仔细核对，完全照图施工，到了真碰上了就会造成较大的损失。这种情况不但在设计中时有发生，而且也发生过漏审的情况，不得不引起注意。管道所注高程与构筑物接口差的较多，施工时接不上管的情况也发生过，这种情况与上述管道碰撞相类似。

施工图按住房和城乡建设部发布的《市政工程设计文件编制深度规定》（2013 年版）是理所当然的，其宗旨是给出足够的设计信息排除施工的随意性，使工程保质保量地进行。只有容许施工根据现场情况作决定的内容才不作详细安排，但应予以说明。

针对不同管材的标注应按国家标准进行，标准中没有的内容必须给出说明。例如管道的规格有公称直径、公称外径、内径、外径加壁厚等表示方式，同一张图的同种内容要统一，且应与生产厂出厂说明书的标注一致，否则会造成接口不一的后果。例如曾有某设计图将设计的管道外径标注为“ϕ”。生产厂按内径发货，由于管线很长，造成很大的浪费，设计方受到建设单位的责任追究。

【问题 5】 关于市政工程的建筑、结构、电气、暖通设计问题。

【分析与对策】

（1）建筑设计：

水处理工程都对构筑物的高程有严格要求，部分设计的高程标注不清，出现漏注。

部分施工图设计深度不够，主要为总平面图设计深度不够，建、构筑物间距尺寸不标注，场地内无竖向标高。

部分建筑无节能设计内容，或内容过于简单。维护结构的保温构造、传热系数不全，缺少保温材料的性能参数。多数建筑无节能计算书和公共建筑节能备案表。

（2）结构设计：

县级以上的水厂、污水处理厂需要地震安全评价报告作为设计依据，一些工程设计未能按此进行。

充水的构筑物的重要荷载是水的荷载，应考虑满水状态荷载和无水状态荷载，必须高度重视。除此之外还有水池顶的活荷载、栏杆的水平荷载。部分设计有漏注或活荷载取值错误的情况。

水处理工程采用的国家标准图中有的版本比较陈旧（或作废），其上面标注的钢筋代号为原来规定，如不加以替换说明就与现在的要求不一致，比如钢筋 HPB235 需替换成 HPB300，应该在选用图集或标准图时强调钢筋代号的替换。

许多结构设计问题，特别是管道的结构问题多数是给排水专业人员自己解决的。自己解决不了的问题心中要有数，可委托结构专业的设计人员来完成。管道的结构问题除了对压力水的抗压强度之外，较大规格及工作压力较大的管道设计还有以下几个结构问题：

抵抗外部压力的强度或环刚度问题。对于大管径的管道来说这个问题比较重要。这里所说的外部压力是指由土壤、支墩、架空管道的管道及充水重量等。不均匀的外部荷载会使管道变形或破坏。最近十几年出现的非金属管材这个问题更为突出，比如规格较大的HDPE管和夹砂玻璃钢管。管材的生产厂一般都考虑了管材的刚性问题，提供了设计参数。工程设计必须按设计条件进行校核，看其是否符合强度和刚度的要求。比如公称压力0.6MPa的塑料管道内部水压0.5MPa，抗水压是没有问题的，但在工程中埋地管道受到了上面石块的挤压，跨度大的架空管道支架处的荷载过大等情况，就能造成管道的变形和局部破坏。这种强度与额定的公称压力是两回事，要分别考虑，使其都能满足要求。

管接头是将管材连接成管线的重要环节。设计要将管接头选型、材料、规格和施工要求等明确说明。管道接头的形式很多，要根据管材和工程的要求作出正确的选择。法兰盘上有钢制的螺栓，容易腐蚀，应避免直接埋地，埋地要采取防腐措施。埋地接头防腐的方法包括采用非金属法兰、接头处设置套管，专门设检查井等，各有优缺点。处理好这些细节才能避免将来工程运行中的故障，提供检修的良好条件。在接头两端无固定承托的情况下，接头处将受到较大的拉力。许多种类的管接头能承受的拉力很小，如遇加大荷载，必须采取一定的加固措施。

除了普通管道基础外，管道的永久支护设计往往被忽视，这里主要指的是管道支墩。在管道的分叉、拐弯、端头处管道受到指向侧面的力。如果管道规格较大，水压较大，这个侧向压力就会大得惊人，达到几百千牛。许多管材的管接头及地基承受不了这样大的力而使管线破坏。这种情况的工程实例相当多，每当遇到管道规格较大，水压较高的工程一定要按标准设置各种支墩，有的受力过大的场合还要根据计算设计非标准支墩，不能简单处理。

（3）电气设计：

施工图审查中发现有按规定须设防爆电机的地方采用了不防爆的普通电机，违反了《室外排水设计规范》GB 50014—2006（2016年版）第7.3.11条及《室外给水设计规范》GB 50013—2006第9.8.17条的规定，造成安全风险。

《爆炸危险环境电力装置设计规范》GB 50058—2014第5.4.2条有在爆炸环境下配电箱馈出单相回路必须采用双极开关的规定。送审施工图中有的就未按此规定设计的问题，使工程存在线路故障时引起爆炸的风险。

厂区的电缆沟未按《电力工程电缆设计规范》GB 50217—2007第5.5.4条的规定进行防止外部水进入沟内的措施，造成安全隐患也是显然的。

（4）暖通专业：

采暖设计中存在有设计深度不足的问题，主要为：不给出泵房采暖的热负荷，不给出采暖设备及器材的选型，只说明一句“电采暖”是不能满足工程设计需要的。

加氯间、化验室、储罐间未按《室外给水设计规范》GB 50013—2006第9.8.18条的规定设计高位新鲜空气进口。通风机吸风口高度设在0.6m的高度，不符合规定的不大于0.3m。通风机出口未按规定设置防雨、防尘设置。

储罐间通风机未按规定设置根据泄漏量自动开启的检测系统。

【问题6】 关于水厂、污水处理厂工艺。

【分析与对策】 水厂、污水处理厂的工艺流程是在初步设计文件及其批复中已经确定了的。但在设计中发生偏离也是可能的，施工图审查要进行必要的核对。水处理工艺和各项参数是否与进水水质、出水要求相适应，水处理构筑物的规格尺寸是否与水处理的规模匹配，所选设备是否与水处理要求相吻合等，都是水处理工艺的重要方面。各个单元之间的关系是最终能否使水处理流程顺利实现的关键，要重点进行核对。这里较重要的关系有管道连接方式及与工艺流程的前后匹配相关的水位高程差、管道规格、进出口控制等。

各单元之间的连接是否符合流程的要求，进出水是否能顺利进入下一单元对于水厂、污水处理厂的正常运行是非常重要的，不得出任何差错。由于污水处理厂工艺流程环节较多，除了主要流程之外还有污水的回流、旁通系统、污泥系统，单元之间的连接可能采用管道、也可能采用明渠，可能是重力流，也可能是用泵来提升，较为复杂，设计中出差错是可能的，需要认真仔细。

竖向设计高程对于任何水处理工程都是非常重要的，要从不同的图纸上把流程中的关系找出来，这里面一旦出错，其后果影响就非常大。

有些设计单位注重水能不能流过去，较轻视流量是否能够得到控制。在实际的工程中确有因为回流流量过大，致使下游调节池无充足的停留时间，回流泵房无法工作。

室外给水和排水设计规范中对于水处理工艺的规定如无特殊理由均应执行，但是在审查的设计中发现如下情况：

（1）有些设计未考虑对处理后的水进行消毒，有违《室外排水设计规范》GB 50014（2016年版）第6.2.8条的规定。

（2）处理构筑物未设排空及排出水回流设施，有违《室外排水设计规范》GB 50014（2016年版）第6.1.16条的规定。

（3）处理构筑物在冰冻线以上的未考虑保温防冻设施。有违《室外排水设计规范》GB 50014（2016年版）第6.1.21条的规定。

（4）《室外排水设计规范》GB 50014—2006（2016年版）第6.1.15条规定："污水厂应合理布置处理构筑物的超越管渠。"在大多数情况下执行此规定都是可行的和必要的，但是有的工程没有设计超越管。

（5）《室外排水设计规范》GB 50014—2006（2016年版）第6.5.4条规定了污泥斗设计斜壁的具体参数，但在一些设计中沉淀池污泥斗的斜壁与水平面的夹角偏小。

（6）斜板沉淀池设计不符合《室外排水设计规范》GB 50014—2006（2016年版）第6.5.15条的规定，斜管孔径偏小。

（7）斜管沉淀池不设冲洗装置，违反《室外排水设计规范》GB 50014—2006（2016年版）第6.5.16条的规定。

（8）污水处理工艺设计应该在设计说明中列出主要的设计参数，比如曝气生物滤池应列出容积负荷、冲洗前水头损失、污泥产率系数等设计参数。应明确滤池进水的浊度要求、滤速、工作周期等，审图发现设计文件中没有这些参数，应予以补充完善。

水处理工艺的审核中存在一个难题是设计人员对于新技术的保密，致使施工图审查人员不能了解设备的细节。但技术保密不应将所有信息封闭，与水处理流程能否实现有关的主要的技术参数必须提供。比如负荷参数（规模及进、出水水质指标）以及水压、流量、功率、重量、噪声等特性是必须提供的。否则，审查人员无法审查技术合理与否。

【问题7】 关于水厂、污水处理厂的安全问题。

【分析与对策】 安全性是施工图审查的重点。水厂、污水处理厂的安全主要有防止人身伤害、防毒、防火、防爆、防洪几个方面的问题。

(1) 由于水厂、污水处理厂可能有较为高大的构筑物，而且有人员在上面操作、值班。根据《室外排水设计规范》GB 50014—2006（2016年版），第6.1.23条的规定，水处理构筑物应设置栏杆、防滑梯等安全措施。各种水池顶上的人行道、平台、上下孔洞的边缘都应该设置上述安全措施。由土建专业设计的设施也应在工艺图上表示出来，否则要查问落实。高建筑物的避雷设施由电气专业设计，与此类似。

(2) 水的消毒所采用的药剂在浓度超标的时候都会对人的身体有所伤害。要注意避免泄露。在加氯间及氯库的安全设计上，国家标准中采用较大篇幅作出强制性规定。《室外给水设计规范》GB 50013—2006的第9.8节给出了29条规定；《室外排水设计规范》GB 50014—2006（2016年版）第6.13.4条则明确规定消毒设施的设计应符合给水设计规范的规定，必须遵循这些规定进行设计。注意其中关于安全的8条全是强制性条文，是设计审查的重点。尽管国家标准如此强调水处理设施消毒设施的安全，设计中还是屡屡出现违反规定的内容。在一些小型水厂中，有的把加氯间设成氯库的套间，有的漏设排风扇。这可能是认为消毒单元在水处理流程中所占工程量较小，因而它在安全性上的重要性被忽视。但工程设计要求的是大小水厂的安全事故都需要杜绝。

水的消毒尽量采用对人危害小的消毒剂如ClO_2等。但作为生产ClO_2原料的盐酸也可能对人造成伤害。考虑到规模和效果，危险性大的消毒剂在较大型水厂仍采用液氯消毒，但ClO_2等也是有伤害性的，故防毒问题均不能轻视。

关于水消毒安全的强制性条文所涉及内容主要有以下几个方面：

1) 关于采暖装置远离氯瓶和投加设备不得采用明火的规定；

2) 关于大型水厂设置液氯蒸发器的规定；

3) 关于氯库设置单独的外开门，大门上设自动开闭人行门及不得与加氯间相通的规定；

4) 关于制备ClO_2的原材料分类储藏和相关设施进行防腐蚀处理的规定；

5) 关于设计的氯库窗户避免阳光直射氯瓶的规定；

6) 关于加氯间必须与其他房间隔开并设置直接对外的门和观察窗的规定；

7) 关于设置漏氯检测和报警装置的规定；

8) 关于设置漏氯处理装置及ClO_2泄漏、溢流的安全收集的规定；

9) 关于装卸氯瓶区域内电气设备防爆的规定；

10) 关于加氯间（包括ClO_2间）和氯库通风换气设施的规定；

11) 关于加氯间（包括ClO_2间）外部应备有防毒面具、抢救设施、工具箱。工作间应设置快速洗浴龙头的规定；

12) 关于臭氧净水必须设置尾气消除装置等。

此外非强制性条文中也有许多关于安全方面的规定，也不应忽视。例如前面提到的关于活性炭粉末的储藏、运输和使用中的安全规定等。

(3) 水厂、污水处理厂应按《建筑设计防火规范》GB 50016 的规定设置消防给水及灭火器材。特别是在污水处理厂中有污泥消化的环节时，要特别注意。由于消化污泥会产生易燃、易爆的沼气，必须按规定完善防灭火设施。有些防火、防爆设施是其他专业的设计内容，但主导专业应向相关专业提供防火要求的信息资料，注意在建筑设计、电气设计、采暖通风设计上符合防灭火的规定。

有的设计采用再生水作为水厂的消防用水，这是可以的。但设计应注意再生水系统能够提供消防所需水压是否能满足室外消防给水的水量、水压要求，以及是否有足够的消防储备水量等，均需要按 GB 50016—2006 的规定设计。

应注意在鼓风机房、空压机房、加氯加药间、变配电间等处是否按规定合理配置灭火器。

(4) 水厂、污水处理厂是以水专业为主导的工程项目，防洪问题要关心，在选厂址和确定场地高程等问题上充分考虑，解决好防洪的问题。

施工图审查时发现过污水处理厂排出水的承受水体可能出现比污水处理厂地面还要高的水位，而未采取防止洪水倒灌的措施，很明显在防洪上是有漏洞的。如果水文情况不清楚，审图单位应提醒设计单位校核防洪设计的基础资料，在必要时采取相应措施。

(5) 格栅间也是污水处理厂出现安全事故的危险点。《室外排水设计规范》GB 50014—2006 (2016 年版) 第 6.3.9 条规定："格栅间应设置通风设施和有毒有害气体的检测与报警装置。"因为格栅间工程量相对较小，很容易被设计人员漏掉这些设计细节。有几家审图公司都在送审的施工图中发现这个问题。

(6)《室外排水设计规范》GB 50014—2006 (2016 年版) 第 6.1.18 条规定：污水处理厂厂区的给水系统、再生水系统严禁与处理装置直接连接。这是一条为了保护水厂工作人员不受危害的强制性条文。

从这个目的出发，应明确厂区生活用水水源和供水系统的设计，不管是自备水源还是引入的城市公共水源，其水质保证、系统安装、冲洗、消毒和运行的要求都是与城镇、居民区供水系统的要求一样的。并且交叉污染和二次污染的风险应完全杜绝。

【问题 8】 关于防止交叉污染和二次污染的问题。

【分析与对策】 目前国际、国内都很注意交叉污染和二次污染的问题。建筑给水排水设计规范新版为此增加了很多新条文。这是由于此类问题出现得比较频繁，产生的后果比较严重的缘故。市政给排水设计中也应加强对这个问题的重视。在这些年的施工图审查中出现此类问题的例子包括：给排水管道的间距、污水管道与给水管道空间交叉点处的处理、不同水质供水系统管道的连接方式以及污泥处置等。

在平面布置上，保证给排水管道之间的合理间距就减少了互相影响的机会。一般情况下遵守规范规定是可以实现的。在某些特殊场合，保持规范规定的间距确实有困难，这就要采取技术措施避免其互相影响。比如设置套管或管道上加隔离性能好而且可靠耐久的保护层等。

根据《室外给水设计规范》GB 50013—2006 的第 7.3.6 条规定当给水管道与污水管道或输送有毒液体的管道交叉时，给水管道应敷设在上面，且不应有接口重叠。当给水管敷设在下面时，应采用钢管或钢套管。钢套管伸出交叉点的长度，每端不小于 3m。钢套管的两端应采用防水材料封闭。

根据《室外给水设计规范》GB 50013—2006的第7.5.4条规定生活饮用的清水池和调节水池周围10m以内不得有化粪池、污水处理构筑物、渗水井、垃圾堆放场等污染源；周围2m以内不得有污水管道和污染物。

由于节约水资源越来越受到重视，分质供水的情况越来越多。不同水质的系统互相调剂水量在很多情况下是必要的和有益的，但禁止水质差的水逆向补给水质优的系统这一保护供水不受交叉污染的必要措施不能忘记。国家规范在这方面规定很多，应充分予以重视。各单位独立水源不得与城市供水系统连接是强制性规定，但是审图中发现这种情况仍然在设计中出现。还有的不满足《建筑给水排水设计规范》GB 50015—2003中的第3.2.5条规定，生活供水设备及消防水池进水管上未设倒流防止器，也是属于这一类的问题。

污泥经过一定的处理，它的污染程度大大降低，但如处置不当仍会造成二次污染，水处理厂的实际运行中这种例子不少。设计中如牵涉到污泥处置的问题，不能掉以轻心，随便处置。如何将污泥无害化、并处置妥当的技术仍在探索和发展，设计人员应注意这方面的信息资料收集，努力探寻污泥妥善处置的好方法，并在设计中应用。

【问题9】 城市道路立交排水设计问题。

【分析与对策】 一些资料中反映，各地的设计审查常见城市道路立交排水存在较大问题。多次出现过由于设计不当的原因使立交排水功能不满足要求的案例。水文资料和数学计算可能是一个因素，应该认真解决这方面的工作程序和方法的问题。但对于大多数情况可能不仅仅是水文计算的问题，因为气象资料属于从大量记录中得出的统计资料。水文计算涉及重现期的要求，变数较多。但同一地区不同区域的暴雨公式虽不相同但计算结果也不会相差太多，汇水面积出现较大错误倒是会造成计算结果偏差较大。相比之下，进出水口和水流途径的可靠性应该是更重要的，这一条是由室外排水规范强制性条文第4.10.3条明文规定的。设计和图纸审查应在这个问题上给予重视。除此之外就是设备的选择、安装设计、自动控制以及电气设计等方面的问题。总之，给足排水设备的能力，使设备能及时发挥作用，是从设计解决问题的最值得的关注点。

最近几年我国城市因暴雨造成的灾害强度和频率均有一定的提高。城市化的发展较快以及全球气温升高造成的气候异常是两个方面的原因，但工程界反思认为我国城市排雨水标准有些偏低也是很重要的原因。《室外排水设计规范》GB 50014—2006（2016年版）对于雨水的排水标准有所提高。审图应监督设计单位按标准设计，使设计符合城市建设和人民生活舒适的需要。只要国家对城市排水有新的规定出现，审图工作也应在第一时间按新规定对设计把关。

【问题10】 市政工程中的建筑给排水设计问题。

【分析与对策】 市政工程中的室内给排水设计也经常出现一些违反规范规定的问题，其中也有强制性条文。比如前面提过的消防给水的问题，防止交叉污染的问题。给排水专业自己设计的水厂、污水处理厂就包括一些这样的建筑给排水设计。《建筑给水排水设计规范》和《建筑设计防火规范》中有关的强制性条文很多，都需要认真执行。

比如按规定场地需要室外消火栓给水系统，那么就要有符合规定的管道、供水泵和消防储备水池。消火栓的水柱应该达到任何需要的地点。设计中往往忽视这些规定。审查的某污水厂设计中，不知按什么规定设一个十几立方米的水池放在那里，好像是有消防设施的意思，但设计不按规定的储水量和提供水量、水压能力进行设计与根本不设的区别不大。要按规定的距离设置消火栓以及完善的消火栓供水系统。不仅消火栓系统，如果建筑需要设置自动喷水灭火系统，也必须按规定设置完整的系统，才能实现其应有的功能，建筑灭火器的设置也是这样。

附属用房设计卫生器具应选用节水型，严禁使用淘汰型产品。提供卫生器具安装图。所有卫生器具和地漏的水封深度不得低于50mm。给水管道应进行冲洗消毒，污水管道应合理设置伸缩节。厨房排水管道上应设置隔油器。这些在建筑设计中大家都知道是强制性的规定，在污水处理厂中当然也要执行。据反映，这些问题往往被忽略。比如，建筑给水排水设计规范的强制性条文中禁止使用钟罩式地漏，建筑设计审图在要求设计给予说明这一点上很严格，市政工程中的建筑给水排水设计是完全一样的情况，但很多都在设计中不提这个要求。

锅炉排污应先降温再排入污水管道。不但国家标准有这方面的规定，而且由于污水处理效果与水温有较大关系，在污水处理厂中是明显影响工程效果的问题。此类问题如在设计中出现，审图工作应提出意见。

建筑设计应向着创造绿色建筑的方向努力。一个建筑是否符合绿色建筑的要求目前还不是一般施工图审查的内容。但如果设计中按绿色建筑的要求设置了替代能源，如太阳能热水器等，就应该按太阳能热水器的安全要求设计。把太阳能热水器的安全要求明确写在图纸上，施工图审查中就遇到漏写的情形。

【问题11】 关于海绵城市建设设计审查问题。

【分析与对策】 海绵城市建设低影响开发设计上存在不协调问题，有的就没有设计，例如道路绿化、小区庭院雨水利用、公园游园等项目没有进行雨水利用设计，仍然老办法设计，即使有个别专业有些这方面的设计，也是仅仅在某局部做了一点点，距整个海绵城市建设低影响开发设计理念还有很大差距。海绵城市建设低影响开发设计是一个系统工程，需要各专业协调联动，不是单单给排水一个专业就能完成的，需要前期规划、道路设计专业、园林园艺专业、建筑专业、结构专业、排水专业共同完成。首先服从整体海绵城市建设低影响开发规划设计，落实本地区的海绵城市建设的考核指标及政策要求，新建项目的雨水利用要求，项目本身雨水利用的可行性；落实该项目的具体海绵城市建设设计内容；项目负责人制定设计方案；相关专业负责具体本专业的实施图纸。审图机构也应掌握本省的海绵城市建设低影响开发的有关政策文件精神及有关海绵城市建设的设计规范、标准图集，实时进行海绵城市建设的设计施工图审查。

【问题12】 关于综合管廊设计审查问题。

【分析与对策】 我省各地的综合管廊建设发展不平衡，有的审图公司审查过一些综合管廊，有的还没有审查过综合管廊。总之，综合管廊设计也是一个系统工程，涉及专业较多，虽然施工图是结构专业为主设计的，但设计基础资料是管廊内各类管道的专业设计人共同协商的结果，它的消防、通风、排水、管道支墩支吊架、进出料孔、进入孔、安装孔等均是在各相关专业提出的工艺资料基础上设计的，虽然图纸上仅有结构专业签字，往往其他专业没有会签，这是不妥的，施工图审查机构应该就此问题给予提出要求——必须有专业会签，以保证图纸的设计完整性。

综合管廊设计审查是近几年新出现的设计审查内容，大家设计经验比较欠缺，审查时应高度重视学习综合管廊的设计施工验收规范，深刻理解规范条款及条文解释相关内容，不明之处要善于与同行沟通，还可以就某个技术问题致函规范编写组进行垂询。

6.3 环卫工程

【问题1】 建设单位提供的报审资料不完整。

【分析与对策】 根据《市政公用工程施工图设计文件技术审查要点》（建设部2013版）（以下简称“建设部审查要点”）、《河北省房屋建筑和市政基础设施工程施工图设计文件审查要点》（2017版）（以下简称“河北省审查要点”），审查内容依据除法律、法规、规范、标准外，还应包括与结构安全相关的编制依据、对有环评、洪评、地质灾害评价、抗震专项论证等评价的工程，其评价要求及结论是否得到执行。因此，建设单位报审的资料除全套施工图、设计计算书外，还应包括以下内容：

（1）作为设计依据的政府有关部门的批准文件及附件；

（2）环境影响评价报告及审批文件；

（3）洪评、地质灾害评价、工程场地地震安全性评价报告、工程安全预评价及抗震专项论证（若需要）；

（4）审查合格的岩土工程勘察文件和测绘成果。

【问题2】 施工图设计文件中设计说明不完整，缺少工程概况、设计规模、施工安全注意事项等重要内容。

【分析与对策】 不同处理规模（填埋场库容及厚度）的环卫工程，有着不一样的工艺处理要求和设施设置要求。明确设计处理规模（填埋场库容及厚度），才能使审查人员对设计是否合理、监管部门对运行是否达标进行判断。施工安全注意事项虽然不属于施工图设计内容，但因涉及人身安全、工程安全，设计文件有责任对施工安全重点部位和环节进行说明，对防范生产安全事故提出指导意见。根据河北省审查要点，设计说明应包含（不仅包含）以下主要内容：

（1）应列出初步设计的审批文件、施工图设计采用的标准规范等设计依据；

（2）应说明环卫工程的主要建设内容、处理规模、处理工艺，可燃气体利用方式、废渣资源化、无害化处置方法，污染物排放标准等；

（3）采用的新技术、新材料的说明；

（4）施工安全注意事项及重要施工技术要求；

（5）涉及工程安全、人身安全、环境保护的施工及验收规范的相关要求；

（6）有关环境保护、劳动卫生的运行管理要求。

【问题3】 施工图设计文件缺少工艺专业设计施工图。

【分析与对策】 环卫工程种类较多，很多工程偏重于房屋建筑工程，如垃圾转运站、餐厨垃圾处理厂等，机械设备配套比较完善，因此很多工程设计仅配置了土建专业及辅助专业，没有工艺专业设计施工图。对于小型工程，当工艺采用成套设备并由设备公司配套时，可以不再要求另出工艺设计图，但有关说明应在建筑图中体现；对于较大项目，应进行工艺设计，并出具完善的施工图文件，否则不应对审查委托予以受理。

【问题4】 垃圾卫生填埋场防渗结构有多种形式，规范规定也不统一，给设计者造成困惑，也容易混淆。

【分析与对策】 《生活垃圾卫生填埋场防渗系统工程技术规范》CJJ 113—2007、《生活垃圾填埋场污染控制标准》GB 16889—2008、《生活垃圾卫生填埋处理技术规范》GB 50869—2013 对填埋场防渗系统均有明确规定，但说法有所差异。三部标准均为有效版本，但由于前两者编制时间较早，且《生活垃圾卫生填埋处理技术规范》GB 50869—2013 给出了更为具体、合理、可靠的防渗衬里结构做法，因此，卫生垃圾填埋场防渗系统设计宜以后者为准。

《生活垃圾卫生填埋处理技术规范》GB 50869—2013 第 8.2.1～8.2.6 条规定，防渗系统应根据工程地质与水文地质条件进行选择，可采用天然黏土类衬里结构或人工合成衬里结构。人工合成衬里结构又分复合衬里结构、单层衬里结构和双层衬里结构。

当天然基础饱和渗透系数小于 1×10^{-7}cm/s 且场底及四壁衬里厚度不小于 2m 时，可采用天然黏土类衬里结构。位于地下水贫乏地区的防渗系统可采用单层衬里结构。

在以下情况下，宜采用双层衬里结构：

（1）国土开发密度较高、环境承载力减弱，或其他需要采取特别保护的地区；

（2）填埋容量超过 1000 万 m^3 或使用年限超过 30 年的填埋场；

（3）基础天然土层渗透系数大于 1×10^{-5}cm/s，且厚度较小、地下水位较高（距基础底小于 1m）的场址；

（4）混合型填埋场的专用独立库区。

除以上特殊情况外，人工合成衬里防渗系统应采用复合衬里防渗结构。

复合衬里防渗结构、单层衬里防渗结构对比见下表：

复合防渗结构、单层防渗结构形式比较表

形式 结构层		复合防渗结构			单层防渗结构 （HDPE 土工膜）	
		HDPE 土工膜＋黏土	HDPE 土工膜＋GCL			
		库区底部	库区底部	库区边坡	库区底部	库区边坡
1	基础层	土压实度应≥93%		土压实度应≥90%	土压实度应≥93%	土压实度应≥90%
2	反滤层(可选)	土工滤网宜≥200g/m²		—	土工滤网宜≥200g/m²	—

续表

<table>
<tr><td colspan="2" rowspan="3">形式
结构层</td><td colspan="3">复合防渗结构</td><td colspan="2" rowspan="2">单层防渗结构
（HDPE 土工膜）</td></tr>
<tr><td>HDPE 土工膜 + 黏土</td><td colspan="2">HDPE 土工膜 + GCL</td></tr>
<tr><td>库区底部</td><td>库区底部</td><td>库区边坡</td><td>库区底部</td><td>库区边坡</td></tr>
<tr><td>3</td><td>地下水导流层（可选）</td><td colspan="2">卵（砾）石，厚度应≥30cm；上铺非织造土工布规格宜≥200g/m²</td><td>—</td><td>卵（砾）石，厚度应≥30cm；上铺非织造土工布，规格宜≥200g/m²</td><td>—</td></tr>
<tr><td>4</td><td>膜下保护层</td><td>黏土，渗透系数应≤1×10⁻⁷cm/s，厚度宜≥75cm（也承担防渗作用）</td><td>黏土，渗透系数宜≤1×10⁻⁵cm/s，厚度宜≥30cm</td><td>黏土，渗透系数宜≤1×10⁻⁵cm/s，厚度宜≥20cm；或非织造土工布，规格宜≥600g/m²</td><td>黏土，渗透系数应≤1×10⁻⁵cm/s，厚度宜≥50cm</td><td>黏土，渗透系数应≤1×10⁻⁵cm/s，厚度宜≥30cm；或非织造土工布，规格宜≥600g/m²</td></tr>
<tr><td>5</td><td>防渗层</td><td>HDPE 土工膜厚度应≥1.5mm</td><td colspan="2">HDPE 土工膜，厚度应≥1.5mm＋GCL，渗透系数应≤5×10⁻⁹cm/s，规格应≥4800g/m²</td><td colspan="2">HDPE 土工膜厚度应≥1.5mm</td></tr>
<tr><td>6</td><td>膜上保护层</td><td colspan="5">非织造土工布，规格宜≥600g/m²</td></tr>
<tr><td>7</td><td>渗沥液导流层</td><td colspan="2">卵石等石料，厚度应≥30cm</td><td>土工复合排水网或土工布袋</td><td>卵石等石料，厚度应≥30cm</td><td>土工复合排水网或土工布袋</td></tr>
<tr><td>8</td><td>反滤层</td><td colspan="2">土工滤网宜≥200g/m²</td><td>—</td><td>土工滤网宜≥200g/m²</td><td>—</td></tr>
</table>

【问题5】 垃圾渗沥液调节池未采取封闭措施。

【分析与对策】 渗沥液调节池会产生臭气。为了防止臭气外逸，应对调节池进行覆盖。

《生活垃圾填埋场污染控制标准》GB 16889—2008 第5.10条规定，渗沥液调节池采取封闭等措施。《生活垃圾卫生填埋处理技术规范》GB 50869—2013 第10.3.6条规定，调节池宜设置HDPE膜覆盖系统，覆盖系统设计应考虑覆盖膜顶面的雨水导排、膜下的沼气导排以及池底污泥的清理。

【问题6】 生活垃圾填埋场未按照要求设置填埋气体收集处理及利用工程。

【分析与对策】 填埋气体的主要成分是甲烷，同时还有二氧化碳、少量恶臭气体、有毒气体。填埋气体是一种易燃易爆气体，也是一种大气污染物，同时也是一种能源。为了消除填埋气体的安全隐患，减轻其对周围环境的污染，并对填埋气体有效利用，应根据填埋场规模（库容和埋深）设置填埋气体导排设施、收集处理设施及利用设施。库容较小填埋场可采用被动式导排，大库容填埋场应采用主动式导排。主动导排气体应按规定收集处理或利用，符合利用条件的可用于内燃机发电、锅炉燃料、制造城镇燃气，不能利用的或利用系统剩余的应采用火炬法燃烧处理。

《生活垃圾填埋场填埋气体收集处理及利用工程技术规范》CJJ 133—2009 第 3.0.1～3.0.3、7.1.5、7.3.1 条相关规定如下：

（1）填埋场必须设置填埋气体导排设施。

（2）设计总填埋容量大于或等于 100 万吨，垃圾填埋厚度大于或等于 10m 的生活垃圾填埋场，必须设置填埋气体主动导排处理设施。

（3）设计总填埋容量大于或等于 250 万吨，垃圾填埋厚度大于或等于 20m 的生活垃圾填埋场，应配套建设填埋气体利用设施。

（4）填埋场抽出的气体应优先满足气体利用系统的用气，剩余气体应能自动分配到火炬系统进行燃烧。

（5）设置主动导排设施的填埋场，必须设置填埋气体燃烧火炬。

【问题 7】 填埋场未按规定设置地下水导排设施。

【分析与对策】 填埋场地下水过高，可能对基础层稳定或对防渗层造成破坏，造成地下水进入填埋场，大大增加渗沥液的产量，还会造成渗沥液对地下水、地表水的污染。因此，当地下水水位过高时，应设置地下水收集导排系统。

《生活垃圾填埋场污染控制标准》GB 16889—2008 第 5.13 条规定如下：生活垃圾填埋场填埋区基础层底部应与地下水年最高水位保持 1m 以上的距离。当生活垃圾填埋场填埋区基础层底部与地下水年最高水位不足 1m 时，应建设地下水导排系统。地下水导排系统应确保填埋场的运行期和后期维护与管理期内地下水位维持在距离填埋场填埋区基础层底部 1m 以下。根据水量、水位等水文地质情况，可选择采用碎石导流层、导排盲沟、土工复合排水网导流层等方法进行地下水导排。

【问题 8】 填埋气体抽气设备选型设计不符合要求。

【分析与对策】 填埋气体具有腐蚀性和易燃易爆性，因此抽气设备应采用抗腐蚀、防爆设备。由于填埋气体产量随时间变化较大，为了保持抽气量和产气量的基本平衡，需要调节抽气设备的转速来调节抽气流量，因此应设调速装置，且宜采用变频调速装置。另外，为了保证填埋气体随时排出，还要求设置至少一台备用设备。

【问题 9】 生活垃圾转运站没有设计通风、除尘、除臭系统。

【分析与对策】 转运站对周边环境影响最大的主要污染是转运作业时产生的粉尘和臭气。

小型转运站可以采取喷水降尘或喷药除臭，大、中型转运站必须设置独立的抽排风/除臭系统。《生活垃圾转运站技术规范》CJJ/T 47—2016 第 7.1.3 条规定，转运站应结合垃圾转运单元的工艺设计，强化在卸装垃圾等关键位置的通风、降尘、除臭措施；大、中型转运站应设置独立的抽排风/除臭系统，以减少对周边环境的影响。

【问题 10】 沼气预处理车间建筑防爆泄压设计不符合要求，存在压型屋面板密度过大、没有考虑防冰雪聚集措施等问题。

【分析与对策】 沼气（甲烷）属于易燃易爆气体，处理沼气或产生沼气的生产厂房应考虑泄爆措施，泄爆措施应符合要求。

根据《建筑设计防火规范》GB 50016—2014 第 3.6.3 条，泄压设施宜采用轻质屋面板、轻质墙体和易于泄压的门窗等，且尽量采用轻型屋面板，以减少对建筑周围人员的伤害。轻型屋面板和墙体的质量不宜大于 60kg/m²。北方地区由于积雪和冰冻时间长，易增加屋面上泄压面积的单位面积荷载而使其产生较大静力惯性，导致泄压受到影响，设计时还应考虑应采取防冰雪聚集措施。防积雪措施可采用人工及时清扫、热风融化等，需在设计说明中强调明确。

【问题 11】 垃圾发电厂房活性炭仓未采取防爆措施。

【分析与对策】 为了有效降低垃圾焚烧厂排出的二噁英类浓度，垃圾焚烧一般采用活性炭粉作为吸附剂，对烟气中的二噁英进行吸附。活性炭粉属于爆炸性粉尘，其储存、输送时应考虑防爆。活性炭仓、输送管道应采取可靠地防静电接地措施，选用的设备材料应防静电聚集。

【问题 12】 沼气预处理车间、厌氧发酵间等其他产生易燃易爆气体车间通风设备、电气设备及其他用电设备没有采用防爆设备。

【分析与对策】 环卫工程很多工段在生产时会产生沼气，沼气属于甲类易燃易爆气体。这些工段或厂房的电气设备、通风设备等其他用电设备应采用防爆设备。填埋气体处理利用厂房属于甲类生产厂房，还需要进行防爆、泄爆设计。相关规定如下：

（1）《生活垃圾填埋场填埋气体收集处理及利用工程技术规范》CJJ 133—2009 第 5.2.10 条，导气井降水所用抽水设备应具有防爆功能。由于导气井内充满甲烷气体，且难免有空气进入，如果使用电动抽水设备，存在爆炸隐患，因此禁止使用电动设备抽取导气井内的积水。

（2）《生活垃圾填埋场填埋气体收集处理及利用工程技术规范》CJJ 133—2009 第 10.4.2 条，填埋气体处理利用厂房应属于甲类生产厂房。甲类生产厂房的防火防爆设计应符合《建筑设计防火规范》GB 50016—2014 及《城镇燃气设计规范》GB 50028—2006 的规定。

（3）《生活垃圾堆肥处理技术规范》CJJ 52—2014 第 7.5.5 条，生活垃圾堆肥处理厂渗沥液收集池布置在室内时，应设置强制排风系统，且收集池内的电气设备应选用防爆产品。

渗沥液含有大量易降解有机物，极易因自发性厌氧降解而产生沼气，造成池内甲烷聚集，使收集池成为最关键的安全风险位置，必须有效防护。储存池内的电器设备采用防爆型号是防止其中气体燃爆的基本要求。如储存池在室内，房间还必须设置强制排风，防止沼气在室内聚集。排风系统的电气设备也必须采用防爆型号。另外，垃圾储存间等可燃气体易散发场所的照明灯具、开关和其他电器应采用防爆设计。

（4）河北省审查要点规定，餐厨垃圾处理厂厌氧发酵间等可能产生沼气的区域的电气设计，应采用防爆设计。这些区域的排风机，应采用防爆风机。粪便处理厂、厌氧消化池间等可能产生沼气的区域的电气设计，应采用防爆设计；这些区域的通风设备应采用防爆设备。

【问题 13】 设在外墙下部的轴流风机进出风口未设防护网。

【分析与对策】 一些厂房或工位产生的有害气体密度较大，需要在厂房下部进行排风。采用轴流风机安装在房间外墙下部时，为了防止风机对人的意外伤害，其进排风口应设防护网。

【问题 14】 环卫工程的厂房车间没有进行建筑节能设计。

【分析与对策】 《工业建筑节能设计统一标准》GB 51245—2017 已于 2018 年 1 月 1 日开始实施。很多设计人员还不了解、甚至不知道这个标准，在环卫工程设计时没有进行建筑节能设计。

工业建筑节能设计分为一类工业建筑和二类工业建筑。一类工业建筑冬季以采暖为主，夏季以空调能耗为主，通常没有强污染源及强热源。凡是有供暖空调需求的工业建筑，均执行一类工业建筑相关要求。二类建筑以通风能耗为主，通常有强污染源或强热源。环卫工程中垃圾焚烧车间、发电车间、垃圾堆肥车间、发酵车间等发热量较大的厂房，一般不需采暖或仅设值班采暖（值班采暖用于非生产时段的防冻），属于二类工业建筑，按二类工业建筑进行节能设计；其他需要采暖空调的厂房按一类工业建筑进行节能设计。施工图设计时，应由工艺、建筑及暖通专业对单体建筑进行分类，相关专业根据建筑分类进行节能设计。

6.4 热力工程

6.4.1 热力管线工程

【问题 1】 施工图设计说明中，缺设计依据和设计范围说明。此问题主要体现在设计说明中缺设计依据的相关标准、主要设计参数及条件、试验压力和供热范围及热负荷等；设计依据的标准规范、图集采用作废版本或非正式稿；对超出规范标准限值的内容没有做特别说明及论证。

【分析与对策】 施工图设计说明是一份关于设计的说明书，是对设计产品的注释，用来指导招标、采购、施工。施工图设计说明，应涵括工程概况、设计依据、设计范围、工程设计参数等项内容，详细内容请参阅《市政公用工程设计文件编制深度规定》。

工程概况中应阐明工程地理位置。工程的地理位置对于管道的抗震设计非常重要，工程地点的气象参数对于管网的安装、运行工作环境，管材管件的选用、保温、管道热补偿计算、管道应力计算等内容均有影响。所以工程地理位置不应缺失，有特殊场地、地形处尚应明确说明。

设计依据应包括：（1）经审批的初步设计文件、地质报告等；（2）主要设计规程、规范和规定；（3）采用的主要计算软件；（4）业主提供的相关资料和有关要求等。近几年规范、规程更新较快，设计单位应加强对标准规范的有效性管理，设计人员应注重对新规程规范的学习，关注规范更新信息及规范适用范围，确保采用适用的规程规范且为现行有效版本。

设计范围说明要明确本套图纸的设计范围以及与其他项目、其他专业的设计界限。对于超出设计规范、不属于设计范畴但又相关的内容，应说明采取的特殊措施，同时用说明条款把责任界限表述清楚。设计单位人员对设计成果负法律责任和合同责任。

热力管线工程的设计参数应包括：供热负荷、设计温度、设计压力等。设计参数应根据设计条件确定，即供热介质的工作温度、压力计算确定，不同参数的管道应分别说明。

【问题2】 设计内容深度不够问题。此问题主要表现为设计内容未达到现行《市政公用工程设计文件编制深度规定》的要求，说明中缺压力试验要求，缺防腐材料说明，主要设备材料表不全，缺必要的纵剖面图；设计内容缺放水、放气、阀门井的布置安装图，缺固定支座图等。

【分析与对策】 设计文件是施工安装的依据，设计深度不足，易造成材料采购和施工安装的随意性。安装时放水放气位置随意布置，阀门、固定支座位置不恰当，防腐材料选用不适用热媒温度要求等现象极易发生，均会影响系统的安全运行。所以施工图深度不足就难以保证工程质量。

纵断面图是施工时管沟、管槽开挖深度和确定管道、管件标高的重要依据。缺少纵断面布置，会在安装时造成管道坡向不准确；随意性大，造成使用中疏放水、放气不畅，影响管道供热能力。

因此设计单位应严格执行住建部颁发的《市政公用工程设计文件编制深度规定》（2013年版）的相关要求。图纸名称可根据具体情况调整，但主要内容必须齐全。

【问题3】 送审供热管网施工图不提供计算书，造成审查没有依据。

【分析与对策】 施工图是设计过程分析、计算成果的体现，设计时必须按照规范要求进行计算。计算书和经鉴定的有效软件计算结果是设计的依据，应作为首要的审查内容。管道壁厚是否满足要求，应力是否超标，补偿量及弹簧压缩或拉伸量是否满足安装运行要求，固定墩的结构是否能承受推力荷载，保温层厚度及结构是否满足要求等，都需要通过对计算书或软件计算结果的审查来验证。如果不计算热网管道固定支墩的推力，就无法校核固定支墩结构是否满足要求。

设计单位应提供系统的、完善的计算书。其的一般内容和要求如下：

（1）计算书应包括管道强度计算、应力验算、补偿量计算，以及管道对固定墩的推力计算、支吊架弹簧压缩或伸长量计算、管道保温计算等。

（2）手工计算的计算书中应提供计算过程；采用软件计算时，应提供所用软件的名称、版本、国家认可的鉴定证书，打印出计算模型、计算输入参数、计算结果等内容附在计算书内。

（3）计算书封面应签字齐全，加盖设计单位红章。

设计人员参照以往工程省略计算过程会有风险；新工程往往因为设计条件发生变化，导致原有计算结果不适用。例如曾经在某供热管网工程中，图审单位在校核时发现管道设计壁厚不足，要求设计单位提供计算书核查；因设计单位未做热网管道的壁厚的校核计算，设计人员此时才发现错误；此错误如果没有得到及时纠正将会造成严重的安全隐患和经济损失。因此，设计人员应培养良好的设计习惯，对每一个项目均应进行计算，将计算过程和结果合理表达、归档，并提供给审图机构审查。

【问题4】 施工图中对设备、材料的材质和性能要求缺乏明确的设定。对管道的材质、保温材料的厚度、性能、阀门和补偿器的公称压力等没有明确给出，有些将管道材料标准、材质选错。

【分析与对策】 在施工图中，应对主要设备材料的材质、性能做明确要求，否则无法保障订货材料达到设计要求的使用性能和寿命。

热网工程设计应首先确定设计参数，然后根据介质及设计参数计算选择合适的管材、保温厚度等。在材料表中应根据管道、管道附件（法兰、螺栓、螺母、垫片等）、补偿器、阀门、支吊架（包括管部、根部和连接件）等分类说明材质、公称压力、公称直径、规格、执行的标准号等要求，注明各种管道和各种附件的单位及数量。设计时应标注管材、管件的执行标准及编号，并且应采用现行有效版本。对于供热工作管还应说明壁厚，设置保护层的管道应说明保护层材质及厚度。当其他特殊要求时还需要做特殊说明。

举例，在某供热管网施工图中，热媒参数为130℃/70℃，仅仅说明保温材料选用聚氨酯，而且没有对其性能的明确要求；本例中如果安装单位采用了普通聚氨酯（PUR）保温材料的产品，可能会发生保温材料失效现象，浪费热能还会对周围环境产生危害。本例问题由于设计人员对保温材料的性能和适用温度不清楚，同时由于设计深度不足，未注明材料设备性能，易引起订货错误。

普通聚氨酯长期工作温度不宜大于120℃，否则会出现碳化现象，保温性能大幅下降。参考现行国标《高密度聚乙烯外护管硬质聚氨酯泡沫塑料预制直埋保温管及管件》GB/T 29047—2012，普通聚氨酯（PUR）预制直埋保温管在130℃工作温度时工作寿命也就约7.6年左右的时间；本例情况中保温材料应选用耐高温的聚氨酯，如聚异氰脲酸酯（PIR）、高密度聚异氰脲酸酯（HDPIR）等，并注明其要求耐受的长期工作温度不低于130℃。设计、审查时应注意此类问题。

【问题5】 在直埋蒸汽管道中钢质外护管，壁厚不符合规范要求。例如某工程直埋蒸汽管道$\phi 478\times 9$采用硅酸镁软质保温层，却选用D1020×9的钢质外护管。

【分析与对策】 钢质外护管主要承受的是运输、施工过程中的外部荷载，为了避免发生过大变形，使其具有一定刚度。《城镇供热直埋蒸汽管道技术规程》CJJ/T 104—2014第7.2.2条规定："对不带空气层的保温结构，钢质外护管的外直径与壁厚的比值不应大于140；对带空气层的保温结构，钢质外护管的外直径与壁厚的比值不应大于100。"

上述工程中蒸汽管道采用了带空气层的保温结构，其钢质外护管的外直径与壁厚的比值大于100，不满足规范要求。此问题有两种措施可纠正：一是增大钢质外护管壁厚，二是将保温结构调整为硅酸镁＋聚氨酯发泡的不带空气层的复合保温结构。

【问题6】 热水热力管道的管段高点应设放气点，低点设泄水小室，设计常漏设。地下直埋蒸汽管道排潮管、疏水点设置不全或不符合规范要求。

【分析与对策】 放气装置除排放管中的空气外，也是保障管道充水、放水的必要装置。只有放气点、泄水点的数量、管径足够时，才能保证充水、放水在规定的时间内完成，避免在采暖季事故检修时发生管道冻裂现象。部分设计人员常常认为，管道的放水、放气由施工单位现场根据情况设置，该问题表面简单，实际影响较大，不可忽视。

这里容易出现的问题是：热水供热干管高点处为关断阀门，往往设计只在关断阀门的一侧设置放气阀；这样则当分段检修时，阀门关闭后，另一侧管段就会因缺少放气点，使其充水、放水受到影响，不能保证充水、放水在规定的时间内完成。所以，热水热力管道高点处的关断阀两侧均应设置放气阀。

蒸汽管道的疏放水设置不当会造成管道水击，严重时造成管系损坏和人员伤亡；直埋蒸汽管道的排潮管如果设置不当，保温材料受潮后，水蒸气无法及时排出，会造成保温材料失效，外护管破坏，内固定、滑动支架变形，严重时也会造成管系损坏和人员伤亡。

施工图中应根据工程的具体情况，合理选用疏水和放水、放气管道的管径，在图中设计放水、放气的具体位置，并表示管道走向示意图，明确放水、放气的去向，高温放气管道应排至安全的地方。直埋蒸汽管道必须合理设置排潮管，并且采取防止排潮管发生雨水倒灌的措施。

【问题7】 管道穿过河流、铁路、公路等特殊地段的技术要求和工程做法不明确。

【分析与对策】 管道穿过河流、铁路、公路等特殊地段时，应征得相关部门的同意，并根据所穿越地段的具体情况和要求，确定管道的敷设方式，支架位置，保温形式、防水做法，确保不影响原有地段的使用功能，在图中还应将特殊地段的现状情况表示清楚。对于特殊节点部位，应出节点大样图。

【问题8】 地下敷设供热管道与建构筑物及其他管线的安全间距问题。

如施工图中常出现直埋敷设供热管道与建筑基础的间距不满足规范要求；供热管网图说明中缺少热力管道与其他管线和建筑物、构筑物的最小距离要求，以及不满足时应采取的措施。

【分析与对策】 地下敷设热力网管道的管沟外表面，直埋敷设热水管道或地上敷设管道的保温结构表面与建筑物、构筑物、道路、铁路、架空电线和其他管道的最小水平净距、垂直净距应符合现行国家标准《城镇供热管网设计规范》CJJ 34—2010 和《城镇供热直埋热水管道工程技术规程》CJJ/T 81—2013 的要求。在图纸中应注明供热管道与建构筑物及其他管线的具体尺寸。

直埋敷设供热管道，一旦管道漏水，会直接冲刷建筑物基础及其以下的土壤，直接威胁建筑物的安全。尤其是开式热水供热系统，补水能力较强，漏水时管网压力下降较小，对土壤的冲刷尤其严重。因此直埋敷设供热管道必须与建筑物基础保持较大的水平净距。如果由于现场条件的具体情况不能满足规范要求时，应进行特殊处理，以保障建筑物基础的安全。市政工程地下管线较多，有时热力管道与其他管线的间距难以满足规范要求。为保证运行安全，如果遇到间距不能满足规范的情况，须采取必要的防护措施，则应说明采取的具体防护措施。

【问题9】 地下敷设热力管道的坡度不满足规范要求。

【分析与对策】 地下敷设需考虑管沟排水以及管道的放气、放水，为保证管道的安全运行及维护管理，应按照规范要求设置坡度，当确因现场情况不能满足要求时，应适当增加检查井和放水、放气点。

【问题 10】 室外蒸汽管道的管件、阀门严禁采用铸铁件，设计人员对阀门材质的选择常疏忽。

【分析与对策】 灰铸铁由于其材料性质，易发生冻裂现象。对不能采用铸铁件的情况，现行《城镇供热管网设计规范》CJJ 34—2010 第 8.3.4 条中有严格规定。

蒸汽管道发生泄漏时，由于蒸汽压力、温度均较高，会造成人员伤亡，危险性高，从安全考虑，不论任何敷设形式，任何气候条件，都应采用钢制阀门及附件。

同时规范还规定：室外采暖计算温度低于−5℃地区露天敷设的不连续运行的凝结水管道放水阀门，室外采暖计算温度低于−10℃地区露天敷设的热水管道设备附件均不得采用灰铸铁制品。室外采暖计算温度低于−30℃地区露天敷设的热水管道，应采用钢制阀门及附件。

同样，对于严寒和寒冷地区，为保证系统运行的安全可靠，在市政一级热水管网中也应采用钢制阀门及附件。

由于不熟悉规范或对阀门选用不重视，造成阀门材质选用错误，会给管网造成安全隐患。因此设计人员应加强学习，充分了解不同材质的适用条件，保证施工图中管件材质的正确选用。

【问题 11】 对供热管网的试验压力要求不符合规范规定，例如某供热管网设计压力为 1.2MPa，设计说明中的管网水压试验压力要求为 1.6MPa。

【分析与对策】 根据《城镇供热管网工程施工及验收规范》CJJ 28—2014 中第 8.1.1 条要求，供热管网工程施工完成后应按设计要求进行强度试验和严密性试验，强度试验压力应为 1.5 倍设计压力，严密性试验压力应为 1.25 倍设计压力；且都不得小于 0.6MPa。

出现此类问题是由于设计人员不熟悉规范造成的，应加强对规范的学习，理解规范意图，合理确定试验压力，使供热管网的工程质量得到保障。

【问题 12】 波纹补偿器错误设置、随意设置问题。

【分析与对策】 管网热补偿设计选用波纹补偿器时常常存在以下问题：

(1) 补偿器没有按规定设置固定支架。如：拐弯处（盲板处）、变截面处、分段阀门处未设置固定支架。

(2) 补偿量没有根据水温计算，随意选用。如低温水供热管网、热泵系统供热管网，基本可以自然补偿，却设置了大量的波纹补偿器，不但增加了投资，还形成薄弱环节。

(3) 固定支架设计、套用标准图错误，计算固定支架推力时没有计算内压不平衡力。

产生这些问题的原因是不了解波纹补偿器的工作原理、没有按照其安装要求设计、没有认真计算推力。由于波纹补偿器是柔性的，不能抵消补偿器两端由流体产生的内压力，而产生了内压不平衡力，内压不平衡力直接作用在固定支架上。因此，波纹补偿器的使用有一定的范围和安装要求：1）变形与位移量大而空间受限制的管道；2）变形与位移量大而工作压力低的大直径管道。

普通轴向型波形补偿器的安装有如下规定：在管道的盲端、弯头、变截面处、装有截止阀或减压阀部分，及分支管线进入主管线入口处，都应设置固定支架。

因此，进行管网补偿设计时，应分析确定合理的补偿方式以及补偿器设置位置。直埋管道应计算过渡段长度，存在锚固段时，锚固段可以不设固定支架。在自然补偿能满足热补偿要求时尽量优先采用自然补偿（L形、Z形自然补偿等）。这样既简单可靠也比较经济。

其次，设置补偿器时宜优先采用方形补偿器；在管径较大由于管道刚性太大、管道敷设空间不足而需要采用波形补偿器时，应认真计算、切忌随意设置。

第三，应认真计算膨胀量，正确计算固定支架水平推力，按照推力设计固定支架或选用支架标准图。

6.4.2 市政热源工程（热电站、锅炉房、泵站及热力站）

【问题1】 施工图设计与前期立项文件或初步设计及批复文件的一致性问题。

【分析与对策】 市政热源工程在前期立项阶段和初步设计阶段已经确定了工程的规模、主要技术方案和主要设备。这些前期设计文件都经过评审和政府相关部门的审批，施工图设计应在立项和批复的框架内，进行技术方案的细化设计。

市政热源工程的施工图审查首先应核对项目的前期文件及其相关的批复。如果有工程规模、技术方案原则等重大偏差，应要求业主或设计单位提供变更依据。

对于非原则性的变化，只要不影响工程目标的实现，不违背国家政策、标准、规范，应根据情况允许存在不一致。

【问题2】 热电站、锅炉房设计单位不能提供主要工艺系统的计算书，以及主蒸汽管道、主给水管道及供热抽汽管道等高温、高压管道系统的应力分析计算书。

【分析与对策】 计算书是设计的依据，应作为首要的审查内容。

为保证安全运行，热电站、锅炉房高温高压管道应进行应力分析，一般情况下应采用经审定批准的应力分析程序进行计算。设计单位应提供其主要管道的应力分析计算书。

对于计算书，审查人员应重点审查其输入的设计参数是否正确，如设计温度、设计压力的取值是否与现行的《火力发电厂汽水管道设计规范》DL/T 5054—2016要求一致，计算模型是否与施工图一致。对计算结果应验证有无应力超限点，接口推力是否超过设备最大允许值等，分析计算结果是否满足《发电厂汽水管道应力计算技术规程》DL/T 5366—2014的要求。

【问题3】 热电站、锅炉房施工图中高温、高压管道未给出支吊架荷重及弹簧安装高度。

【分析与对策】 在热源工程设计中应执行《火力发电厂施工图设计文件内容深度规定》DL/T 5461—2013，设计成品应符合深度规定的要求，管道布置图中应包括支吊架一览表，表中包括管道标高、支吊架工作荷载、安装荷载、结构荷载、热位移等数据，支吊架图可出组装图也可用表格形式表示，但上述数据必须齐全。

对于高温、高压管道，由于热膨胀产生的支吊架荷载远超管道本身及其介质的重量，会对支吊架本身及其支撑结构造成很大影响。必须给出支吊架荷重和弹簧安装参数。

应重点审查支吊架本身及其生根部位结构是否满足荷载要求，弹簧型号、安装高度是否与计算结果一致。

【问题4】 换热站循环热水系统设计中，流量计、电子除垢仪前后未设检修用截断阀。循环水泵进出口未设置减振软接头。

【分析与对策】 这类问题应是没有设计经验引起的，虽然不至于影响系统运行，但会造成检修不便和引起设备振动。应要求设计中注意此类细节问题。

【问题5】 换热站施工图中，循环水回水母管定压点处未设置安全阀和排水管，无法实现超压自动排水。汽-水换热器凝结水出水管道上未设置疏水装置。管道系统未设置高点放气、低点泄、放水阀门。

【分析与对策】 此类问题属于较严重错误，不符合规范要求，影响系统运行和安全，给安装检修造成困难。审查施工图时应特别注意，防止因此类问题留下安全隐患。

【问题6】 热力站设置出口的数量不足问题。例如：某企业蒸汽热力站施工图中，只设置了一个出口；某一次热媒130℃的水-水换热站，站房大于12m，也只设置了一个出口。

【分析与对策】 根据《城镇供热管网设计规范》CJJ 34—2010 第10.1.3条规定“热水热力站当热力网设计水温大于或等于100℃、站房长度大于12m时，应设2个出口。蒸汽热力站均应设置2个出口。”这就要求，热水热力站在站房热力网设计水温小于100℃且站房长度小于12m时可只设一个出口。热力网设计水温大于或等于100℃的热水热力站、站房长度大于12m的热水热力站、蒸汽热力站，不论站房尺寸如何，都应设置两个出口。这是从运行安全角度考虑的安全措施，这些站事故时危险性较大，任何情况都应设两个出口。设计时还应考虑用于设备运输、垂直搬运的安装孔，安装孔或门的大小应保证站内需检修更换的最大设备出入。

【问题7】 热力站的供热计量及供热量自动控制问题。

【分析与对策】 根据《严寒和寒冷地区居住建筑节能设计标准》JGJ 26—2010 第5.2.9条要求，锅炉房和热力站的总管上，应设置计量总供热量的热量表（热量计量装置）。此为强制性条文。

《公共建筑节能设计标准》GB 50189—2015 第4.5.2条要求，锅炉房、换热机房和制冷机房应进行能量计量，能量计量应包括下列内容：(1) 燃料的消耗量；(2) 制冷机的耗电量；(3) 集中供热系统的供热量；(4) 补水量。此为强制性条文。

行业标准《供热计量技术规程》JGJ 173—2009 中第3.0.2条要求：集中供热系统的热量结算点必须安装热量表。此条也为强制性条文。

对于市政二级换热站，一次热媒为高温水的水—水换热站，热量表宜设在一次网回水管。一次热媒为蒸汽的汽—水换热站，应在一次网、二次网中均设置热量表。

根据《严寒和寒冷地区居住建筑节能设计标准》JGJ 26—2010 第 5.2.19、5.2.20 条，《公共建筑节能设计标准》GB 50189—2015 第 4.5.4 条等标准要求：锅炉房和换热机房应设置供热量自动控制装置。此条也为强制性条文。

这些均为贯彻国家节能政策而强制执行的规定，设计人员应引起重视，施工图中不能漏设。

【问题 8】 阀门选型问题。某热力站施工图中，站内采暖供水系统的减压采用活塞式减压阀 Y43H-16，而且未标明减压阀前后工作压力。

【分析与对策】 不同型号的减压阀适用的介质和压力范围不同。活塞式减压阀 Y43H-16 只适用于蒸汽介质，不适用于热水介质。这里应采用适用于热水介质的减压阀或调节阀，同时应明确对阀门参数性能的要求，标明减压前后压力数值。

【问题 9】 锅炉房、热力站高温汽水管路的热膨胀及固定支架的合理设置问题。在某锅炉房施工图中，130℃高温热水管路的布置未考虑管道热膨胀的影响，锅炉出口 DN800 的供水母管 60m 长直管段未设置固定支架，也没有采取补偿措施。某热力站施工图中多台换热器蒸汽母管几十米长未设置约束性支架，也没有采取补偿措施。

【分析与对策】 高温汽水管道的热膨胀会对接口设备产生推力，管道流动介质的不均匀也会引起对管道的冲击力、激振力，进而传递到接口设备。如果在设备进出口高温汽水母管长直管段不设置固定支架，也不采取任何补偿措施，则会由于热膨胀不均衡和介质流速变化而产生安全隐患。

合理设置管道支架，采取恰当的补偿措施，可以有效控制由于管道热膨胀施加给设备接口的荷载、推力和力矩、管道内介质的冲击力、激振力，达到保护设备安全运行的目的。

在此类工程中，除应校核设备接口推力值外，还应审查固定支架的推力计算书，以判断固定支架的本体结构及生根部位结构是否满足推力要求。

【问题 10】 换热系统流程图不完整问题。某热力站施工图中，2 台生活热水换热器并联运行，出水总管设一总阀门，各换热器出水管是否设安全阀和阀门，总阀门前是否设安全阀，均未示出。

【分析与对策】 根据《城镇供热管网设计规范》CJJ 34—2010 第 10.3.11 条第 4 款，当热水供应系统换热器热水出口装有阀门时，应在每台换热器上设安全阀；当每台换热器出口不设阀门时，应在生活热水总管阀门前设安全阀。

热水供应系统换热器设安全阀，主要是考虑阀门关闭或用户完全停止用水的情况下，继续加热将造成容器超压，发生事故。这是压力容器安全监察的要求。

由于热力站换热系统流程图不完整，审查中无法看到全部工艺流程，会造成供货缺失或安装遗漏，使用中存在事故隐患。

此类问题中，往往是因为换热设备多采用厂家成套供应的换热机组，设计人员为简化工艺流程图引起。因此，工艺流程图不应因厂家成套供应而简化，设计人员应完整绘出工艺流程图，可在图上示出设计供货分界线。

【问题 11】 多台锅炉母管式连接时，每台热水锅炉与热水母管之间的供水管上，只装设一个阀门，锅炉循环水进水管上未设置止回阀；合用一根排污母管时，每台锅炉与排污母管间只设了排污阀而未设切断阀和止回阀。

【分析与对策】 按照《锅炉房设计规范》GB 50041—2008 第 13.1.5 条、第 13.1.10～13.1.13 条要求：

每台蒸汽（热水）锅炉与蒸汽（热水）母管或分汽（分水）缸之间的锅炉主蒸汽（供水）管上，均应装设 2 个阀门，其中 1 个应紧靠锅炉汽包或过热器（供水集箱）出口，另 1 个宜装在靠近蒸汽（供水）母管处或分汽（分水）缸上。

每台热水锅炉与热水供、回水母管连接时，在锅炉的进水管和出水管上，应装设切断阀；在进水管的切断阀前，宜装设止回阀。

当几台锅炉合用排污母管时，在每台锅炉接至排污母管的干管上必须装设切断阀，在切断阀前尚宜装设止回阀。

每台蒸汽锅炉的连续排污管道，应分别接至连续排污膨胀器。在锅炉出口的连续排污管道上，应装设节流阀。在锅炉出口和连续排污膨胀器进口处，应各设 1 个切断阀。

【问题 12】 多台燃气锅炉共用烟道时；每台锅炉的烟气出口未设置挡板或蝶阀，未设置防爆门和冷凝水管。

【分析与对策】 《锅炉房设计规范》GB 50041—2008 第 8.0.5 条 2、3 款规定：燃气锅炉的烟囱宜单炉配置，以防止数台锅炉共用总烟道时，烟道死角积存的可燃气体爆炸和烟气系统互相影响。几台炉只能集中设置 1 座烟囱时，必须在锅炉烟气出口处装设密封可靠的烟道门，以防烟气倒入停运的锅炉。《锅炉安全技术监察规程》TSG G0001—2012 第 7.6 条 1 款规定："几台锅炉共用一个总烟道式，在每台锅炉的支烟道内应当装有可靠限位装置的烟道挡板"。

燃气和煤粉锅炉的未燃尽介质，往往会在烟道和烟囱中产生爆炸，为使这类爆炸造成的损失降到最小，需要在烟气容易集聚的地方装设防爆装置。燃气锅炉的烟气中水分含量较高，需要在烟道和烟囱最低点设置水封式冷凝水排水管道。

所以，多台燃气锅炉烟道上应装设防爆门和泄压导向管，烟道和烟囱的最低点应设水封式冷凝水排水管；每台锅炉的支烟道应装设密封可靠的烟道蝶阀。

【问题 13】 蒸汽锅炉本体上的放汽管、安全阀的排汽管没有接至室外安全处。

【分析与对策】 锅炉本体、除氧器和减压减温器的放汽管和安全阀的排汽管应独立接至室外安全处，可保证人员的安全，又避免排汽时污染室内环境，影响运行操作。2 个独立安全阀的排汽管不应相连，可避免串汽和易于识别超压排汽点。在《锅炉房设计规范》GB 50041—2008 第 13.1.15 条规定：蒸汽锅炉本体上应有接至室外的放汽管，2 个独立安全阀的排汽管不应连接。因此应注意蒸汽锅炉的放汽管、安全阀的排汽管要接至室外并安全处，避免排气时危及人员安全和影响环境。

6.5 燃气工程

【问题1】 设计中采用的规范、标准过期、作废。

【分析与对策】 随着燃气事业的迅速发展，近几年行业规范和标准也在加快更新中。设计单位应加强对标准规范的有效性管理，关注规范更新信息，加强对新规范、规程的学习，确保设计采用的为当前有效版本。作为专业技术人员应关注本专业标准规范的修订，相关的更新内容和条款变化，及时更新设计数据。

【问题2】 在城市高压管线中规范使用不当的问题。

相关标准《城镇燃气设计规范》GB 50028—2006 第1.0.2条，不适用于城镇燃气门站以前的长距离输气管道工程。

《输气管道工程设计规范》GB 50251—2015 第1.0.2条，适用于陆上输气管道工程设计。

【分析与对策】

（1）《城镇燃气设计规范》适用范围明确为“城镇燃气工程”。所谓城镇燃气，是指城市、乡镇或居民点中，从地区性的气源点，通过输配系统供给居民生活、商业、工业企业生产、采暖通风和空调等各类用户公用性质的，且符合本规范燃气质量要求的气体燃料。

（2）《输气管道工程设计规范》适用范围是从气源外输总站到用户门站间的陆上输气管道工程设计。

【问题3】 场站设计中，总图设计缺少场站与周边道路及建、构筑物关系的内容。

【分析与对策】 燃气场站除内部设施之间的安全间距必须执行相关规范要求外；与外围道路，建（构）筑物也应按相关规范执行。设计单位应完善各专业技术力量的配置。

涉及相关标准不限于如下规范标准：

《城镇燃气设计规范》GB 50028—2006（有效章节）

《压缩天然气供应站设计规范》GB 51102—2016

《汽车加油加气站设计与施工规范》GB 50156—2012（2014年版）

《液化石油气供应工程设计规范》GB 51142—2015

《燃气冷热电三联供工程技术规程》CJJ 145—2010

《燃气分布式供能站设计规范》DL/T 5508—2015

《建筑设计防火规范》GB 50016—2014

《石油天然气工程设计防火规范》GB 50183—2004

《石油化工企业设计防火规范》GB 50160—2008

【问题4】 次高压、高压燃气管道缺少强度和稳定性计算书。

【分析与对策】 《城镇燃气设计规范》GB 50028—2006 第6.3.2条和第6.4.6条都规定了次高压和高压城镇燃气管道的壁厚计算要求；《输气管道工程设计规范》GB 50251—2015 第5.1节规定了长输管道的强度和稳定性计算要求。

【问题5】 燃气管道设计缺少阴极保护内容。

【分析与对策】 《城镇燃气技术规范》GB 50494—2009第6.2.10条规定，新建的下列燃气管道必须采用外防腐层辅以阴极保护系统：（1）设计压力大于0.4MPa的燃气管道；（2）公称直径大于或等于100mm，且设计压力大于或等于0.01MPa的燃气管道。

设计中还应注意，如新设计管道与原有管道连接的，应核实原有管道是否有阴极保护系统。如原有管道无阴极保护系统，应在新设计段管道起点采取加设绝缘接头等措施。

【问题6】 燃气管道阀门设置不当。

【分析与对策】

（1）《城镇燃气技术规范》GB 50494—2009第6.2.7条，第6.3.7条，第6.3.8条；

（2）《城镇燃气设计规范》GB 50028—2006第6.3.13条，在城镇高压燃气管道阀门的设置应符合以下要求：

① 在高压干管上，应设置分段阀门，分段阀门的最大间距：以四级地区为主的管段不应大于8km，以三级地区为主的管段不应大于13km，以二级地区为主的管段不应大于24km，以一级地区为主的管段不应大于32km。

② 在高压支管的起点处，应设置阀门。

③ 燃气管道阀门的选用应符合国家现行有关标准，并应选择适用于燃气介质的阀门。

④ 在防火区内关键部位使用的阀门，应具有耐火性能，需要通过清管器或电子检管器的阀门，应选用全通径阀门。

在次高压、中压燃气干管上设置分段阀门，是为了便于在维修或接新管操作或事故时切断气源，其位置应根据具体情况而定，一般要掌握当两个相邻阀门关闭后受它影响而停气的用户数不应太多。

将阀门设置在支管上的起点处，当切断该支管供应气时，不致影响干管停气；当新支管与干管连接时，在新支管上的起点处所设置的阀门，也可起到减少干管停气时间的作用。

【问题7】 缺少管道的抗震设计。

【分析与对策】 《城镇燃气技术规范》GB 50494—2009第3.1.9条，《城镇燃气设计规范》GB 50028—2006第6.4.5条，对抗震设防烈度为6度及6度以上地区，燃气设施的建设必须采取抗震措施。

地震是对建（构）筑物破坏较严重的自然灾害，而燃气设施是重要的基础设施工程，在国务院颁布的《破坏性地震应急条例》中被定为“生命线工程”，故根据国家现行的有关规范要求进行抗震设计。

【问题8】 对于LNG空温气化器后，温度低于−20℃的管道选材不当问题。

【分析与对策】 《城镇燃气设计规范》GB 50028—2006第9.4.2条，对于使用温度低于−20℃的管道应采用奥氏体不锈钢无缝钢管，其技术性能应符合现行的国家标准《流体输送用不锈钢无缝钢管》GB/T 14976的规定。

通常在LNG空温式气化器后管道选用20号钢，当环境温度低于−10℃时，气化后的天然气有可能低于－20℃，而－20℃为20号钢使用的下限温度，长期使用会导致管道脆裂发生泄露隐患。

【问题9】 调压装置未设防止出口压力过高的安全保护措施。

【分析与对策】《城镇燃气技术规范》GB 50494—2009第6.3.6条，调压装置应具有防止出口压力过高的安全措施。主要是防止压力过高对下游的燃气管道、设施和用户造成损害。

【问题10】 室外架空敷设燃气管道未做防雷接地。

【分析与对策】《城镇燃气技术规范》GB 50494—2009第6.4.6条；敷设在室外的用户燃气管道应有可靠的防雷接地装置。采用阴极保护腐蚀控制系统的室外埋地钢制燃气管道进入建筑物前应设置绝缘连接。

设计人员在进行室外燃气管道设计时，应根据现场情况，对安全防护区域以外的燃气管道，采取相应安全措施。

【问题11】 公建和大型用户燃气管道穿防火墙。

【分析与对策】《建筑设计防火规范》GB 50016—2014中第6.1.5条；可燃气体和甲乙丙类液体的管道严禁穿过防火墙。

除此之外，防火分区和防火墙性质和作用一样，也严禁穿过，在实际设计和审查中应特别注意。

【问题12】 进入锅炉房燃气管道未设自动和手动切断阀。

【分析与对策】《建筑设计防火规范》GB 50016—2014中第5.4.15中1款，设置在民用建筑内的锅炉、柴油发电机，其燃料供给管道应符合下列规定：在进入建筑物前和设备间内的管道上均应设置自动和手动切断阀；本条为强制性条文。建筑内的可燃液体、可燃气体发生火灾时应首先切断其燃料供给，才能有效防止火势扩大，控制油品流散和可燃气体扩散。

【问题13】 聚乙烯管道和钢骨架聚乙烯复合管道与热力管道之间的水平净距和垂直净距，未按照《聚乙烯燃气管道工程技术规程》CJJ 63—2008表4.3.2-1和4.3.2-2规定设计。

【分析与对策】 在《聚乙烯燃气管道工程技术规程》CJJ 63—2008中，考虑到不同种类热力管道对聚乙烯管道的影响不同，对直埋热力管道区分了热水管道和蒸汽管道，对于聚乙烯燃气管道与直埋热力管道的水平净距和垂直净距，应执行此规范中表格，而不应仅按照《城镇燃气设计规范》GB 50028—2006表6.3.3-1和6.3.3-2进行设计。

【问题14】 燃气管道、附件的选用问题。

在燃气工程设计中，燃气管道、管道附件等不明确标注执行标准及相关技术要求，有可能导致采购的相关管材、附件不符合规范要求，产生安全隐患。

如在某次高压输气管道工程中，管道采用螺旋焊缝钢管，在对管件要求的说明中，弯管仅说明材质与管道相同，未注明“不得采用螺旋焊缝钢管制作”。

【分析与对策】 弯头弯管是城镇天然气高压输气管道中用的最多的管道附件，《城镇燃气设计规范》GB 50028—2006，第 6.4.4 条 6 款规定：“管道附件不得采用螺旋焊缝钢管制作”。这是由于城市门站后天然气输气管道供气高峰和低峰变化大且频繁，城镇天然气高压输气管道应是属于“较大疲劳载荷区的重要场合”；若采用螺旋焊缝钢管做弯管，其焊缝不易避开弯管产生的最大环向应力区，从而产生安全隐患。对于管道采用螺旋焊缝钢管的工程项目，现场易发生弯管也采用螺旋焊缝钢管制作的情况，所以应在说明中特别注明“不得采用螺旋焊缝钢管制作”。

【问题 15】 门站和调压储配站工艺进出站管线阀门的设置问题。

某天然气门站和调压储配站施工图中，进出站管线未设置截断阀门和绝缘法兰。某门站及高中压调压站，工艺装置区进出站管线上的截止阀门均设于工艺装置区内，未与工艺装置区保持一定距离。

【分析与对策】 《城镇燃气设计规范》GB 50028—2006，第 6.5.7 条 5 款规定：门站和储配站的工艺“进出站管线应设置切断阀门和绝缘法兰”。第 6.6.10 条 2、3 款规定：高压和次高压燃气调压站室外进、出口管道上必须设置阀门。中压调压站室外进口管道上，应设置阀门。调压站室外阀门距调压站的距离：当为地上独立建筑时，不宜小于 10m；当为调压柜时，不宜小于 5m；当为露天调压装置时，不宜小于 10m。

按规范要求，门站和调压储配站进出站管线必须设置截断阀，同时截断阀的位置应与工艺装置区保持一定距离，以确保在紧急情况下便于接近和操作，使损失减至最小；截断阀应当具备手动操作的功能。

在对城市门站和高中压调压站设计中，阀门设置可以有不同的掌握尺度。当城市门站与长输管道分输站相距比较近时（如 100m 以内），在紧急事故情况下，分输站截断阀可紧急切断。因此，门站截断阀门与分输站截断阀门在两站距离较近时可合并考虑。而对于高中压调压站，进出站管线截断阀门的设置则应按规范要求，严格执行。

【问题 16】 敷设 LNG 管道的管沟内，应该填沙还是自然通风的问题。

【分析与对策】 目前，关于 LNG 管沟应该自然通风还是填沙争议较大。在《液化天然气（LNG）汽车加气站技术规范》NB/T 1001—2010，第 4.1.5 条中要求“站内地下 LNG 管沟应自然通风，其他管沟应采用干沙填实”。这是考虑到 LNG 管沟填沙，一旦管道泄漏，会造成整条管沟冻实，给检修造成困难。而在《汽车加油加气站设计与施工规范》GB 50156—2012（2014 年版）第 9.4.7 条中规定“当 LNG 管道需要采用封闭管沟敷设时，管沟应采用中性沙子填实”。这是考虑到 LNG 管道如果采用封闭管沟敷设，泄漏的可燃气体会在管沟内积聚，进而形成爆炸性气体。管沟采用中性沙子填实，可消除封闭空间，防止泄漏的可燃气体在封闭空间积聚。

这两条规定其实并不矛盾，只是关注点不同，在不同的环境条件下，应采取不同的处理方式。LNG 管沟在有条件时应尽可能采取自然通风，这种情况下，沟盖板的构造应保证通风的需要，管沟也应有排雨水措施。但如果管沟盖板不得不采用密闭形式（如车行道下的管沟），为避免泄漏气体积聚，管沟必须采用中性沙子填实。

【问题17】 工艺场站中工艺系统的安全保护设计问题。

【分析与对策】 许多工艺场站中经常采用集成撬装设备，以细线框表示，设计者对其性能缺少要求和说明。设计人应了解和熟悉成套设备的工艺流程和安全保护内容。有责任在施工图设计中对成套供应的工艺设备和管道系统的规格、性能、安全保护系统提出明确要求，要求其满足相关国家标准和行业规范，并在工艺流程图中明确绘出相关安全监控设施和必要的安全保护阀门，比如工艺设施及相连的工艺管道上的紧急切断阀、安全阀、紧急放散阀、拉断阀等，以保证整体系统设计性能的可靠和运行安全。

【问题18】 施工图设计深度不够，主要问题如下：

（1）设计依据普遍缺少规划部门审批意见和相关前期文件的批复；

（2）工程概况中缺少对总体工程的描述；

（3）工艺场站缺少总平面图；

（4）工艺场站缺少工艺设备及管道剖面图、支吊架图，管道支架未区分固定支架、滑动支架等；

（5）缺少设备、管道安装连接详图；

（6）缺少非标设备图纸；

（7）市政管道工程缺少管线纵断面图；

（8）缺少特殊穿、跨越图；

（9）缺少电化学保护装置图；

（10）缺少场站内燃气设施及架空燃气管道防雷、防静电接地设计内容；

（11）缺少阀门井、凝水缸等通用设施的做法；

（12）缺少局部详图（节点大样，转弯大样）。

【分析与对策】 交给施工、安装单位一套清晰完整的设计图纸，减少了双方相互沟通的时间，加强了工程实施成果与设计预期的一致性，减少了设计变更，节省了投资，使工程的顺利实施拥有了最基本的保证。设计部门应该按照住建部颁发的《市政公用工程设计文件编制深度规定》（2013年版）第七篇中的第三章内容深度要求进行设计。

第7章　防空地下室

7.1 建筑专业

【问题1】 对于防空地下室战时“室外出入口”的理解有误。

【分析与对策】 错误理解：防空地下室的出入口只要直接通向室外既为室外出入口。在《人民防空地下室设计规范》GB 50038—2005中第2.1.24条对“室外出入口”有专门的解释：“通道的出地面段（无防护顶盖段）位于防空地下室上部建筑投影范围以外的出入口”。

判定出入口是否室外出入口的条件就是要看其出地面时的开口部分是在上部建筑投影范围以外还是以内。

【问题2】 防空地下室战时主要出入口在什么情况下应设室外出入口，什么情况下可不设室外出入口？

【分析与对策】 甲类的防空地下室，战时会遭受核武器、常规武器袭击，地面建筑破坏会很严重，以至于倒塌，地下室的室内出入口极易被堵塞。因此，必须强调设置室外出入口来作为战时主要出入口的必要性。因此《人民防空地下室设计规范》规定：除因条件限制（主要指地下室已占满红线时）无法设置室外出入口的核6级、核6B级的甲类防空地下室外均应设室外出入口；

乙类的防空地下室，一般情况下也应设室外出入口作为战时主要出入口，但此类建筑只考虑遭受常规武器袭击，战时受到的破坏程度较小，当符合《人民防空地下室设计规范》GB 50038—2005中第3.3.2-1条的两种条件之一时，可不设室外出入口，其他情况下还要设室外出入口。

【问题3】 防空地下室出入口防倒塌棚架设置条件。

【分析与对策】 人防工程战时室外出入口是战时人员出入的主要通道，应保证其在周围建筑物倒塌时不受破坏。《人民防空地下室设计规范》GB 50038—2005中第3.3.3条规定了地面建筑物的倒塌范围；第3.3.4条规定了战时主要出入口处于地面建筑物的倒塌范围之内及以外的做法。

需注意的是：

1. 规范中并未规定次要出入口须做防倒塌棚架。

2. 只有甲类防空地下室主要出入口需设置防倒塌棚架，乙类防空地下室无需设置。

3. 对于已占满红线无法设置室外出入口的核6级、核6B级的甲类防空地下室，其主要出入口在首层楼梯间由梯段至通向室外的门洞之间，需设置与地面建筑的结构脱开的防倒塌棚架。

【问题4】 在人员掩蔽部设计中，战时人员出入口的疏散宽度不满足规范要求。有些门洞净宽之和虽满足规范要求，但用于疏散的楼梯净宽不满足要求。

【分析与对策】 对于战时用于人员掩蔽的防空地下室，战时出入口是人员疏散及撤离的主要通道，足够的宽度能保证人员在规定的时间内及时掩蔽疏散，所以《人民防空地下室设计规范》GB 50038—2005 中第 3.3.8 条规定了门洞净宽之和的最小值，且出入口通道和楼梯的净宽均不应小于该门洞的净宽。

需注意的是：①竖井式出入口、与其他人防工程的连通口、防护单元之间的连通口均不应计入其内；②每樘门的通过人数不应超过 700 人，亦即宽度超过 2.1m 的门洞最多只能按 2.1m 的有效宽度计算。

【问题5】 对于防空地下室的防水设计不重视，特别是顶板的防水要求往往被忽视。

【分析与对策】 人防工程造价很高且均为地下工程，一旦漏水会影响其使用功能，所以做好防水设计十分重要。《人民防空地下室设计规范》GB 50038—2005 中第 3.8.2 条规定："防水设计不应低于《地下工程防水技术规范》GB 50108—2008 第 3.3.1 条规定的防水等级的二级标准。"防水等级"二级标准"即为混凝土自防水及外围防水层两道防水设防。

由于防空地下室地上建筑内设有给排水管道，战时一旦遭到破坏，顶板上可能出现滞留水；另外，为保证防空地下室的整体密闭性能，《人民防空地下室设计规范》GB 50038—2005中第 3.8.3 条规定："上部建筑范围内的防空地下室顶板应采用防水混凝土，当有条件时宜附加一种柔性防水层"，设计中应遵守。

【问题6】 设计中人防门四周及门前的安装尺寸不满足要求。

【分析与对策】 人防门安装时对四周及门前的安装尺寸均有要求，由于人防门的门扇尺寸要比预留的门洞大，且为外贴式安装，门轴设于门洞的一侧，所以四周要求有安装距离，门在外开时，门扇开启外边缘所需长度要大于门洞的净宽，一般不小于门洞宽加 400mm；门扇安装时要利用顶部预设的吊环吊装，所以顶部也要求有足够的空间。人防门四周及门前的安装尺寸在相应的图集中均有标注，设计中应满足要求。

【问题7】 对《人民防空工程设计防火规范》GB 50098—2009 的适用条件及范围理解有误。

【分析与对策】 人民防空工程防火设计应执行《人民防空工程设计防火规范》GB 50098—2009的规定，但只限于平时使用的人防工程（见总则第 1.0.2 条）。换言之，对于防空地下室，战时是不考虑防火的，防火设计只针对防空地下室的平时功能进行设计。

设在人防地下室内的汽车库、修车库，其防火设计应按现行国家标准《汽车库、修车库、停车场设计防火规范》GB 50067—2014 的有关规定执行。

【问题8】 "防毒通道"及"密闭通道"的概念不清。

【分析与对策】 “防毒通道”和“密闭通道”战时的作用是不同的，防毒通道一般与洗消间或简易洗消间结合布置，是在室外染毒的情况下，允许人员出入的通道。而密闭通道是在室外染毒的情况下，不允许人员出入的通道。

防毒通道的大小对防毒是有影响的，不是越大越好。防毒通道战时依靠超压排风阻挡毒剂侵入室内空间，有通风换气次数要求，对于人员掩蔽及电站值班室不小于40次/小时，对于其他人防工程不小于50次/小时。面积越大，越不容易达到通风换气次数要求。设计中，在满足使用功能的前提下，应尽量减小防毒通道的面积。

当防毒通道与简易洗消间合并设置时，防毒通道内还应考虑洗消区的设置要求，满足《人民防空地下室设计规范》GB 50038—2005 中第3.3.24-1条的相关规定。

【问题9】 设有独立式、附壁式室外出入口的防空地下室，防护密闭门外的通道长度不满足要求。

【分析与对策】 首先，独立式室外出入口设计中不宜采用直通式，最好采用有拐弯的设置。由于考虑常规武器的破坏效应，独立式室外出入口、附壁式室外出入口防护密闭门外的通道中心线的水平投影折线长度均不得小于5.00m（可参见《人民防空地下室设计规范》GB 50038—2005 中第3.3.10条及第3.3.12条）。

对于战时室内有人员停留的核4级、核4B级、核5级的独立式室外出入口的甲类防空地下室，防护密闭门外通道长度按其通道净宽不大于2m和大于2m两种情况，据《人民防空地下室设计规范》GB 50038—2005 中第3.3.10条中的1、2分别核算确定。

值得注意的是：只要是室外出入口，不管是主要出入口、次要出入口还是备用出入口均须遵守。

【问题10】 防护密闭门的设置不满足规范要求。

【分析与对策】 设计中防护密闭门的设置未考虑常规武器爆炸破片的破坏影响，对防护密闭门未采取遮挡、隐蔽的措施，不能满足规范要求。《人民防空地下室设计规范》GB 50038—2005中第3.3.17条给出了防护密闭门设置应符合的规定，主要措施就是隐蔽防护密闭门，使防护密闭门凹入墙内或用立墙或横梁进行遮挡以避开爆破点。

【问题11】 扩散室侧壁设置防护密闭检修门的问题。

【分析与对策】 对于扩散室侧壁处设置一道防护密闭检修门的问题，可以从设计的合理性考虑，不仅有利于战时活门的启闭，也有利于平时对活门的检修，亦有利于此处的施工，还可以为战时预留逃生的通道，规范中虽然未加要求，但设计中应充分考虑。

【问题12】 防化级别为乙级以上的防空地下室无报警设计。

【分析与对策】 防化级别为乙级的防空地下室，例如防空专业队队员掩蔽部、医疗救护工程等均应设置毒剂报警器及探头。《人民防空工程防化设计规范》RFJ 013—2010 中第7.1节有相应的要求，设计中不要遗漏。

防化级别为甲级的防空地下室，还要增设射线报警器及探头。

【问题13】 对“因条件限制（主要指地下室已占满红线）无法设置室外出入口的核6级、核6B级的甲类防空地下室”的界定、理解有误。

【分析与对策】 防空地下室通常都在地面建筑投影范围以内。地下室占满红线就意味着地面建筑也已经占满红线，在这种情况下，已无室外空间位置来设置室外出入口了。在满足《人民防空地下室设计规范》GB 50038—2005第3.3.2-2条的两种情况下，战时主要出入口可不设室外出入口。

虽然防空地下室已占满红线，但地面建筑投影范围并未占满红线的核6级、核6B级的甲类防空地下室不得执行此条款。因为无地面建筑的地下室部分，完全具备顶板开口设置室外出入口的条件。

【问题14】 人防柴油电站排烟、排风竖井和进风竖井设计中常见问题。

【分析与对策】 在防空地下室设计中，为了减少地面人防竖井的数量，柴油电站通风设计中会采取排烟、排风共用竖井的做法。设计中，很多设计者将排烟、排风口相向布置，有的设于同一高度，在无冲击波作用的情况下，由于防爆波活门的悬板都是处于打开的状态，烟气会产生倒流、串流现象。为了防止烟气倒流、串流，在竖井设计中应使排烟活门与排风活门最大限度错开（排烟活门靠上）或在排烟活门与排风活门间加设隔墙的方法，避免烟气的相互影响，保证烟气的排放通畅。

排烟、排风共用竖井和进风竖井地面上的通风口往往因为平面条件的限制，无法保证规范要求的水平间距，而采取通风口间高差6m的做法，以保证进风口的空气质量。设计中，很多设计者将竖井井壁采用砌体结构，砌体是无法抵抗冲击波破坏作用的，在冲击波作用下，排烟口与进风口无法保证足够的高差，势必影响进风质量，形成短路，进而影响发电机的正常工作。所以，这种情况下排烟、排风竖井应采取钢筋混凝土墙体结构进行设计。

【问题15】 人防电站设计中未预留设备出入口。

【分析与对策】 无论是人防固定电站，还是移动电站，发电机房应考虑设置发电机组运输出入口。

《人民防空地下室设计规范》GB 50038—2005第3.6.2.4条规定，人防固定电站无条件设置直通室外地面的发电机组运输出入口时，可在非防护区设置吊装孔。

《人民防空地下室设计规范》GB 50038—2005第3.6.3.3条规定，移动电站发电机房应设有能够直通至室外地面的发电机组运输出入口。

【问题16】 防化器材储藏室设置要求。

【分析与对策】 防化丙级以上的防空地下室，在靠近战时主要出入口的工程主体内设置防化器材储藏室。不同功能的防空地下室防化器材的配备标准详见《人民防空工程防化器材编配标准》RFJ 014—2010。

《人民防空工程防化设计规范》RFJ 013—2010第9.3.2条规定，防化器材储藏室面积：指挥工程、医疗救护、防空专业队工程不宜小于12m²。其他工程不宜小于8m²。

《人民防空工程防化设计规范》RFJ 013—2010第9.3.2条规定，防化器材储藏室的换气次数不应小于4次/小时。

【问题 17】 平战转换设计深度不符合规范要求。

【分析与对策】 《人民防空地下室设计规范》GB 50038—2005 第 3.1.9 条规定，防空地下室设计应满足战时的防护和使用要求，当平时使用要求与战时防护要求不一致时，设计中可采取防护功能平战转换措施。

采取的转换措施应符合《人民防空地下室设计规范》GB 50038—2005 第 3.7 节和《人民防空工程防护功能平战转换设计标准》RFJ 1—98，以及《人民防空工程防化战术技术要求》RFJ 015—2010 第 4 章的规定，且其临战时的转换工作量应与城市的战略地位相协调，并符合当地战时的人力、物力条件。

《人民防空地下室设计规范》GB 50038—2005 第 4.12.1 条规定，采用平战转换的防空地下室，应进行一次性的平战转换设计。并在设计图纸中说明转换部位、方法及具体实施要求。

平战转换设计施工图中应有"平战转换工作量概况表"。

7.2 结构专业

【问题 1】 新版《混凝土结构设计规范》GB 50010—2010 中新增 HPB300、HRB500 钢筋，其材料强度综合调整系数 γ_d 如何取值？

【分析与对策】 HPB300 材料强度综合调整系数 γ_d 可按 1.5 取用，HRB500 材料强度综合调整系数 γ_d 暂按 1.15 取用。

【问题 2】 覆土大于 1.5m 时，核武器爆炸动荷载作用下的等效静荷载如何取值？

【分析与对策】 覆土大于 1.5m 时，核武器爆炸动荷载作用下的结构等效静荷载应按《人民防空地下室设计规范》GB 50038—2005 第 4.4～4.6 节的公式计算确定。

【问题 3】 施工后浇带设置存在的问题。

【分析与对策】 《人民防空工程施工及验收规范》GB 50134—2004 第 6.4.11 条（强条）规定："工程口部、防护密闭段、采光井、防爆井等有防护密闭要求的部位，应一次整体浇筑混凝土。"故后浇带的设置应避开防空地下室口部、临战封堵等防护密闭要求较高的部位。

【问题 4】 防空地下室基础采用条形基础、独立柱基础时，基础计算应注意哪些问题？

【分析与对策】 当防空地下室类别为甲类时，条形基础宽度、独立柱基础边长按平时使用状态的结构设计荷载计算确定；基础强度（抗弯、抗剪、抗冲切）应按平时使用状态的结构设计荷载和战时核武器爆炸等效静载与静荷载同时作用两种工况分别计算，并应取最不利的效应组合作为设计依据。

乙类防空地下室，基础按平时使用状态的结构设计荷载进行设计，可不计入常规武器地面爆炸产生的等效静荷载。

【问题 5】 当防空地下室基础采用条形基础或独立柱基础加防水底板时，防水底板上的等效静荷载如何取值？

【分析与对策】 甲类防空地下室，当防水底板位于地下水位以下（在饱和土中）时，防水底板上等效静荷载按《人民防空地下室设计规范》GB 50038—2005 第 4.8.16 条取用，当防水底板位于地下水位以上（在非饱和土中）时，防水底板上不考虑核武器爆炸等效静荷载的作用，按平时使用状态的结构设计荷载进行设计。

乙类防空地下室，防水底板按平时使用状态的结构设计荷载进行设计。

【问题 6】 扩展基础的最小配筋率是否要满足《人民防空地下室设计规范》GB 50038—2005 第 4.11.7 条人防最小配筋率要求？

【分析与对策】 扩展基础的最小配筋率仅需满足《建筑地基基础设计规范》GB 50007—2011、《混凝土结构设计规范》GB 50010—2010 相关规定即可，不需要满足《规范》GB 50038—2005 第 4.11.7 条人防最小配筋率要求。

【问题 7】 人防筏板基础何时可不设梅花形拉筋？

【分析与对策】 乙类防空地下室底板可不设拉筋。

核 5 级、核 6 级、核 6B 级甲类防空地下室，其底板截面由平时设计荷载控制，且受拉主筋配筋率小于 0.25%（C25～C35），0.30%（C40～C55），0.35%（C60～C80）时可不设拉筋。

【问题 8】 防空地下室墙体如何表达？

【分析与对策】 因防空地下室墙体种类较多，如外墙、临空墙、防护单元隔墙、密闭隔墙、防护密闭门门框墙、密闭门门框墙、悬板活门门框墙等，建议绘制墙体结构布置图，并以不同的填充图案对其进行区分。

【问题 9】 地下水位以下，防空地下室外墙计算中，地下水是按活荷载，还是按恒荷载取用？

【分析与对策】 应按恒载取用，因为活荷载不参与人防战时荷载组合。

【问题 10】 防护密闭门门框墙设计存在的问题。

【分析与对策】 防护密闭门门框墙应绘制配筋详图（配筋立面、竖向剖面、水平剖面）；

结构设计人员应根据建筑专业选用的防护密闭门型号查阅标准图确定防护密闭门门框墙门洞尺寸、下槛标高（有槛门，无槛门），保证防护密闭门钢门框与钢筋混凝土门框墙贴建。

标准图《防空地下室结构设计》07FG04 中，门框墙按混凝土强度等级 C30 设计，当防空地下室混凝土强度等级为 C40 以上时，应注意门框墙受力钢筋最小配筋率应满足《规范》GB 50038—2005 第 4.11.7 条要求（混凝土强度等级为 C40～C55 时不小于 0.3%，当混凝土强度等级为 C60～C80 时不小于 0.35%）。

【问题 11】 人防结构设计说明中应对防空地下室的墙体施工支模提出要求。

【分析与对策】 《人民防空工程施工及验收规范》GB 50134—2004 第 6.2.1.5 条

（强条）规定："临空墙、门框墙、密闭隔墙的模板安装，固定模板的对拉螺栓上严禁采用套管、混凝土预制件等"。为保证战时钢筋混凝土墙体的密闭性，此相内容应在结构设计说明中明确。

【问题 12】 防空地下室钢筋混凝土墙、板内设梅花形拉筋时，通长钢筋如何布置？

【分析与对策】 防空地下室墙、板内的拉结钢筋需垂直于墙、板通长钢筋布置，故通长钢筋同一方向内外层或上下皮的间距应一致或为倍数关系，否则拉结钢筋的设置无法满足《人民防空地下室设计规范》GB 50038—2005 第 4.11.11 条要求。

【问题 13】 未在图纸中明确防空地下室结构钢筋的锚固长度。

【分析与对策】 根据防空地下室结构受力的特点，钢筋的锚固与抗震等级三级的要求一致，应在图纸中明确各部位的锚固长度，或在说明中指出顶底板及墙体钢筋按 07GJ01-58 至 68 页构造施工。

【问题 14】 《人民防空地下室设计规范》GB 50038—2005 第 4.10.12 条中，"门框墙门洞边墙体悬挑长度大于 1/2 倍该边边长时，宜在门洞边设梁或柱"，文中"该边"是指哪个边？

【分析与对策】 当门洞边墙体为左右挡墙时，"该边"为门洞净高；当门洞边墙体为上下挡墙时，"该边"为门洞净宽。

【问题 15】 采用人防门封堵，荷载如何取值？

【分析与对策】 采用人防门封堵的位置按门框墙上的等效静荷载取值。

【问题 16】 未设室外出入口（符合《人民防空地下室设计规范》GB 50038—2005 第 3.3.2 条第二款）的常 6 级乙类防空地下室，其出入口楼梯应如何设计？

【分析与对策】 不论是主要出入口还是次要出入口的楼梯，均应按主要出入口的要求设计。即按《人民防空地下室设计规范》GB 50038—2005 第 4.7.10 条的要求设计，并按《人民防空地下室设计规范》GB 50038—2005 第 4.11.11 条的要求设梅花形拉筋。

【问题 17】 门框墙和临空墙在常规武器和核武器分别作用下，其等效静荷载标准值的控制荷载如何确定？

【分析与对策】 对于室外竖井、楼梯、穿廊出入口以核武器等效静荷载标准值起控制作用。

对于室外直通出入口、单项出入口应根据室外出入口至防护密闭门的距离 L，通过比较来确定是核武器还是常规武器等效静荷载标准值起控制作用。

【问题 18】 当人防主要口楼梯或通风竖井一侧为普通地下室，另一侧为防空地下室时，作用于墙体上的荷载如何取值？

【分析与对策】 因冲击波作用时间不同，楼梯和竖井四周墙体均应按临空墙设计。

【问题19】 甲类防空地下室防倒塌棚架设计时，有哪些注意事项？

【分析与对策】 防倒塌棚架的布置原则：

（1）防倒塌棚架必须单独设置，不得与周围建筑结构相连；

（2）为减少梁、柱水平动荷载，防倒塌棚架顶板应采用水平板，不应采用折板、拱形板。

（3）为减少柱垂直荷载受荷面积，檐口不宜挑出太多，一般取300～500mm。挑檐板应按平时荷载设计，其厚度应小，在下部受压区不应配筋。棚架顶板应双面配筋。顶板上不得设置钢筋混凝土女儿墙。

（4）防倒塌棚架的围护构件应采取轻质易被破坏的材料构筑，不得采用设拉结钢筋的砌体隔墙。

（5）防倒塌棚架的柱宜采用正方形，柱截面尺寸不宜大于300mm×300mm，柱基础埋深应大于1m，柱上端钢筋应锚入边梁和顶板，但不应伸入挑檐板内。

（6）防倒塌棚架的梁宜采用扁平梁，其截面高度不宜大于300mm。

（7）防倒塌棚架布置在室内时的应注意在出地面时与主楼结构脱开。

【问题20】 防空地下室室外出入口选用钢结构装配式防倒塌棚架应注意哪些问题？

【分析与对策】

（1）钢结构装配式防倒塌棚架的钢柱基础，应根据标准图所提供的柱底内力随具体工程一同设计和施工。

（2）钢柱柱脚设计，则应根据标准图所提供的内力，结合单体工程的具体情况，由设计者设计，标准图提供的基础方案仅供参考。

箱形截面柱刚性柱脚构造方案（一）、方案（二）中柱脚尺寸至少400mm×400mm～500mm×500mm。

箱形截面柱刚性柱脚构造方案（三）柱脚尺寸会更大。

刚性柱脚上抗弯钢筋（锚栓）直径和埋深应根据柱底内力计算确定。

抗弯钢筋（锚栓）下端要做弯钩或锚板。

（3）钢柱：因考虑承受各方向的水平等效静荷载，故钢柱的截面形状不能改变，截面尺寸不能加大。钢柱与柱脚的连接应采用螺栓联接。

钢柱截面尺寸取决于梁跨（2.1～5.4m）、柱高（2.8～3.8m）、柱距（1.5～2.4m）。

核5级：h_c=200，220，250，280，300（mm）

核6级：h_c=200，220，250（mm）

核6B级：h_c=200，220（mm）

（4）钢梁：原则上不允许材料代换，如确需材料代换时，除必须满足本图集各跨原设计的截面特性外，钢梁的高度不应超出原设计的梁高。

【问题21】 什么情况下可不设置防倒塌棚架？

【分析与对策】 （1）乙类防空地下室可不设置防倒塌棚架；（2）核5级、核6级、核6B级的甲类防空地下室，人防主要出入口出地面段距离钢筋混凝土或钢结构建筑物大于5m，可不设置防倒塌棚架；（3）核5级、核6级、核6B级的甲类防空地下室，人防主要出入口出地面段毗邻的地面建筑外墙为钢筋混凝土剪力墙结构时，可不设置防倒塌棚架。

【问题 22】 当连通口、临空墙上孔口采用防护密闭封堵板进行封堵时，有哪些注意事项？

【分析与对策】 当对外出入口或防护单元间出入口等大洞口战时采用防护密闭挡板时，洞口所对应底板处应考虑防护密闭挡板双向受力的特点，结构上应画出下槛配筋构造详图。

【问题 23】 高层建筑地下两层均为人防工程时，地下一层有些洞口采用防护密闭封堵板的封堵措施，其地面凹槽如何设置？

【分析与对策】 可采用增加地面装修厚度或局部降板两种办法来满足防护密闭封堵板地面凹槽的设置要求。

【问题 24】 扩散室内临空墙、门框墙配筋较大。

【分析与对策】 当防空地下室类别为甲类时，根据《人民防空地下室设计规范》GB 50038—2005 附录 F 中第 F.0.2 条，悬板活门消波率为 70%，因此，作用于扩散室内临空墙、门框墙上的等效静荷载仅为出入口通道内临空墙、门框墙上等效静荷载的 30%。经计算，5 级以下防空地下室，其扩散室内临空墙、门框墙按构造配筋即可。

当防空地下室类别为乙类时，根据《人民防空地下室设计规范》GB 50038—2005 第 4.7.12 条，扩散室内临空墙、门框墙可不计入常规武器爆炸产生的等效静荷载，临空墙、门框墙设计符合《人民防空地下室设计规范》GB 50038—2005 第 4.11 节的构造要求即可。

7.3 给水排水专业

【问题 1】 防空地下室设在地下二层及以下时，给水引入管、排水排出管怎样进出防空地下室？

【分析与对策】 现在防空地下室设在地下二、三层的情况较多，通常情况下人防区域的给水引入管、排水排出管从室外土壤中穿防空地下室外墙直接进出防空地下室内，但由于防空地下室设在地下二层及以下时埋深较深，经过综合考虑，故此时管道可从地下一层外墙进出，再竖向穿人防顶板进出防空地下室。管道穿越地下一层及以下非防护区时，应选择设在大空间的区域，不要设在交通核区域。

【问题 2】 防空地下室的给水水源及给水引入管如何设置？

【分析与对策】 依据《人民防空地下室设计规范》GB 50038—2005 第 6.2.1 条，防空地下室的给水宜采用市政给水管网供水，而不是由小区内的二次加压设备供水。给水引入管宜独立进入防空地下室，不宜与地上给水管道合用，且不宜穿越交通核、非防护区及防空地下室口部。当小区给水管网只设于地下室内时可由地下室内市政给水管网引入。

【问题3】 多个防护单元的防空地下室，各防护单元战时水箱进水管是否可共用入户管？

【分析与对策】 水箱充满水后，各防护单元给水系统可独立使用，故各防护单元可共用入户管。

【问题4】 防空地下室设在地下二层及以下时，消火栓管道如何设置？

【分析与对策】 在防空地下室中，应尽量减少穿越防空地下室的管道，特别是穿越防空地下室顶板的管道。所以，消火栓引入管宜从非防空地下室层进入。在进行消火栓及管道的布置时宜在防空地下室层设水平管道，末端两条管道与地上立管相连，使之独立成环。这样既减少了过多的管道穿越防空地下室，同时也不影响战时非人防区域的消火栓使用。

【问题5】 贮水箱的贮水量及有效容积如何确定？

【分析与对策】 在防空地下室中要贮存掩蔽人员的饮用水、生活用水、人员洗消用水及口部洗消用水。依据规范要求这些水要分别贮存在饮用贮水箱、生活贮水箱及洗消贮水箱内（生活贮水箱及洗消贮水箱可合并），其贮水量依据《人民防空地下室设计规范》GB 50038—2005 第6.2.3、6.2.5、6.4.1、6.4.4、6.4.5条计算确定（贮水量计算值精确到升）。但贮水箱是否满足贮水量，要用贮水箱的有效容积来衡量，其有效容积应为贮水箱的最高水位与贮水箱上的取水龙头之间的容积。

【问题6】 简易洗消用水量的取值及口部洗消用水量如何计算？

【分析与对策】 在二等人员掩蔽部中，人员的洗消为简易洗消，其贮水量宜按0.6～0.8m^3确定，掩蔽人员较多时应取上限，并贮存在清洁区内。口部洗消用水量是依据《人民防空地下室设计规范》GB 50038—2005 第6.4.5条经计算确定。值得注意的是，战时主要出入口的冲洗部位包括：洗消间（简易洗消间）、防毒通道及其防护密闭门以外的通道（防护密闭门以外的通道是指人员出入所经过的通道、楼梯间或汽车坡道出入口直至到室外地面）。

【问题7】 污水池的容积计算及水位设置的问题。

【分析与对策】 在防空地下室内有生活用水、饮用水、隔绝防护时间内有设备产生废水，均应设生活污水池，并设固定排水泵排出污水（物资库只有少量值班人员时，可不设生活污水池）。其容积包括贮备容积和调节容积。贮备容积指水泵启动水位与水池最高水位之间的容积，调节容积指水泵最低吸水水位与水泵启动水位之间的容积。贮备容积按战时隔绝防护时间内产生的全部生活污水量（按战时掩蔽人员数、隔绝防护时间及战时生活饮用水量标准折算的平均小时用水量这三项的乘积计算）及生产废水量（按设备的小时补水量计算）的1.25倍计算。清洁区污水池和染毒区集水池应分开设置，不得共用。

【问题8】 压力排水管如何布置？

【分析与对策】 人防工程位于地下一层时，每个防护单元的压力排水管应从本防护单元内独立排出，不穿越其他防护单元或非防护区；人防工程位于地下二层及以下或多层不同防护单元人防工程时，压力排水管可竖向穿至负一层出户，但仍不可跨越同层防护单元或非人防区。每个防护单元内清洁区的压力排水管与染毒区的压力排水管不得合用；防护区与非防护区的压力排水管不得合用。

【问题9】 污水池位置如何选定？

【分析与对策】 依据《人民防空地下室设计规范》GB 50038—2005 第 6.3.10 条规定：

(1) 生活污水集水池宜设于清洁区内厕所、盥洗室的下部；清洁区内用水房间宜设置地漏；

(2) 在设计中工程内往往不止一个集水池，此时应选择厕所、盥洗室处的或邻近厕所、盥洗室的，并离贮水箱较远的集水池作为生活污水集水池，并按生活污水集水池的设计要求设置。其他集水池可不按生活污水集水池的设计要求设置；

(3) 如一个防护单元，掩蔽人数为千人以上，也可设置 2 个生活污水集水池，两个生活污水集水池的贮备容积总和应满足全部生活污水量及生产废水量（可设置两个生活污水集水池均满足），两个生活污水池均应设置通气管。

【问题10】 洗消废水怎样收集与排出？

【分析与对策】 依据《人民防空地下室设计规范》GB 50038—2005 第 3.4.10 条和第 6.4.5 条规定：

(1) 战时主要出入口的防护密闭门外及进风竖井应设集水池，采用移动式排水泵排水；

(2) 洗消间应在淋浴室或脱衣室设集水池，设固定式排水泵排水，可不设通气管。简易洗消间应设集水坑，采用移动式排水泵排水；

(3) 防毒通道、密闭通道、进风扩散室、除尘室、滤毒室可设集水坑或防爆波地漏、地漏收集洗消废水，采用移动式排水泵排水；

(4) 洗消废水集水坑深不宜小于 0.6m，容积不宜小于 0.5m^3，简易洗消间集水池的有效容积不应小于 0.8m^3。防空地下室设在地下二层及以下时，洗消废水集水池宜采用电动排水泵接软管排水。

【问题11】 除尘室是否需要设置冲洗和排水？

【分析与对策】 除尘室是否设置洗消给水与排水，应以除尘室是否处于染毒区为判断依据。若除尘室设于清洁区内则不需要设置洗消给水及排水。

【问题12】 洗消间淋浴给水管如何设置？

【分析与对策】 洗消间洗脸盆、淋浴器的布置是不允许交叉污染的。一般情况下淋浴器会在房间中间布置成一排，此时给水管道的布置，应使每一个淋浴的人员，在自己的淋浴位置上能够启闭自己所用的淋浴器，而不是在他人的位置上启闭自己所用的淋浴器。洗脸盆、淋浴器的供水宜配置冷热水，以便于人员的使用，而不是只设置热水。

【问题13】 电站冷却水箱的给水问题。

【分析与对策】 电站冷却水箱是用来贮存柴油发电机的冷却用水的，它的给水可由室外市政自来水直接供给，也可以由防空地下室内已引入的市政自来水供给，但不应由防空地下室内贮水箱的压力给水管供给。

【问题14】 电站供油系统怎样设置？

【分析与对策】 当电站为移动电站时，设置储油桶即可。油桶放置于储油间内，一只油桶设于机组旁凭借机头油泵形成的负压流入柴油发电机中。当电站为固定电站时，应设置贮油箱，贮油箱的数量不得少于两个（互为备用）。贮油箱可高架形成自流供油（贮油箱出油管的中心应高出机房地面1m以上）。如贮油箱不能形成自流供油，应设日用油箱，由贮油箱、油泵、日用油箱到柴油发电机（日用油箱出油管应比柴油机进油管的进口高0.5～1.0m）。

【问题15】 战时柴油发电机房是否应设置自动喷水灭火系统？

【分析与对策】 移动电站的柴油发电机平时没有安装要求，一般作为仓储用房使用，当建筑内其他部位设置自动喷水灭火系统时，移动电站也应设置自动喷水灭火系统；固定电站的柴油发电机平时应安装到位，故是否设置自动喷水灭火系统应满足《人民防空工程设计防火规范》GB 50098—2009及平时相关规范的要求。

【问题16】 柴油发电机房内拖布池的给水由哪里供给？

【分析与对策】 根据《人民防空地下室设计规范》GB 50038—2005第6.5.6条规定柴油发电站宜设拖布池，因拖布池主要用于平时维护管理，故拖布池应由市政管网供水。

【问题17】 多层防空地下室为不同的防护单元时，生活排水系统应如何设置？

【分析与对策】 依据《人民防空地下室设计规范》GB 50038—2005第3.2.8条规定，防空地下室中每个防护单元的防护设施和内部设备应自成系统，故当需要设置生活污水池时，应按每个防护单元独立设置。乙类防空地下室及甲类5、6、6B级防空地下室上层消防废水及地面冲洗废水可通过防爆波地漏排至下层集水坑，热力小室排水、水表间、窗井雨水排水、消防电梯基坑排水均不属于规范所设定的废水范畴。

【问题18】 多层防空地下室为不同的防护单元时，洗消排水系统应如何设置？

【分析与对策】 根据《人民防空地下室设计规范》GB 50038—2005第6.3.15条条文解释，上层防护单元洗消废水不应排入非同一防护单元的下层防空地下室，故洗消排水集水坑也应根据防护单元分开设置，且应设于不同的防护单元内，建议采用同层排水。对于多层人防工程共用楼梯间作为人防出入口时，防护密闭门外的洗消排水及共用竖井的洗消排水，其洗消集水坑可统一设于底层。

【问题 19】 多层防空地下室为不同的防护单元时，管道穿楼板时是否应在楼板两侧设置防护阀门？

【分析与对策】 防空地下室不防直接命中，因此不存在战时下一层被摧毁时上一层正常使用的情况，故楼板上侧的防护阀门可不设置只在楼板下侧设置防护阀门。

【问题 20】 什么情况下，洗消集水坑设防护盖板？

【分析与对策】 当洗消集水坑设在防护区外并且有防护区内的排水管道接入时，此洗消集水坑应设防护盖板。

【问题 21】 设有消防给水的防空地下室，怎样利用平时及战时集水坑排水？

【分析与对策】 设有消防给水的防空地下室应设置消防排水。高层住宅有消防电梯集水坑时可利用消防电梯集水坑排水（要确定消防电梯集水坑排水是否可利用）及防空地下室清洁区的战时集水池兼作消防排水；无消防电梯排水的小高层、多层住宅可利用防空地下室清洁区的战时集水池兼作消防排水（在选择污水泵时应平战结合，既满足战时要求，又满足平时消防废水排水量的要求）。排水泵的总排水量应满足消防排水量的要求（含备用泵）。

【问题 22】 防空地下室兼作地震应急避难场所时，贮水箱如何设置？

【分析与对策】 如果避难时饮用、生活用水贮水量与战时单个水箱的贮水量相近，并满足避难时的贮水量，可用战时贮水箱兼做避难时贮水箱，否则，宜单独设置避难时贮水箱。如果避难时、战时贮水箱均要求平时安装到位，只要战时贮水箱满足避难时贮水量，即可兼做避难时贮水箱。

【问题 23】 防空地下室兼作地震应急避难场所时，水冲厕所的给水排水如何设计？

【分析与对策】 在兼做地震应急避难场所的防空地下室中，当设置水冲厕所时，因为避难时生活贮水量中不包含水冲厕所用水，并且水冲厕所只用于平时，所以水冲厕所的给水由市政自来水供给即可。水冲厕所污水池的设计同平时污水池的设计，其通气管的设置应与大气相通，不应接至干厕排风口或楼梯间内。

7.4 暖通专业

【问题 1】 防空地下室滤毒通风时，新风量如何确定？

【分析与对策】 应先按人数计算新风量，再校核主要出入口防毒通道换气次数是否满足要求，如不满足，应加大新风量。

【问题 2】 战时排风系统，自动排气活门如何选择？

【分析与对策】 正确的计算方法是：排风量＝进风量－漏风量

漏风量＝掩蔽区体积×(4%～7%)（当室内超压 30～50Pa 时，取 4%；当室内超压

大于50Pa时，取7%）

自动排气阀门个数＝排风量/设计超压值下排气活门的排气量

如果计算值＝2.2，到底是选2个还是选3个。应对照自动排气活门的性能曲线，保证超压值不小于30Pa，但是总的原则宜少不宜多。

【问题3】 柴油电站的防护通风风量如何确定?

【分析与对策】 当柴油电站采用水冷时，进风量按排除有害气体和柴油机燃烧空气量之和计算，排风量为进风量减去燃烧空气量，这时，风量小。但要有水冷的措施。当柴油电站采用风冷时，进风量按消除余热计算，排风量为进风量减去燃烧空气量。这时风量大，当风量达到一定程度时，通风口处的防爆波活门就受局限（最大活门HK1000通风量为22000m^3/h)，要增加活门数量，因此一般情况下，较大的柴油电站应并列安装两个或多个防爆波活门。

【问题4】 最小防毒通道的概念不清。

【分析与对策】

(1)《人民防空地下室设计规范》GB 50038—2005第5.2.6条中最小防毒通道是指一个出入口连续设置几个防毒通道时，按最小防毒通道计算。级别较低的人防工程只设一个防毒通道。

(2) 单元与柴油电站连通时设防毒通道，算一个出入口（只设一个防毒通道的出入口）；主体工程主要出入口也是一个出入口（设一个或多个防毒通道的出入口）。

(3) 主要出入口与电站连通口防毒通道的换气次数均要满足但不需要同时满足。

【问题5】 柴油电站排风和排烟系统的防回流措施有哪几种?

【分析与对策】 柴油电站机房排风与排烟系统应独立设置，当合用一个竖井时，应分别设置消波系统，且应有防回流的措施。具体措施有以下几点：①排风、排烟系统的防爆波活门上下错开布置，排烟系统防爆波活门在上部。②在排风、排烟系统的出口处设导流板。③排风、排烟出消波系统4～5m后合在一起由排风（烟）竖井排出。

【问题6】 关于各种取样管的设置。

【分析与对策】 《人民防空地下室设计规范》GB 50038—2005第5.2.18条，在进风系统上应设置空气放射性监测取样管（DN32热镀锌钢管，末端设球阀)，过滤吸收器尾气监测取样管（DN15热镀锌钢管，末端设截止阀)，油网除尘器压差测量管（DN15热镀锌钢管，末端设球阀)。另外，还有口部气密测量管（包括物资库进风口部密闭通道）和测量室内外压差的测压管，前三项管末端均设在滤毒室，口部气密测量管是用来测量口部防护密闭门、密闭门的气密性的，可以与电气专业的预埋备用管合用。室内外压差测量管室内一端接测压装置，另一端引致室外0点大气压处，具体有两种做法：①引致口部防护密闭门外通道或楼梯间，管口向下。②引致室外±0.00以上外墙上设的龛洞内，管口向下。

【问题7】 平时通风系统的临战转换措施有哪几种？

【分析与对策】 平时的通风系统、防排烟系统，其临战转换有两种措施：①如果采用圆形风管，则宜设置人防密闭阀门，尽量采用关闭两道密闭阀门的方式来实现转换；当采用这一措施时，有一定的约束条件，首先：密闭阀门是圆形的，而且最大直径为DN1000，其次：风管必须接扩散室，而不是竖井，因为密闭阀门的抗力满足不了要求。②预留洞口，临战封堵。当采用临战封堵措施时，则在预留洞口时预埋角钢框，其具体做法可参见建筑专业图集。

【问题8】 手动密闭阀门的管径问题。

【分析与对策】 人防工程要达到防毒要求，其通风系统上应有相应数量的密闭阀门，密闭阀门与平时通风系统上的阀门是有区别的，其区别在于：密闭阀门的公称直径与其实际直径差别较大，与其连接的风管直径应与密闭阀门的实际直径一致，否则实际安装时密闭阀门的密闭性能会受到影响，同时要注意密闭阀门没有方形的。设计人员可根据所选阀门种类查找其实际直径，见《防空地下室通风设计》07FK02-48页。

【问题9】 人力、电力两用风机的技术参数不明确。

【分析与对策】 在人防工程通风系统中，人力、电力两用风机实际上是在一个风机曲线上的不同的工况点工作，一是：清洁式通风时系统阻力小，风量大；二是：滤毒式通风时，系统阻力大，风量小。在选择风机时，应同时满足两种工况才可以。

例如F270-2风机，其技术参数中写明：

风量：500～1100m^3/h；风压：1200～568Pa

说明当全压为1200Pa时，其风量为500m^3/h；全压为568Pa时，其风量为1100m^3/h。在送风系统中，由于过滤吸收器的阻力比较大，因此在滤毒通风时，一台F270风机的风量只有500m^3/h，而在清洁式通风时，其风量可达到1100m^3/h。

【问题10】 人民防空医疗救护站是否必须设计空气调节？

【分析与对策】 《人民防空医疗救护工程设计标准》RFJ 005—2011要求：人民防空医疗救护工程应采用空气调节或其他空气处理措施。人防医疗救护工程的空气调节应设置有防护的冷热源。具体做法见《人民防空医疗救护工程设计标准》RFJ 005—2011第4.3.3条及其条文说明。

【问题11】 战时人防进、排风系统设置手动密闭阀门还是手动、电动两用密闭阀门？

【分析与对策】 《人民防空工程防化设计规范》RFJ 013—2010及《人民防空工程设计规范》GB 50225—2005均规定：防化级别为甲、乙级的工程应设置手动、电动两用密闭阀门，包括一等人员掩蔽部、专业队员掩蔽部、救护站等。防化级别为丙级的工程宜设置手动、电动两用密闭阀门。

【问题12】 除尘、滤毒室的通风换气如何计算？

【分析与对策】 《人民防空工程防化设计规范》RFJ 013—2010第5.1.2条规定：除

尘器室、滤毒室的换气次数每小时不小于 15 次；《人民防空工程设计规范》GB 50225—2005 第 7.2.12 条规定：预滤、滤毒室的滤毒通风系统，应设置换气堵头或密闭阀门，换气次数不应小于 15 次/小时。

【问题 13】 如何避免除尘、滤毒室和防毒通道内的风管布置影响密闭门的开启？

【分析与对策】 由于人防门大、高、厚的特点及工程层高的限制，在设计时经常发现除尘、滤毒室和主要出入口防毒通道内的风管布置影响密闭门的开启。设计布置时应注意：若平面允许，风管布置尽量在平面上避开密闭门的开启范围（一般门洞宽度＋400mm）。若平面无条件避开，则可以考虑安装在密闭门的上方（管底标高一般在 2.40m 以上）

【问题 14】 战时进风机的选择时风量和风压均乘以 1.2 的系数，过滤吸收器的选择是否乘以 1.2 的系数？

【分析与对策】 《人民防空工程防化设计规范》RFJ 013—2010 第 5.2.6 条规定：

滤毒进风机的选择应满足：

风机风量≥1.2×工程滤毒进风量

风机风压≥1.2×滤毒进风系统阻力

《人民防空工程防化设计规范》RFJ 013—2010 第 5.2.7.2 条规定：滤尘、设备的选择应符合：单台器材额定风量乘以台数应大于工程滤毒进风量。

因此风机乘系数，而过滤吸收器不乘。

【问题 15】 战时进风机是选用两台风机，还是一台风机？若选一台风机是选单速风机还是选双速风机？

【分析与对策】 （1）首先明确战时两种通风方式时所需的参数，清洁式通风时：大风量，小风压；滤毒式通风时：小风量，大风压。而双速风机则是高转速时风量大，风压也大；低速时风量小，风压也小。可以肯定双速风机不能满足两种通风方式的要求。（2）若选用一台单速风机，则要核实其性能参数范围能否满足两种通风方式的要求。可以说这种风机很难选。（3）如果不能选出满足要求的一台单速风机，则要考虑选用两台风机分开设置，清洁式通风时选用一台大型号，低转速的风机（如：1450 转/分）；滤毒式通风时选用一台小型号，高转速的风机（如：2900 转/分）。这是最理想的方式，但系统要按《人民防空地下室设计规范》GB 50038—2005 图 5.2.8（b）的形式设置。

【问题 16】 密闭阀门的安装空间问题。

【分析与对策】 （1）首先密闭阀门的阀体外径比风管大，见《防空地下室通风设计》07FK02-36 页图和表格。（2）密闭阀门的安装距顶板要求有一定的安装距离，见《防空地下室通风设计》07FK02-36 页。（3）密闭阀门距侧墙的安装有距离要求，见《防空地下室通风设计》07FK02-38 页的 L3。（4）密闭阀门距所穿过的墙面有安装距离要求，见《防空地下室通风设计》07FK02-38 页的 L5。（5）密闭阀门距其他管件的距离要保证其能启闭自如，距离一般不小于其半径。（6）密闭阀门下方若有密闭门，其高度应在 2.40。设计时一定要考虑这些因素，现场发现好多安装空间不够的。

【问题 17】 RFP 型过滤吸收器的阻力问题。

【分析与对策】 新型过滤吸收器阻力比较大，出厂阻力为 850Pa，选用风机时要考虑这个因素，风机的风压最好在 1300～1400Pa，实际风机的选择要根据管路条件在正确的水力计算的基础上选定。

【问题 18】 战时排风机的风量如何确定？

【分析与对策】 《人民防空工程防化设计规范》RFJ 013—2010 第 5.2.3.1 条规定：清洁式通风时，进风量与排风量的差值宜不大于滤毒通风时工程超压漏风量，因此排风机的风量与清洁式送风量有关，而不能仅按排风房间的换气次数计算排风量。

【问题 19】 工程漏风量如何取值？

【分析与对策】 《人民防空工程防化设计规范》RFJ 013—2010 第 5.2.5 条：工程漏风量取清洁区有效容积的 7%。《人民防空工程设计规范》GB 50225—2005 第 7.2.25 条规定：人防工程内保持超压值时的漏风量设计计算时，超压值为 30～50Pa 时取清洁区有效容积的 4%，大于 50 Pa 时取清洁区有效容积的 7%。《人民防空地下室设计规范》GB 50038—2005 规定：保持超压值时的漏风量可按清洁区有效容积的 4%计算。三本规范略有出入，但总体来说还是防化级别越高，超压值越大，漏风量取值越大，反之，超压值越小，漏风量取值越小。设计人员自行把握，实际上，工程超压值很难形成，按 7%计算更好些。

【问题 20】 同一个区域中有几个人防区域，互相不连通，其中一个区域设有发电机房，那么其他未设发电机房的人防区域是否属于战时电源有保障？

【分析与对策】 如果此发电机房的设计容量满足这几个区域的用电负荷，可以算是有电源保障，可以选用电动风机。

【问题 21】 掩蔽人数较少的单元是否可以不设排风机？

【分析与对策】 无论掩蔽人数多少，设排风机比不设排风机都要好。排风系统负责排风房间（主要是旱厕）的排风，设排风机才能保证有组织的将旱厕内污浊空气排除，不至于污染它处。

【问题 22】 滤毒式通风和清洁式通风共用风机在实际运行中如何调节以保证风量满足两种工况需求？

【分析与对策】 风机吸风管（滤毒通风管段上）设风量测定装置和风量调节阀。

【问题 23】 关于柴油电站排烟管设计的几点注意事项。

【分析与对策】 （1）柴油电站排烟系统的钢管、钢管件、阀门等的设计强度不应小于 0.6MPa。（2）排烟系统的总阻力：非增压柴油机应小于 300Pa，增压柴油机应小于

1000Pa。(3) 多台机组的排烟管可合并一根母管。(4) 排烟管道的烟气流速：支管取 20～25m/s，母管取 8～15m/s。(5) 排烟管道的烟气平均计算温度：排烟支管取 400℃；排烟母管取 300℃；排烟管保温层外表面温度宜取 60℃设计。(6) 排烟管道的敷设应满足下列要求：①排烟管道宜有 0.5%～1%的坡度，坡向扩散室、活门室或排烟竖井，并应在管道最低点设置排污阀。②排烟钢管、钢管件均应采用法兰连接，埋在被复外的管段，每隔 10～15m 应设置一个三通除灰孔。③排烟管的热膨胀宜采用自然补偿，无条件自然补偿的管段应装设补偿器。柴油机排烟口立管上应设置弹性波纹管。④发电机房的排烟管宜架空敷设。(6) 排烟管道应采取保温措施并使其末端温度不应低于露点温度。

【问题 24】 战时进风系统，清洁区一侧的密闭阀门能否设在立管上？

【分析与对策】《人民防空工程设计规范》GB 50225—2005 第 7.2.28 条规定：口部染毒区的进、排风管，应按 0.5%的坡度坡向室外，在最低点设排水设施。染毒区风管经过毒剂沾染后，应先进行洗消，而后才能再次转换为清洁式通风，而染毒风管应包括清洁区最后一道密闭阀门以外的风管，因此，如果将密闭阀门设在立管上，则部分管段的洗消污水会流至清洁区，造成清洁区污染。因此该阀门应设在水平管段上。最好不要设在立管上。

7.5 电气专业

【问题 1】 防空地下室施工图设计中，无人防电气设计说明。

【分析与对策】 设计说明是设计文件的重要组成部分，是图纸中无法表达内容的补充。每一单项人防工程应编写一份防空地下室电气施工图设计说明。如果防空地下室与地面建筑为同一个子项，可与地面建筑的电气设计说明合写。无论单独编写还是合写均应满足国标图集《防空地下室施工图设计深度要求及图样》08FJ06 中防空地下室电气施工图设计说明的深度要求。

【问题 2】 防空地下室电气施工图设计中无人防主要电气设备材料表。

【分析与对策】 防空地下室的一些专用电气设备是根据人防防护要求而设计的，如通风方式信号控制箱、通风方式信号箱、人防防护型呼叫按钮、防化设备电源插座箱等，这些都应有图例说明、选用标准图号和安装方式等，否则战时无法施工安装。(通风方式信号控制箱、通风方式信号箱参见国标图集《防空地下室电气设计》07FD02 第 12、13 页，人防防护型呼叫按钮参见国标图集《防空地下室电气设计》07FD02 第 27 页，防化设备电源插座箱参见国标图集《防空地下室电气设计》07FD02 第 17 页)。

【问题 3】 设计中，战时电力负荷未按一、二级完整计算出来，使得防空地下室战时用电量计算不准确，造成战时内部电源设计容量不能满足战时一级、二级负荷要求。

【分析与对策】 每个防护单元战时用电负荷，既是确定引接战时区域电源的用电量，又是人防电站选择柴油发电机组容量的依据，也是每个防护单元内战时设置蓄电池组

（UPS、EPS）电源容量的依据。每个防空地下室都应按《人民防空地下室设计规范》GB 50038—2005 第 7.2.4 条战时电力一、二、三级负荷分级的规定进行计算，并可按照国标图集《人民防空地下室设计规范》图示（电气专业）05SFD10 的第 3-3 页战时电力负荷计算表填写，再把每个防空地下室的一、二级负荷汇总后乘需要系数，就可作为选择柴油发电机组或蓄电池组容量的依据。

【问题 4】 战时的蓄电池组（UPS、EPS）电源连续供电时间，按平时消防应急时间设置，不能满足战时连续供电时间。

【分析与对策】 《人民防空地下室设计规范》GB 50038—2005 第 7.2.13 条第 4 款规定，战时蓄电池组（UPS、EPS）电源连续供电时间应不小于各类防空地下室的隔绝防护时间，均大于平时消防应急供电时间，因此，不能按平时消防应急时间设置，可按照国标图集《人民防空地下室设计规范》图示（电气专业）05SFD10 的第 3-14 页各类人防工程隔绝防护时间表设置。其中，专业队人员掩蔽所、一等人员掩蔽所≥6h，二等人员掩蔽所≥3h，物资库≥2h。

【问题 5】 建筑小区内建有多个各类防空地下室，其建筑面积（含已建与新建面积）之和已大于 5000m²，未设置战时人防柴油电站。

【分析与对策】 依据《人民防空地下室设计规范》GB 50038—2005 第 7.2.12 条 3 款规定，在建筑小区内分散布置多个防空地下室，其建筑面积之和大于 5000m² 时，应在负荷中心处的防空地下室内设置区域电站来保证各防空地下室战时一级、二级负荷用电。

【问题 6】 防空地下室供电设计中，每个防护单元战时供电系统不独立。

【分析与对策】 如果每个防护单元战时供电系统不是独立的，防护单元之间相互供电，战时当一个防护单元被破坏时另一个防护单元就不能正常供电。依据《人民防空地下室设计规范》GB 50038—2005 第 7.2.14 条第 1 款规定，每个防护单元应设置独立的人防配电箱，自成配电系统。每个防护单元供电系统设计可参照国标图集《人民防空地下室设计规范》图示（电气专业）05SFD10 第 3-15 页～第 3-19 页。

【问题 7】 人防配电箱设在防护区外，或设在染毒区。

【分析与对策】 人防配电箱设在防护区外，战时得不到保护一旦被破坏防护单元就无法供电；人防配电箱设在染毒区，战时染毒情况下操作不方便。因此，应把人防配电箱设在清洁区，如值班室或防化值班室等。但专业队车辆掩蔽部、汽车库工程内无清洁区，配电箱可设在染毒区。

【问题 8】 通风方式信号控制箱、通风方式信号箱设置不符合《人民防空地下室设计规范》GB 50038—2005 第 7.3.7 条要求。

【分析与对策】 设有清洁式、滤毒式、隔绝式三种通风方式的防空地下室，为了保证战时防空地下室内人员安全，每个防护单元应设置独立的三种通风方式信号系统，通风方式信号控制箱应设在防化值班室，通风方式信号箱应设在人防各人员出入口（包括连通口）最里一道密闭门门框内侧、战时进风机室、战时排风机室、防化值班室、值班室、柴油发电机房、电站控制室等地方。由防护单元到电站的人员出入口、由防护单元清洁区到滤毒室单独设置的人员出入口都应在最里一道密闭门门框内侧设置通风方式信号箱；特别是防护单元之间连通口应在各自内侧设置通风方式信号箱，信号源引自各自防护单元通风方式信号控制箱。战时封堵的人员出入口不需设置通风方式信号箱。战时功能为物资库、汽车库的防空地下室未设三种通风方式，不需设置通风方式信号装置系统。

【问题9】 人防呼叫按钮设置不符合《人民防空地下室设计规范》GB 50038—2005第7.3.8条要求。

【分析与对策】 人防呼叫按钮的主要用途是，战时在防空地下室内处于滤毒式通风时，外部人员进入人防工程必须通过人防呼叫按钮给防化值班室请示进入信号，当值班员允许进入时，只能从人防主要出入口（设有简易洗消间的出入口）进入。因此，每个防护单元只需在人员主要出入口最外一道防护密闭门门框墙外侧设置人防呼叫按钮，其他所有次要出入口都不需设置人防呼叫按钮。战时功能为物资库、汽车库的防空地下室未设三种通风方式，不需人防呼叫按钮。如果平时需要设置门铃按钮时，应与战时设置的人防呼叫按钮分开，为避免混淆战时应拆除。人防呼叫按钮因安装在防护区外，应具有防护能力（参见国标图集《防空地下室电气设计》07FD02第27页）。

【问题10】 穿过防空地下室外墙、临空墙、防护密闭隔墙或密闭隔墙的电气管线，未按《人民防空地下室设计规范》GB 50038—2005第7.4.3条要求做防护密闭或密闭处理。

【分析与对策】 防空地下室是要防核武器、常规武器、生化武器的。如果穿过防护密闭或密闭隔墙的电气管线未做防护密闭处理，就会造成漏气、漏毒等，甚至滤毒通风时室内形不成超压，这些都会危害防空地下室人员的安全。因此，穿过防空地下室外墙、临空墙、防护密闭隔墙或密闭隔墙的战时和平时电气管线都必须做好防护密闭或密闭处理。比如，穿过防护密闭门门框墙、战时封堵口的电气管线应做防护密闭处理；穿过密闭门门框墙、滤毒室隔墙的电气管线应做密闭处理等。防护密闭管或密闭管应选用管壁厚度不小于2.5mm的热镀锌钢管（在其他部位的管线可按地面建筑的设计规范或规定选用管材）。电气管线防护密闭或密闭处理的做法，可见国标图集《防空地下室电气设计》07FD02第18～25页 。在图纸设计中，应在需要做防护密闭或密闭处理的具体部位标注防护密闭或密闭做法。当集中预埋防护密闭套管超过10根时，应画出预埋管排列非标详图。

【问题11】 防空地下室各人员出入口和人防连通口未按《人民防空地下室设计规范》GB 50038—2005第7.4.5条要求预埋备用管。

【分析与对策】 预埋备用管是为了防止人防工程竣工后，随着发展需要而增加的动力、照明、通信、网络、自动检测等各种管线，在防空地下室外墙、临空墙、防护密闭隔墙或密闭隔墙上钻洞、打孔，影响到防空地下室的密闭性和结构的强度。因此，应按《人民防空地下室设计规范》GB 50038—2005第7.4.5条要求在人防各人员出入口和人防连通口的防护密闭门门框墙、密闭门门框墙预埋4~6根备用管，管径为50-80mm，管壁厚度不小于2.5mm的热镀锌钢管，并应符合防护密闭要求（核6级、核6B级、常6级防空地下室可不设抗力片）。战时封堵口、滤毒室的密闭门门框墙不需预埋备用管。

【问题12】 由室外地下引入、引出防空地下室的强电或弱电，未按《人民防空地下室设计规范》GB 50038—2005第7.4.8条要求分别设置强电和弱电防爆波电缆井。

【分析与对策】 设置防爆波电缆井是为了防止爆炸冲击波沿着电缆管线进入防空地下室内。由室外地下引入、引出防空地下室的平时和战时的强电或弱电都应经防爆波电缆井进出。为防止强电、弱电相互干扰，需分别设置强电、弱电防爆波电缆井。防爆波电缆井除留有设计需要的穿墙管外，还应按《人民防空地下室设计规范》GB 50038—2005第7.4.5条要求预埋4~6根备用管，管径50~80mm，管壁厚度不小于2.5mm的热镀锌钢管，并应符合防护密闭要求。防爆波电缆井宜在紧贴防空地下室外墙处设置或在紧贴防空地下室顶板上部设置（参见国标图集07FD02第28、29页）。电缆由防空地下室上部地面建筑引入防空地下室时或由与防空地下室相邻的地下非人防工程引入防空地下室时，可不设置防爆波电缆井，但电缆穿管应做防护密闭处理。

【问题13】 由电站或低压配电室引到各防空地下室战时电源回路的电缆，穿过其他防护单元或地下非人防防护区时，未按《人民防空地下室设计规范》GB 50038—2005第7.4.9条要求采取防护措施。

【分析与对策】 防空地下室的战时电源可经过其他防护单元或地下非人防工程敷设电缆，但应采取与受电端防护单元等级相应的防护措施，以防止电缆战时破坏或受损。对于核6级、核6B级、常6级防空地下室可采用铠装电缆在密封式电缆桥架内敷设或穿钢管明设。对于核5级、常5级防空地下室应采用电缆穿钢管敷设。

【问题14】 滤毒室未按《人民防空地下室设计规范》GB 50038—2005第7.5.10条要求设置插座。如有的未设置插座，有的插座设置位置不符合要求。

【分析与对策】 为了战时空气染毒监测，应在滤毒室内每个过滤吸收器风口取样点附近距地面1.5m处，设置AC220V10A单相三孔插座一个。

【问题15】 防化值班室按照《人民防空地下室设计规范》GB 50038—2005第7.5.11条或7.5.12条要求设置的防化设备电源插座箱，误设计为战时通信电源插座箱。

【分析与对策】 在防化值班室设置的插座箱，是依据《人民防空工程防化设计规范》RFJ 013—2010第9.1.2条要求而设置的防化设备电源插座箱，为防化专业所用，不是战时通信设备电源插座箱，战时为一级负荷。而战时通信只需按《人民防空地下室设计规范》GB 50038—2005第7.8.6条要求的容量设置一级负荷电源即可，不需设置插座箱。

【问题16】 从防护区内引到人防出入口外、战时封堵口外等非防护区的照明电源与防护区内灯具共用一回路时，未设置短路保护器，或短路保护器设置位置不正确。

【分析与对策】 按《人民防空地下室设计规范》GB 50038—2005第7.5.16条要求，

当从防护区内引到人防出入口外、战时封堵口外的战时照明电源与防护区内灯具共用一回路时，应在最外一道防护密闭门门框墙内侧、战时封堵口内侧设置短路保护器，这是为了防止战时防护区外的照明灯具、线路一旦被破坏，发生短路而影响防护区内的照明。设计中经常会把短路保护器设在出入口最里面一道密闭门内侧，这样出入口的防毒通道、密闭通道内的照明就不能得到保护。当从防护区内引到人防出入口外、战时封堵口外的非人防区照明电源单独一回路时，不需设置短路保护器。

【问题17】 防空地下室战时主要出入口防护密闭门外直通地面的楼梯或通道的照明电源，不是由防护单元内人防电源供电，而是由地面建筑电源或非防护区电源供电。

【分析与对策】 战时滤毒通风时，人员只能从主要出入口进出，次要出入口不允许人员进出。如由地面建筑电源或非防护区电源供电，战时极易被破坏，无法保证主要出入口防护密闭门外到地面的楼梯或通道的照明，人员出入就会受到影响，所以战时主要出入口防护密闭门外到地面的楼梯或通道照明灯具电源应由防空地下室内人防电源供电。

【问题18】 防空地下室接地设计中，各导电部分未做等电位连接。

【分析与对策】 应按照《人民防空地下室设计规范》GB 50038—2005第7.6.3条要求，应把防空地下室内各导电部分做等电位连接，特别是防空地下室的人防防护密闭门、密闭门、防爆波活门的金属门框墙及用金属制作的战时进、排风管道、电气设备金属外壳等应做等电位连接。

【问题19】 在电站设计中，柴油发电机组总容量设计偏小。

【分析与对策】 防空地下室柴油发电机组总容量确定，除应满足战时一、二级负荷外，还应留有10%～15%的备用量，不设备用机组。

【问题20】 防空地下室电站类型未按《人民防空地下室设计规范》GB 50038—2005第7.7.2条第2款要求确定。

【分析与对策】 防空地下室人防电站类型分为移动电站和固定电站。是设置移动电站还是设置固定电站，要根据发电机安装总容量来确定。以柴油发电机组常用功率120kW为分界；当功率大于120kW时设置固定电站，当功率120kW及以下时设置移动电站。对于规模大、防护单元多的工程（如建筑小区内分布多个防空地下室），战时功率大于120kW时，可不设置固定电站，而按防护单元组合，根据用电量设置多个移动电站，这样不仅更能提高战时供电的可靠性，而且节约投资。

【问题21】 人防电站的动力、照明未单独设置配电箱。

【分析与对策】 电站动力照明配电箱应单独引接平时和战时电源，形成独立的供、配电系统，不应由其他防护单元供电，这样战时电站用电就不受供电防护单元影响，当供电防护单元被破坏时电站仍可正常供电，以保证发电机组正常运转。移动电站动力照明配系统，可参照国标图集《防空地下室移动柴油电站》07FJ05第34页设计；固定电站动力照明配电系统，可参照国标图集《防空地下室固定柴油电站》08FJ04第64～66页设计。

【问题22】 防空地下室电气设计中，未按《人民防空地下室设计规范》GB 50038—2005 第7.8.6条要求设置战时通信电源。

【分析与对策】 战时应急通信是，接收上级指挥机关指示和与上级指挥机关联系的主要渠道，依据《人民防空地下室设计规范》GB 50038—2005 第7.8.6条要求，各类防空地下室中每个防护单元都应按战时一级负荷设置通信电源，电源容量最小值应符合《人民防空地下室设计规范》GB 50038—2005 表7.8.6中的要求。其中，防空专业队工程5kW，人员掩蔽工程3kW，物资库、汽车库等配套工程3kW。

第 8 章　岩土工程勘察专业

8.1　岩土工程勘察成果文件的内容及深度问题

【问题 1】 勘察报告的签署和盖章是如何规定的?

【分析与对策】 勘察单位应严格执行技术管理规定，依据《工程建设勘察企业质量管理标准》GB/T 50379—2018 和《建设工程勘察质量管理办法》(住建部-第 115 号令)，建立健全各项技术管理规定。勘察文件（包括岩土工程勘察报告、独立完成的专题报告及试验报告等）应加盖注册土木工程师（岩土）印章、单位公章和工程勘察成果专用章；勘察企业的法定代表人、总工程师、项目负责人、审核人、审定人等相关人员必须在勘察文件上签字或盖章（其中丙级资质的企业可将审核人、审定人合并为一个岗位)，各种图件、室内试验和原位测试，其成果应有试验人、检查人或审核人签字。当测试、试验项目委托其他单位完成时（完成单位应具有相应资质)，受托单位提交的成果还应有该单位公章、单位负责人签章。

【问题 2】 如何处理勘察报告文字部分与图表部分的相互关系?

【分析与对策】 文字报告的内容，应根据任务要求，勘察阶段、地质条件、工程特点等具体情况确定，与图表部分应互相配合，相辅相成，避免出现前后矛盾；文字报告中插图和表格的位置应紧接有关文字。插图和表格均应有图名、图号、表名和表号。插图和表格的幅面不宜大于文字报告的幅面；否则应附在勘察报告后面的图表中。

【问题 3】 如何提高详细勘察阶段勘察报告的针对性?

【分析与对策】 《岩土工程勘察规范》GB 50021—2001（2009 年版）第 14.3.3 条规定，岩土工程勘察报告应根据任务要求、工程特点和地质条件等具体情况编写，并应包括下列内容：

（1）勘察目的、任务要求和依据的技术标准；

（2）拟建工程概况；

（3）勘察方法和勘察工作布置；

（4）场地地形、地貌、地层、地质构造、岩土性质及其均匀性；

（5）各项岩土性质指标，岩土的强度参数、变化参数、地基承载力的建议值；

（6）地下水埋藏情况、类型、水位及其变化；

（7）土和水对建筑材料的腐蚀性；

（8）可能影响工程稳定的不良地质作用的描述和对工程危害程度的评价；

(9) 场地稳定性和适宜性评价。

以上规定是以强制性条文提出的，对岩土工程勘察报告的基本内容进行了要求。除此之外，岩土工程勘察报告还应包括岩土利用、整治、改造方案的分析和论证，以及工程施工和运营期间可能发生的岩土工程问题的预测及控制、预防措施的建议等内容。

详细勘察阶段勘察报告的编制应根据特定场地的岩土工程条件和特定的工程建设条件进行有针对性的编制。当工程建设位置和建设条件发生变化时，应当重新编制勘察报告。对地质和岩土条件相似的一般建筑物和构筑物，可按建筑群编写报告；对于地质和岩土条件各异或重要的建筑物或构筑物，宜按单位建筑物或构筑物分别编写。不分阶段的一次性勘察，应按详细勘察阶段的要求执行。

【问题4】 如何掌握岩土工程勘察等级划分？

【分析与对策】 《岩土工程勘察规范》GB 50021—2001（2009年版）第3.1.4规定，岩土工程勘察等级应按下列要求划分：

甲级：在工程重要性、场地复杂性和地基复杂性等级中，有一项或多项为一级。

乙级：除甲级和丙级以外的勘察项目。

丙级：工程重要性、场地复杂性和地基复杂性等级均为三级。

《岩土工程勘察规范》GB 50021—2001（2009年版）第14.1.5条规定："岩土工程的分析评价，应根据岩土工程勘察等级区别进行。对丙级岩土工程勘察，可根据邻近工程经验，结合触探和钻探取样试验资料进行；对乙级岩土工程勘察，应在详细勘探、测试的基础上，结合邻近工程经验进行，并提供岩土的强度和变形指标；对甲级岩土工程勘察，除按乙级要求进行外，尚宜提供载荷试验资料，必要时应对其中的复杂问题进行专门研究，并结合监测对评价结论进行检验。"

也就是说，勘察等级不同，对勘察报告内容的要求也不同。有随意降低岩土工程勘察等级，会造成勘察质量或精度达不到设计和规范的要求。

【问题5】 勘察报告中应包括哪些原位测试或室内试验成果图表？

【分析与对策】 详细勘察报告中所附图件应体现勘察工作的主要内容，全面反映地层结构与性质的变化，紧密结合工程特点及岩土工程性质。

勘察报告应附下列图表：

(1) 附带地形图的建筑物与勘探点平面位置图；

(2) 工程地质剖面；

(3) 钻孔（探井）柱状图（注：1. 控制性钻孔必须提供；2. 未纳入工程地质剖面图的必须提供）；

(4) 原位测试成果图表；

(5) 室内试验成果图表；

(6) 其他根据工程需要的图表。

【问题6】 地基基础设计等级由谁来确定？

【分析与对策】 勘察单位往往根据场地等级、地基等级结合GB 50007—2011表

3.0.1 确定地基基础设计等级并写入勘察报告，而设计文件中地基基础设计等级有时与勘察文件不一致。这就涉及地基基础设计等级由谁来确定的问题。

确定地基基础设计等级应该由结构专业确定。虽然《建筑地基基础设计规范》GB 50007—2011 表 3.0.1 中地基基础设计等级的确定也涉及岩土专业方面的问题，比如要考虑场地和地基条件的复杂程度，但是结构专业进行设计时，已有勘察报告作为依据，对场地和地基条件的复杂程度是掌握的。由结构专业来确定地基基础设计等级更合理。

另一方面，岩土工程勘察等级是从工程重要性、场地复杂程度及地基复杂程度三个方面综合确定的，从理论上说，地基基础设计等级与勘察等级二者之间是具有一致性的。由于地基基础的设计等级不同，对勘察的要求也不同。因此，勘察单位在制定勘察方案时应对地基基础设计等级进行基本的估计。

【问题 7】 如何掌握市政工程勘察等级划分?

【分析与对策】 《市政工程勘察规范》CJJ 56—2012 第 3.0.1 条规定，市政工程勘察等级，应根据工程重要性等级、场地复杂程度等级和岩土条件复杂程度等级综合确定。可划分为三级，划分原则如表 8-1 所示。

市政工程勘察等级划分　　**表 8-1**

等级	划分条件
甲级	在工程重要性等级、场地复杂程度等级、岩土条件复杂程度等级中有一项或多项为一级的
乙级	除甲级和丙级以外的勘察项目
丙级	工程重要性等级、场地复杂程度等级、岩土条件复杂程度等级均为三级

场地复杂程度等级、岩土条件复杂程度等级的划分与《岩土工程勘察规范》基本一致，但《岩土工程勘察规范》工程重要性等级的划分却不包括市政工程项目。由于市政工程涉及范围较广，包括城市道路、桥涵、隧道、室外管道、给排水站、堤岸等，很难做出很具体的划分标准，规范只做了原则性的规定。

市政工程重要性等级划分　　**表 8-2**

工程类型		一级	二级	三级
道路工程		快速路和主干路	次干路	支路、公交场和城市广场的道路与地面工程
桥涵工程		特大桥、大桥	除一级、三级以外的城市桥涵	小桥、涵洞及人行地下通道
隧道工程		均按一级	—	—
室外管道工程	顶管或定向钻方法施工	均按一级	—	—
	明挖法施工	$z>8\text{m}$	$5\text{m}\leqslant z\leqslant 8\text{m}$	$z<5\text{m}$
给排水厂站工程		大型、中型厂站	小型厂站	—
堤岸工程		桩式堤岸和桩基加固的混合式堤岸	圬工结构或钢筋混凝土结构的天然地基堤岸	土堤

表中内容说明，工程的类型、设计标准、规模、结构形式以及施工方法都决定了工程的重要性，因此，市政工程勘察项目实施前必须要弄清相关工程概况。

8.2 勘察工作量

8.2.1 勘探点的平面布置问题

【问题1】 如何解决勘察工作量的盲目性？

【分析与对策】 《岩土工程勘察规范》GB 50021—2001（2009年版）第4.1.11条第1款规定：详细勘察应搜集附有坐标和地形的建筑总平面图，场区的地面整平标高，建筑物的性质、规模、荷载、结构特点、基础形式、埋置深度，地基允许变形等资料。《高层建筑岩土工程勘察标准》JGJ/T 72—2017第3.0.4条3款也有类似的要求。

（1）附有建筑红线角点坐标、地形等高线和±0.0高程的建筑总平面布置图；

（2）建筑结构类型、特点、层数、高度等和地下层数；

（3）预计的地基基础形式、平面尺寸、荷载、埋置深度和允许变形要求等；

（4）地质灾害评估资料，超限高层建筑地震安全性评价报告；

（5）勘察场地周边环境条件，包括既有建筑基础类型、埋深，即有道路等级、既有管线及其地下设施情况；

（6）设计方的技术要求。

在勘察前，应取得委托方或设计单位提供的能够反映工程概况和技术要求的勘察任务书，任务书的内容大体应包括上述所需资料。如果工程概况不明，可能造成勘探点间距过大、勘探孔深度不够、地基持力层和均匀性评价缺乏针对性、地基处理方案建议不合理、基坑支护和地下水控制参数不全等问题。

【问题2】 为满足高层建筑倾斜计算的要求，勘探点应如何布置？

【分析与对策】 高层建筑倾斜值是变形控制的重要指标之一。《高层建筑岩土工程勘察标准》JGJ/T 72—2017第4.1.3条规定：

（1）当高层建筑平面为矩形时，应按双排布设；当为不规则形状时，宜在凸出部位的阳角和凹进的阴角布设勘探点；

（2）在高层建筑层数、荷载和建筑体形变异较大位置处，应布设勘探点。

《岩土工程勘察规范》GB 50021—2001（2009年版）第4.1.16条第1款也规定：勘探点宜按建筑物周边线和角点布置。

建筑物角点往往是应力集中的地方，因此，地层结构和性质显得格外重要，宜布置钻孔，并且尽量进行取样试验或原位测试，取得能够用于进行地基承载力验算和变形计算的地基参数。

【问题3】 多层住宅小区按建筑群布置勘察工作量，如何掌握？

【分析与对策】 《岩土工程勘察规范》GB 50021—2001（2009年版）第4.1.16条第1款规定：勘探点宜按建筑物周边线和角点布置，对无特殊要求的其他建筑物可按建筑物或建筑群的范围布置。因此，多层住宅小区按建筑群范围布置勘探点是可行的，在满足单栋建筑物地基均匀性评价和沉降控制后，可适当减少勘察工作量。但不能过分节约工作量，应兼顾到单栋建筑物地基均匀性评价和沉降计算的要求。

【问题 4】 对单栋建筑，只布置一条勘探线是否可行?

【分析与对策】 《岩土工程勘察规范》GB 50021—2001（2009 年版）第 4.1.16 条第 1 款规定：勘探点宜按建筑物周边线和角点布置。只布置了一条勘探线，不能满足地基均匀性评价的要求，应补充勘察。

【问题 5】 怎样看待勘探点控制范围小于工程建设范围的问题?

【分析与对策】 《岩土工程勘察规范》GB 50021—2001（2009 年版）第 4.1.11 条第 3 款规定：详细勘察应查明建筑范围内岩土层的类型、深度、分布、工程特性，分析和评价地基的稳定性、均匀性和承载力。对于基坑工程勘察平面范围还应超出基坑平面范围。当勘探点布置小于工程建设范围时，应补充勘察。

【问题 6】 勘探点间距过大，超出规范要求，如何处置?

【分析与对策】 《岩土工程勘察规范》GB 50021—2001（2009 年版）第 4.1.15 条规定：详细勘探点的间距可按表 8-3 确定。

详细勘察勘探点的间距　　**表 8-3**

地基复杂程度等级	勘探点间距(m)
一级(复杂)	10～15
二级(中等复杂)	15～30
三级(简单)	30～50

同样，城市道路、桥涵、隧道、室外管道、给排水厂站、堤岸等市政工程建设项目的勘探点布置，《市政工程岩土工程勘察规范》对勘探点间距也进行了详细规定，应遵照执行。

如果勘探点间距过大，超出规范要求，应补充勘察。

【问题 7】 复杂地质条件下，应如何掌握勘探点间距?

【分析与对策】 同一建筑范围内的主要受力层或有影响的下卧层起伏较大时，应加密勘探点，查明其变化；对于古河道、沟浜、填土等地段，应增加勘探点的数量，以便查明地层界线的变化规律。如果勘探点间距较大，未查明地层变化规律及分布范围，应补充勘察。

【问题 8】 基坑工程勘探点布置应考虑哪些因素?

【分析与对策】 勘察的平面范围宜超出基坑边界外开挖深度的 2～3 倍。无条件布置勘探点时，以调查研究、搜集已有资料为主。当前，基坑工程是一个失事率较高的领域，基坑工程勘察，首先应进行环境状况的调查，查明邻近建筑物和地下设施的现状、结构特点以及对开挖变形的承受能力。在城市地下管网密集分布区，可通过地理信息系统或其他档案资料了解管线的类别、平面位置、埋深和规模，必要时应采用有效方法进行地下管线探测。详细勘察阶段应在查明场地工程地质条件基础上，判断基坑的整体稳定性，预测可能破坏模式，为基坑工程的设计、施工提供基础资料，对基坑工程等级、支护方案提出建议。当场地水文地质条件复杂，在基坑开挖过程中需要对地下水进行治理（降水或隔渗）时，应进行专门的水文地质勘察。对深厚软土层，控制性勘探孔应穿透软土层；为降水或截水设计需要，控制性勘探孔应穿透主要含水层进入隔水层一定深度。

【问题 9】 如何做到取样孔和原位测试孔布局合理？

【分析与对策】 《岩土工程勘察规范》GB 50021—2001（2009 年版）第 4.1.20 条中规定采取土试样和进行原位测试的勘探孔的数量应根据地层结构、地基土的均匀性和工程特点确定，且不应少于勘探孔总数的 1/2，钻探取土孔的数量不应少于勘探孔总数的 1/3。

《高层建筑岩土工程勘察标准》JGJ/T 72—2017 第 4.1.4 条，对采取不扰动土试样和原位测试的数量进行了规定。对单栋高层建筑采取不扰动土试样和原位测试勘探点的数量不宜少于全部勘探点总数的 2/3，对勘察等级为甲级及其以上者不宜少于 4 个，对乙级不宜少于 3 个；单栋高层建筑每一主要土层，采取不扰动土样或十字板剪切、标准贯入试验等原位测试数量不宜少于 6 件（组、次），当采用连续记录的静力触探或动力触探时，不应少于 3 个孔；同一建筑场地当有多栋高层建筑时，每栋建筑的数量可适当减少。

之所以出现技术性钻孔布局不合理的问题，与规范只规定取原状土或原位测试最低数量有关。规范规定原状土或原位测试数量不能少于 6 个的要求，应该正确理解规范规定的精神。并不是说不论工程大小，只要满足 6 个样品数量就可以，这是错误的，6 个样品数量是最低要求。在勘察时，还应根据工程规模，场地地质条件复杂程度，合理地布置技术钻孔，应尽量均匀布置；当场地内地层岩性变化较大时，应进行及时调整技术钻孔布置。为了保证技术性钻孔数量，以及取样及原位测试的数量，《河北省房屋建筑和市政基础设施工程施工图设计文件审查要点》（2017 年版）进行了规定。

（1）在取样钻孔中可采取原状土试样的地层应提供土的室内试验指标，难以采取原状土试样的地层可采用原位测试数据；当在设定的取样孔中遇到砂土、碎石土，无法取得原状土样时，应在相应位置进行标准贯入试验或动力触探试验，确保技术性钻孔的数量不少于 1/2。

（2）取样或标准贯入试验（动探）应满足地基均匀性的要求，基础底面以下 1.0 倍基础宽度内间距不应大于 2.0m，以下可根据土层变化情况适当加大距离。

（3）对非连续贯入的动力触探试验孔，每一阵击按一次测试计数。

【问题 10】 山区勘察中，如何掌握勘探点间距？

【分析与对策】 当前工程勘察绝大多数是集中在城市，相对来说地层较为简单，建筑经验也较为丰富，但对于山区的工程，工程地质条件差异较大。对山区工程主要根据地基复杂程度布置勘探点。勘探点间距在规范中有规定，地基条件复杂时可取小值。但应注意，位于山区斜坡处的拟建建筑物，斜坡上、下均应有勘探点控制，遇沟谷时也应布置勘探点，以便控制地层的变化。山区的岩土工程勘察，除应做好地基的评价外，特别要注意场地的稳定性评价。

【问题 11】 如何看待勘探点的网格化布置问题？

【分析与对策】 关于详细勘察的勘探点布置，《岩土工程勘察规范》GB 50021—2001

（2009年版）第4.1.16条，提出了4款规定：

（1）勘探点宜按建筑物周边线和角点布置，对无特殊要求的其他建筑物可按建筑物或建筑群的范围布置；

（2）同一建筑范围内的主要受力层或有影响的下卧层起伏较大时，应加密勘探点，查明其变化；

（3）重大设备基础应单独布置勘探点；重大的动力机器基础和高耸构筑物，勘探点不宜少于3个；

（4）勘探手段宜采用钻探与触探相配合，在复杂地质条件、湿陷性土、膨胀岩土、风化岩和残积土地区，宜布置适量探井。

从规范的这条规定来看，按建筑物周边线和角点布置勘探孔是规范推荐的要求，但规范的用词是“宜”，根据规范用词说明，“宜”表示允许稍有选择，在条件许可时应这样做的用词，但并非要求严格执行的用词。而且，规范接下来又提出了“对无特殊要求的其他建筑物可按建筑物或建筑群的范围布置”。说明规范允许可以不沿建筑物周边线和角点布置勘探孔。

勘探点的网格化，符合按建筑物或建筑群的范围布置的原则，只要勘探点间距符合规范的要求即可。

【问题12】 如何对待设计单位或甲方布置的勘察工作量？

【分析与对策】 勘察单位是工程勘察质量的责任主体，应对出具的勘察报告负责。勘察单位应本着对工程质量负责的态度，对设计单位或甲方布置的勘察工作量，应从专业角度对其合规性进行检查，主要检查勘察手段是否全面，勘探点间距、深度、控制性钻孔数量、取样及原位测试孔数量是否符合现行规范的要求。如果不满足规范要求，必须对工作量进行调整。

【问题13】 如何把握市政工程勘察中规范的适用性？

【分析与对策】 《市政工程勘察规范》CJJ 56—2012第1.0.2条规定，“本规范适用城市道路、桥涵、隧道、室外管道、给排水站、堤岸等建设项目的岩土工程勘察”。但由于历史的原因，一些勘察单位对城市道路、城市桥涵、城市隧道、城市堤岸等工程项目，还“很习惯”地按照交通、水利行业的规范布置勘察工作量，甚至有的勘察单位对规范的适用性提出质疑，导致出现勘探点间距、深度不满足《市政工程勘察规范》的要求的问题；也有的勘察单位，简单地套用《岩土工程勘察规范》进行勘察等级的划分，错误地确定工程重要性等级以及勘察等级。简单地说，凡是提交施工图审查机构审查的上述工程项目，应按《市政工程勘察规范》执行。

8.2.2 勘探深度问题

【问题1】 对房屋建筑，钻孔深度不满足规范要求，如何处理？

【分析与对策】 根据《岩土工程勘察规范》、《建筑抗震设计规范》、《建筑桩基技术规范》等技术标准的有关规定，详细勘察的勘探深度应符合以下要求：

（1）勘探孔深度应能控制地基主要受力层，当基础底面宽度不大于5m时，勘探孔的深度对条形基础不应小于基础底面宽度的 3 倍，对单独柱基不应小于 1.5 倍，且不应小于 5m；

（2）对高层建筑和需作变形验算的地基，控制性勘探孔的深度应超过地基变形计算深度；高层建筑的一般性勘探孔应达到基底下 0.5～1.0 倍基础宽度，并深入稳定分布的地层；

（3）对仅有地下室的建筑或高层建筑的裙房，当不能满足抗浮设计要求，需设置抗浮桩或锚杆时，勘探孔深度应满足抗拔承载力评价的要求；

（4）当有大面积地面堆载或软弱下卧层时，应适当加深控制性勘探孔的深度；

（5）在上述规定深度内，当遇基岩或厚层碎石土等稳定地层时，勘探孔深度应根据情况进行调整；

（6）大型设备基础勘探孔深度不宜小于基础底面宽度的 2 倍；

（7）当需进行地基整体稳定性验算时，控制性勘探孔深度应根据具体条件满足验算要求；

（8）当需进行地基处理时，勘探孔的深度应满足地基处理设计与施工要求；当采用桩基时，勘探孔的深度应满足规范和《河北省房屋建筑和市政基础设施工程施工图设计文件审查要点》（2017 年版）的相关要求；

（9）当需确定场地抗震类别，而邻近无可靠的覆盖层厚度资料时，应布置波速测试孔，其深度应满足确定覆盖层厚度的要求；

（10）对抗震设防类别为丁类建筑及层数不超过 10 层且高度不超过 24m 的丙类建筑，应布置用以估算等效剪波速的钻孔，其深度自地面以下不少于 20m，或者超过覆盖层厚度。

对于勘探孔深度不满足上述要求的，应进行补充勘察。

【问题 2】 对于基底附加应力 $p_0 \leqslant 0$ 情况，怎样确定控制性勘探孔深度？

【分析与对策】 《岩土工程勘察规范》GB 50021—2001（2009 年版）第 4.1.19 条第 2 款规定：建筑总平面内的裙房或仅有地下室部分，当 $p_0 \leqslant 0$ 时，控制性勘探孔的深度可适当减少，但应深入稳定地层，且根据荷载和土质条件不宜少于基底下 0.5～1.0 倍基础宽度。

当基坑平面尺寸很大时，按照 0.5～1.0 倍基础宽度来确定勘探深度明显不合理时，这时根据地层状况可适当减少勘探深度，但必须满足坑底基础下各层土的地基承载力验算和沉降计算的要求，并深入稳定地层。基坑开挖较深时，尚应满足基坑回弹验算的要求。

【问题 3】 桩基工程，如何掌握勘探深度？

【分析与对策】 《岩土工程勘察规范》GB 50021—2001（2009 年版）第 4.9.4 条规定：

（1）一般性勘探孔的深度达到桩端以下 3～5 倍桩径，且不得小于 3m；对大直径桩，不得小于 5m；

（2）控制性勘探孔深度满足下卧层验算要求；对需要进行沉降计算的桩基，应超过地基变形计算深度；

（3）预计深度遇软弱层时，应予加深；在预计勘探孔深度内遇稳定坚实岩土时，可适当减小；

（4）对嵌岩桩，应钻入预计嵌岩面以下 3～5d 并穿过溶洞、破碎带，到达稳定地层；

（5）对可能有多种桩长方案时，应根据最长桩方案确定。

【问题 4】 基坑工程，如何把握勘探孔深度？

【分析与对策】 《岩土工程勘察规范》GB 50021—2001（2009 年版）第 4.8.3 条规定“勘察深度宜为开挖深度的 2～3 倍，在此深度内遇到坚硬黏性土、碎石土和岩层，可根据岩土类别和支护设计要求减少深度。”此外，对深厚软土层，控制性勘探孔应穿透软土层；为降水或截水设计需要，控制性勘探孔应穿透主要含水层进入隔水层一定深度；在基坑深度内，遇微风化基岩时，一般性勘探孔应钻入微风化岩层 1～3m，控制性勘探孔应超过基坑深度 1～3m；控制性勘探点宜为勘探点总数的 1/3，且每一基坑侧边不宜少于 2 个控制性勘探点。

【问题 5】 《高层建筑岩土工程勘察标准》JGJ/T 72—2017 中，控制性钻孔深度经验系数如何选取？

【分析与对策】 《高层建筑岩土工程勘察标准》JGJ/T 72—2017 表 4.2.2 经验系数，是规范编制者根据多年的工程经验，并以实测数据为依据确定的；当基底以下为多层土时，原则是满足变形计算深度的要求，其系数可按主要受力层内各土层的最不利组合因素综合选取。当缺乏经验时，可利用计算机软件对沉降计算深度进行试算。当勘察中发现地层和预计地层不一致时，应该根据具体情况适当调整孔深。勘察深度要确保在工程建设条件不改变的情况下设计和施工对地层的需要。

【问题 6】 大底盘多塔楼结构情况下，勘察等级及勘探深度如何确定？

【分析与对策】 大底盘多塔楼结构，同一大面积整体筏型基础，地库与主楼高低错层超过 10 层等情况，根据《高层建筑岩土工程勘察标准》JGJ/T 72—2017 第 3.0.2 条的规定，体形复杂，层数相差超过 10 层的高层建筑，勘察等级应为甲级。

如何确定勘探孔的深度，使勘察成果能满足地基基础设计的要求，需要专门的研究。在勘察原则上，控制孔的深度要满足地基变形控制的需要，一般孔的深度要满足地基持力层和主要受力层选取及承载力验算的需要。

在地基由土层构成的地区，勘探孔的最大深度主要满足沉降计算的要求，即勘探孔深度必须达到“沉降计算深度”以下，以探明压缩层范围内的土层的均匀性，并提供土的压缩性参数。因此，勘探孔的深度与建筑物的荷载大小有关，建筑物的层数越高，基底压力越大，沉降计算深度越深，要求勘探孔的深度就越深。

勘探孔的深度还和建筑物的宽度有关，建筑物宽度越大，相同深度处的附加应力越大，沉降计算深度越深，勘探孔的深度也就要求越深。如果对同样高度的建筑物，基底总压力比较接近，如果基坑的深度越深，补偿的作用越大，则基底的附加应力就越小。因此，基坑深度越深，沉降计算深度反而越浅，所要求的勘探孔深度（从地表算起）也就可以浅一些。

8.2.3 测试工作问题

【问题 1】 如何把握取土试样和进行原位测试的勘探点数量太少的问题？

【分析与对策】 《岩土工程勘察规范》GB 50021—2001（2009 年版）第 4.1.20 条第 1 款规定：采取土试样和进行原位测试的勘探孔的数量，应根据地层结构、地基土的均匀性和工程特点确定，且不应少于勘探孔总数的 1/2，钻探取土孔的数量不应少于勘探孔总数的 1/3。

对于某些只有砂类土和碎石土，没有粉土和黏性土或分布极少的情况，因为不能取得原状土样，那么，标准贯入试验孔或动力触探孔的数量则不应少于勘探孔总数的 1/2。

【问题 2】 对厚度大于 50cm 的土夹层，如何把握取样或进行原位测试数量？

【分析与对策】 《岩土工程勘察规范》GB 50021—2001（2009 年版）第 4.1.20 条规定，“在地基主要受力层内，对厚度大于 0.5m 的夹层或透镜体应采取土试样或进行原位测试”，这一条是强制性条文，但是在勘察工作中，往往容易忽视。尽管它不是主要地层，但对建筑物的影响是较大的，甚至会影响到建筑物的正常使用或安全。由于地基主要持力层中存在较弱或硬的透镜体造成一些建筑物的开裂或倾斜的例子已屡见不鲜。因此，如果厚度大于 50cm 的土夹层不取土试样或不进行原位测试，应补充勘察。

【问题 3】 如何把握砂土的取样数量和定名问题？

【分析与对策】 《岩土工程勘察规范》GB 50021—2001（2009 年版）第 3.3.7 条规定：土的鉴定应在现场描述基础上，结合室内试验的开土记录和试验结果综合确定，不能仅靠现场描述定名。砂土应进行颗粒分析试验，对于单栋建筑物，砂土颗分试验每层不宜少于 3 组。

【问题 4】 岩土工程勘察中，如何确定载荷试验的数量和层位？

【分析与对策】 《建筑地基基础设计规范》GB 50007—2011 第 3.0.4 条第 2 款规定：设计等级为甲级的建筑物应提供载荷试验指标。附录 C 第 C.0.8 条规定：同一土层参加统计的试验点不应少于 3 点。《岩土工程勘察规范》GB 50021—2001（2009 年版）第 10.2.2 条规定：载荷试验应布置在有代表性的地点，每个场地不宜少于 3 个，当场地内岩土体不均时，应适当增加。浅层平板载荷试验应布置在基础底面标高处。

【问题 5】 如何把握用于水、土腐蚀性评价的取试样数量？

【分析与对策】 《岩土工程勘察规范》GB 50021—2001（2009 年版）第 12.1.2 条规定：

（1）混凝土结构处于地下水位以上时，应取土试样作土的腐蚀性测试；

（2）混凝土结构处于地下水位或地表水中时，应取水试样作水的腐蚀性测试；

（3）混凝土结构部分处于地下水位以上、部分处于地下水位以下时，应分别取土试样和水试样作腐蚀性测试；

（4）水试样和土试样应在混凝土结构所在深度采取，每个场地不应少于 2 件。

但《岩土工程勘察规范》GB 50021—2001（2009 年版）第 12.1.1 条又规定：“当有足够经验或充分资料，认定工程场地及其附近的土或水（地下水或地表水）对建筑材料为微腐蚀性时，可不取样试验进行腐蚀性评价”。

【问题 6】 山区勘察时，如何确定取样和测试手段？

【分析与对策】 由于山区地质条件较为复杂，往往出现卵石、碎石、风化基岩等不易取样的问题。因此，应根据建筑物等级、工程的重要性投入适合于现场条件的原位测试方法。一般情况，以标准贯入试验、动力触探、载荷试验等方法为主。使用各种测试方法时，应重视当地经验。如果是中等风化以上岩石可以取岩样试验测定其饱和单轴抗压强度，也可以在现场进行点荷载试验；如果需要测定岩体的弹性变形，可以采用钻孔弹模试验，具体方法按《工程岩体试验方法标准》GB/T 50266 执行。

【问题 7】 高层建筑（甲级勘察）在施工开挖基槽后进行载荷试验是否可行？

【分析与对策】 在岩土工程勘察阶段，载荷试验一般应在基槽开挖前进行，以便为设计提供可靠的地基土承载力。但通常有两种情况需要在开槽后进行载荷试验，一是发现地层与勘察报告有较大的出入（比如，土的含水量明显较高，土质较软，或者地层岩性不符合）；二是需要对天然地基或复合地基方案进行选择，为了进一步的论证地基基础方案的可行性时，可以进行补充勘察，包括投入必要的载荷试验。载荷试验的数量对同一层位不应少于 3 点。

【问题 8】 湿陷性黄土场地，如何把握勘探点数量？

【分析与对策】 勘探点的布置，应根据总平面和《湿陷性黄土地区建筑规范》GB 50025—2004 第 3.0.1 条划分的建筑物类别以及工程地质条件的复杂程度等因素确定。应符合下列规定：

（1）勘探点间距除应符合《岩土工程勘察规范》GB 50021—2001（2009 年版）的有关规定外，尚应符合《湿陷性黄土地区建筑规范》GB 50025—2004 表 4.2.4-1 的规定；

（2）在单独的甲、乙类建筑场地内，勘探点不应少于 4 个；

（3）采取不扰动土样和原位测试的勘探点不得少于全部勘探点的 2/3，其中采取不扰动土样的勘探点不应少于 1/2；

（4）取样勘探点中，应有足够数量的探井。对典型湿性黄土地区按《湿陷性黄土地区建筑规范》执行，探井数量不应少于取土勘探点总数的 1/3，并不宜少于 3 个；对非典型湿陷性黄土地区，探井数量可适当减少；

（5）勘探点的深度应大于地基压缩层的深度，并应大于基础底面以下 10m 或穿透湿陷性黄土层。

在河北省西部的太行山和燕山地区，在一些残存的黄土梁、黄土峁场地上，湿陷程度较强，湿陷等级可达二级和三级，有的还有自重湿陷。比如邯郸的涉县、磁县、武安，石家庄的井陉、平山，张家口地区南部各县等都有湿陷性黄土分布。这些地区属典型湿性黄土地区，应严格按《湿陷性黄土地区建筑规范》执行。

在其他地区可按非典型湿性黄土地区考虑，如石家庄市市区，从黄土的特性来看，应属于次生黄土，被称为黄土状土，黄土状土遇水达到一定程度时，就没有湿陷性。但当含水量减少到一定程度时，就恢复其湿陷的本来面目。从石家庄地区几十年的勘察资料来看，石家庄地区的黄土状土属非自重湿陷性土。在市区西部与市区东部的湿陷量略有不同，市区西部黄土状土的湿陷量要大于市区东部，市区东部具有湿陷性的黄土状土大多为非连续性分布。针对石家庄地区黄土状土的特性，石家庄市曾召集有关专家，就如何执行《湿陷性黄土地区建筑规范》问题进行了研究讨论，普遍认为布置探井的数量可适当减少。

【问题9】 如何把握勘察手段的多少问题?

【分析与对策】 在实际工作中，仅是钻探、取样和为判定场地类别而布置的波速测试，显得勘察手段较单一。

主要是如何理解和执行在详勘阶段应采用多种手段查明工程地质条件的问题。在进行高层建筑勘察时，要求采用多种方法获取各种工程地质参数，以便从中进行选择对比。《高层建筑岩土工程勘察标准》JGJ/T 72—2017 第 3.0.8 条要求，“详细勘察阶段采取的勘探、测试手段应具有针对性”，并且在条文说明中解释，详细勘察的“主要任务是为设计提供地基稳定性、承载力、土压力、变形所需资料和参数”。需要的参数多、评价的内容多，自然需要多种手段来完成，因此需要考虑钻探、物探、原位测试、室内试验和设计参数检测等手段，但应避免盲目求全。如果有适用于当地地质条件的方法，采用单一的方法并不能说是违反规范要求。当然，对于工程重要性等级较高的建筑，可以采用多种方法进行对比和相互验证，以便使提出的各种参数更符合实际。

8.2.4 场地抗震问题

【问题1】 如何把握波速测试孔的数量?

【分析与对策】 《建筑抗震设计规范》GB 50011—2010（2016 年版）第 4.1.3 条要求土层剪切波速的测量，应符合下列要求：

（1）在场地初步勘察阶段，对大面积的同一地质单元，测试土层剪切波速的钻孔数量不宜少于 3 个。

（2）在场地详细勘察阶段，对单幢建筑，测试土层剪切波速的钻孔数量不宜少于 2 个，测试数据变化较大时，可适量增加；对小区中处于同一地质单元内的密集建筑群，测试土层剪切波速的钻孔数量可适量减少，但每幢高层建筑和大跨空间结构的钻孔数量均不得少于 1 个。

（3）对丁类建筑及丙类建筑中层数不超过 10 层、高度不超过 24m 的多层建筑，当无实测剪切波速时，可根据岩土名称和性状估算剪切波速。

因此，对于层数超过 10 层或高度超过 24m 的抗震设防类别为丙类的建筑，没有布置波速测试孔或波速测试孔数量不足的，应进行补充勘察；对于考虑按经验估计各层土剪切波速，最终计算等效剪切波速，应有一定数量深度不小于 20m 或超过覆盖厚度的钻孔。地层变化不大时，如果只有一、两栋建筑物可用 1 个 20m 钻孔，如果建筑物较多，则不应少于 2 个；地层变化大时，只有 1 个 20m 钻孔估算波速，不可取。

【问题 2】 中小学校舍勘察中对实测波速是如何规定的？

【分析与对策】 由于中小学校舍的抗震设防类别较高（为乙类），根据《河北省中小学校舍建筑安全工程施工图设计和审查要点》第 2.1.2 条第 4 款规定：中小学校舍建筑详细勘察应布置波速测试孔，数量不应少于 2 个，测试深度应超过覆盖层厚度或不小于 20m。

【问题 3】 如何界定超限高层建筑？地震效应评价时，对勘察工作量的要求有哪些？

【分析与对策】 《超限高层建筑工程抗震设防专项审查技术要点》建质〔2015〕67 号第二条规定，下列工程属于超限高层建筑工程：

（1）房屋高度超过规定，包括超过《建筑抗震设计规范》（以下简称《抗震规范》）第 6 章钢筋混凝土结构和第 8 章钢结构最大适用高度、超过《高层建筑混凝土结构技术规程》（以下简称《高层混凝土结构规程》）第 7 章中有较多短肢墙的剪力墙结构、第 10 章中错层结构和第 11 章混合结构最大适用高度的高层建筑工程。

（2）房屋高度不超过规定，但建筑结构布置属于《建筑抗震设计规范》、《高层混凝土结构规程》规定的特别不规则的高层建筑工程。

（3）屋盖的跨度、长度或结构形式超出《抗震规范》第 10 章及《空间网格结构技术规程》、《索结构技术规程》等空间结构规程规定的大型公共建筑工程（不含骨架支承式膜结构和空气支承膜结构）。

申报抗震设防专项审查时提供的资料，应符合：岩土工程勘察报告应包括岩土特性参数、地基承载力、场地类别、液化评价、剪切波速测试成果及地基方案。当设计有要求时，应按规范规定提供结构工程时程分析所需的资料。

处于抗震不利地段时，应有相应的边坡稳定评价、断裂影响和地形影响等抗震性能评价内容。

《超限高层建筑工程抗震设防专项审查技术要点》第十五条规定，关于岩土工程勘察成果审查内容：

（1）波速测试孔数量和布置应符合规范要求；测量数据的数量应符合规定；波速测试孔深度应满足覆盖层厚度确定的要求。

（2）液化判别孔和砂土、粉土层的标准贯入锤击数据，以及黏粒含量分析的数量应符合要求；液化判别水位的确定应合理。

（3）场地类别划分、液化判别和液化等级评定应准确、可靠；脉动测试结果仅作为参考。

（4）覆盖层厚度、波速的确定应可靠，当处于不同场地类别的分界附近时，应要求用内插法确定计算地震作用的特征周期。

《岩土工程勘察规范》GB 50021—2001（2009 年版）第 5.7.4 条规定，为划分场地类别布置的勘探孔，当缺乏资料时，其深度应大于覆盖层厚度。当覆盖厚度大于 80m 时，勘探孔深度应大于 80m，并分层测定剪切波速。

《建筑抗震设计规范》GB 50011—2010（2016 年版）第 4.1.9（强制性条文）规定，对需要采用时程分析法补充计算的建筑，尚应根据设计要求提供土层剖面、场地覆盖层厚度和有关动力参数。

【问题 4】 基岩场地覆盖层厚度的确定应考虑哪些因素？

【分析与对策】 由于基岩强风化物的 V_s 值一般均在 400m/s 左右，其厚度是否纳入覆盖层厚度 d_0 计算，对基岩埋深不足 20m 的场地的等效剪切波速 V_{se} 计算值影响很大，进而涉及场地类别。目前有两种意见：一种意见以 V_s 大于 500m/s 为标准。认为 d_0 可以取至基岩强风化层底，因为一般强风化岩的 V_s 均小于 500m/s，而中等风化岩的 V_s 均大于 500m/s；另一种意见以“覆盖层”的概念为标准，认为 d_0 只可取至残积土层底，因为地质学将残积土划为第四系堆积物。

《建筑抗震设计规范》GB 50011—2010（2016 年版）第 4.1.4 条规定了建筑场地覆盖层厚度的确定原则：

（1）一般情况下，应按地面至剪切波速大于 500m/s 且其下卧各土层波速均不小于 500m/s 的土层顶面的距离确定。

（2）当地面 5m 以下存在剪切波速大于相邻上层土剪切波速 2.5 倍的土层，且其下卧各层岩土的剪切波速均不小于 400m/s、时，可按地面至该土层顶面的距离确定。

（3）剪切波速大于 500m/s 的孤石、透镜体，应视同周围土层。

（4）土层中的火山岩更夹层、应视为刚体，其厚度应从覆盖层厚度中扣除。

风化基岩的剪切波速值变化较大，与基岩的岩性、矿物成分、风化程度、周围环境、含水条件等因素有关。一般来说，中等风化以上的基岩剪切波速大于 500m/s，但对全风化、强风化基岩就很难说，需根据当地经验确定，对缺乏经验的地区，应该进行实测。

【问题 5】 如何把握液化判别勘探点的数量和深度？

【分析与对策】 《建筑抗震设计规范》GB 50011—2010（2016 年版）第 4.3.4 条规定：当饱和砂土、粉土的初步判别认为需要进一步液化判别时，应采用标准贯入试验判别法判别地面以下 20m 范围内土的液化。但满足规范第 4.2.1 条规定可不进行天然地基及基础的抗震承载力验算的各类建筑，可只判别地面下 15m 范围内土的液化。

《岩土工程勘察规范》GB 50021—2001（2009 年版）第 5.7.8 条规定：对判别液化而布置的勘探点不应少于 3 个，勘探孔深度应不小于液化判别深度。

当数量和深度不满足要求时，应补充勘察。

【问题 6】 采用标准贯入试验进行液化判别时，对试验和取样有何要求？

【分析与对策】 《岩土工程勘察规范》GB 50021—2001（2009 年版）第 5.7.9 条规定，当采用标准贯入试验判别液化时，应按每个试验孔的实测击数进行。在需作判定的土层中，试验点的竖向间距宜为 1.0～1.5m，每层土的试验点数不宜少于 6 个。

进行黏粒含量测定的扰动样应取自标贯器内，取样和标准贯入试验一一对应。土样黏粒含量，并非该层土平均黏粒含量或标准贯入试验深度上下附近土样的黏粒含量。

8.3 现场勘探和取试样

【问题 1】 钻探描述内容有哪些？

【分析与对策】 《岩土工程勘察规范》GB 50021—2001（2009 年版）第 9.2.6 条第

1款规定：野外记录应由经过专业训练的人员承担；记录应真实及时，按钻探回次逐段填写，严禁事后追记。

另外，《建筑工程地质勘探与取样技术规程》JGJ/T 87—2012也有相关规定。要求勘探记录应在勘探进行过程中同时完成，记录内容应包括岩土描述及钻进过程两个部分；勘探现场记录应按钻进回次逐项填写，当一个回次中发生变层时，应分行填写，不得将若干回次或若干层合并一行记录。

《建筑工程地质勘探与取样技术规程》JGJ/T 87—2012，还对地层描述、岩石描述、岩体描述、钻进过程描述的具体内容做了详细规定，均应遵照执行。

【问题2】 岩土描述应包含哪些内容？

【分析与对策】 地层的描述应符合《岩土工程勘察规范》GB 50021—2001（2009年版）第3.3.2～3.3.7、3.2.5、3.2.6条规定。描述内容应符合下列规定：

（1）碎石土宜描述颗粒级配、颗粒形状、颗粒排列、母岩成分、风化程度、充填物的性质和充填程度、密实度等；

（2）砂土宜描述颜色、矿物组成、颗粒级配、颗粒形状、细粒含量（是否含黏粒、黏粒的多与少）、湿度、密实度等；

（3）粉土宜描述颜色、包含物、湿度、密实度等；

（4）黏性土宜描述颜色、状态、包含物、土的结构等；

（5）特殊性土除应描述上述相应土类规定的内容外，尚应描述其特殊成分和特殊性质；如对淤泥尚需描述嗅味，对填土尚需描述物质成分、堆积年代、密实度和均匀性等；

（6）对具有互层、夹层、夹薄层特征的土，尚应描述各层的厚度和层理特征；

（7）岩石的描述应包括地质名称、风化程度、颜色、主要矿物、结构、构造。对沉积岩应着重描述沉积物的颗粒大小、形状、胶结物成分和胶结程度；对岩浆岩和变质岩应着重描述矿物结晶大小和结晶程度。

【问题3】 对地下水位测量的要求有哪些？

【分析与对策】 《岩土工程勘察规范》GB 50021—2001（2009年版）第7.2.2条规定（强制性条文）：地下水位的量测应符合下列规定：

（1）遇地下水时应量测水位；

（2）对工程有影响的多层含水层的水位量测，应采取止水措施，将被测含水层与其他含水层隔开。

《软土地区岩土工程勘察规程》JGJ 83—2011第5.0.5条对水位测量孔的数量提出了强制性规定：当遇第一层稳定潜水时，每个场地的水位测量孔数量不应少于钻探孔数量的1/2，且对单栋建筑物场地，水位测量孔数量不应少于3个。

【问题4】 用于强度和固结试验的土试样，当采用厚壁取土器取样时，如何认定试样质量？

【分析与对策】 《岩土工程勘察规范》GB 50021—2001（2009年版）第9.4.1条表9.4.1注2规定：除地基基础设计等级为甲级的工程外，在工程技术要求允许的情况下可用Ⅱ级土试样进行强度和固结试验，但宜先对土试样受扰动程度作抽样鉴定，判定用于试验的适宜性，并结合地区经验使用试验成果。

8.4 土工试验

【问题1】 粉土颗分试验必要性有哪些?

【分析与对策】 一般情况下，粉土的颗粒分析除用于判定粉土液化判别及承载力特征值的深宽修正外，还用于粉土定名。而在桥梁、坝址勘察中，涉及渗透、管涌等问题，颗粒分析是不可缺少的。因此需要针对工程对象，一般来说在基底下压缩层计算深度范围内的粉土均应分析颗粒组成，且应满足规范要求。但也有的低层建筑勘察为了抗震需要确定场地类别而布置20m深的钻孔。对于已超过压缩层计算深度且无地下水的粉土可不进行颗粒分析，但对于处于界限附近的土，应做颗粒分析。

【问题2】 如何确定固结试验最大压力?

【分析与对策】 《建筑地基基础设计规范》GB 50007—2011 第4.2.5条规定：当采用室内压缩试验确定压缩模量时，试验所施加的最大压力应超过土自重压力与预计的附加压力之和。估计附加压力时，一般按建筑物的中心点考虑。

【问题3】 对深基坑工程，如何把握进行回弹再压缩试验的必要性?

【分析与对策】 《建筑地基基础设计规范》GB 50007—2011 第4.2.5条规定：当考虑深基坑开挖卸荷和再加荷时，应进行回弹再压缩试验，其压力的施加应与实际的加卸荷状况一致。

只有当基底为超密实土，并且沉降计算考虑土的应力历史时，才有必要进行回弹再压缩试验。

【问题4】 勘察报告未提供抗剪强度指标，如何处理?

【分析与对策】 《建筑地基基础设计规范》GB 50007—2011 第3.0.4条第2款规定，设计等级为甲、乙级的建筑物，应提供抗剪强度指标。对未按规定提供抗剪强度指标的，应补充勘察。

【问题5】 怎样选择剪切试验的方法?

【分析与对策】 对工业与民用建筑地基基础设计，《建筑地基基础设计规范》GB 50007—2011 第4.2.4条规定：土的抗剪强度指标，可采用原状土室内剪切试验、无侧限抗压强度试验、现场直剪试验、十字板剪切试验等方法测定。当采用室内剪切试验时，宜选择三轴压缩试验中的不固结不排水试验。

《岩土工程勘察规范》GB 50021—2001（2009年版）第11.4.2条的条文说明中指出，“虽然直剪试验存在一些明显的缺点，如受力条件比较复杂，排水长期保持不能控制等，但由于仪器和操作都比较简单，又有大量实践经验，故在一定条件下仍可利用，但对其应用范围应予以限制”。

当抗剪强度指标用于其他工程用途时，应按相关技术标准要求选择试验方法。

8.5 计　算　书

【问题 1】 计算书有何必要性？

【分析与对策】 工程计算是岩土工程技术工作的重要内容，应有必要的计算书。过去由于历史的原因，岩土工作者不太注重书写完整的计算书，以至出现问题不便查阅论证计算过程。现在岩土工作者普遍开始重视计算书，但在认识上还远没有上升到应有的水平。岩土工程勘察的计算书可以做为报告内容的一部分纳入文字部分，或以附件形式附在报告后面，如液化判别表、湿陷量计算表和胀缩量计算表、等效剪切波速计算表、承载力计算表等。

【问题 2】 计算书应包括哪些内容？

【分析与对策】

(1) 计算书内容应包括各种工程计算的计算条件、依据、模型、参数、计算过程和计算结果。

(2) 计算条件、参数选取、模型、计算过程应书写明确，层次分明。

(3) 采用计算机计算时，应写明程序名称、输入参数、输出结果。

8.6 勘察报告

8.6.1 文字部分问题

【问题 1】 工程概况中应包括哪些内容？

【分析与对策】 勘察报告在叙述拟建工程概况时，应写明工程名称、委托单位、勘察阶段、场地位置、层数（地上和地下）或高度，拟采用的结构类型、高层与低层（或裙房）的连接方式、基础形式和埋置深度。当设计条件已经明确时，应写明地坪高程、荷载条件、拟采用的地基和基础方案及沉降缝设置情况、大面积地面荷载、沉降及差异沉降的限制、振动荷载及振幅的限制等。

近年来，山区项目渐多，由于地形起伏较大，有的地面高差大于钻孔深度，导致钻孔深度不足，对于这种情况，必须进行补充勘察。因此，工程概况中必要的内容应齐全。

【问题 2】 应如何表明高程引测点位置？

【分析与对策】 勘察报告应对勘探点高程引测点的位置、高程数据进行说明，并在平面图中标明。当限于图幅限制，无法在图上标明时，应进行详细描述。

【问题 3】 土的物理力学指标统计表中，抗剪强度指标的值别有哪些？

【分析与对策】 对抗剪强度指标除应提供最大值、最小值、平均值、变异系数外，尚应提供标准值。

【问题 4】 对借用资料，应说明哪些内容？

【分析与对策】 借用资料应说明与本工程的相对位置关系（距离和方位）、资料时间，并应载明出处，相关的原始资料应附在报告中。

【问题 5】 怎样确定湿陷量计算的深度？

【分析与对策】 湿陷量应按每个探井分别计算。自重湿陷量应自天然地面算至全部湿陷性土底部。详细勘察阶段的湿陷量计算应从基础底面算起，在非自重湿陷性黄土场地，算至基底下 5m（或压缩层）；在自重湿陷场地，应累计至非湿陷性土层顶面止。

【问题 6】 如何看待不同勘察单位提供基桩设计参数取值的差异性？

【分析与对策】 基桩参数取值各勘察单位存在较大差异的问题，一是由于行业技术标准与地方技术标准制订的基桩参数标准存在着差异；二是和勘察单位采用的安全系数不同，有的偏于安全，甚至是很保守，所提出的参数值较低。

对此，应严格按照规范规程制订的基桩参数限值范围内取值；另外，各地可以通过技术经验交流、共同研讨，促进勘察技术水平的不断提高。

【问题 7】 指标统计时，如何考虑数据的取舍？

【分析与对策】 关于统计数据的取舍，这不仅是一个对参数的数理统计问题，也与引起参数离散的各种因素有关。统计时应该按照数理统计原则进行处理。当参数离散性较大时，要分析分层是否合理，所有参加统计的参数是否属于同一母体。其次要考虑引起离散的原因，包括取样、运输、试验等各类的误差，尤其是取样器及测试设备等是否符合标准，这方面在现场施工前就应认真检查，比如，有些标准贯入试验的探头已经磨损严重，但仍在使用，这样提供的试验数据是不可靠的，这不仅误导了工程技术负责人，也严重影响工程质量。

【问题 8】 对于可以通过采取措施改变不利因素的场地，能否划为抗震一般地段？

【分析与对策】 对建筑场地，从抗震角度可划分为对建筑抗震有利、不利和危险地段。工程勘察应该根据勘察时自然环境条件下的地形地貌、岩性、构造等因素综合进行建筑地段类别划分。对于可以通过施工改变不利因素（如回填大坑、古河道等）的场地，不划为抗震不利地段，而划为经处理后为一般地段的做法是错误的。

【问题 9】 液化判别计算中，如何确定地下水位？

【分析与对策】 液化计算过程中，地下水深度按抗震规范按设计基准期内年平均最高水位采用，也可按近期内年最高水位采用。“近期”可理解为 3～5 年考虑。

【问题 10】 怎样评价多层建筑的地基均匀性？

【分析与对策】 可以参照《高层建筑岩土工程勘察标准》中的有关规定。

符合下列情况之一者，应判别为不均匀地基：

（1）地基持力层跨越不同地貌单元或工程地质单元，工程特性差异显著。

(2) 地基持力层虽属于同一地貌单元或工程地质单元，但遇下列情况之一：

1) 中—高压缩性地基，持力层底面或相邻基底标高的坡度大于10%；

2) 中—高压缩性地基，持力层及其下卧层在基础宽度方向上的厚度差值大于0.05b（b为基础宽度）。

3) 同一建筑虽处于同一地貌单元或同一工程地质单元，但各处地基土的压缩性有较大差异。

值得注意的是，对独立基础或条形基础的多层建筑，按“厚度差大于0.05b”指标评价时，一般显得过于严格，当厚度差较大时，建议进行沉降变形估算，以确定地基均匀性。

【问题11】 建议复合地基方案时，是否应预估单桩承载力？

【分析与对策】 在岩土工程勘察阶段，主要是提供勘察资料。根据设计要求，如果不能满足天然地基时，应提出地基处理方案。分析论证各种方案的可行性，应在安全、经济、有利于施工等条件的基础上，提出符合实际条件的地基处理方案，并提供地基处理时的各种设计参数。

在勘察阶段并不一定要预估单桩承载力，这一工作应该由岩土工程设计来完成。有些审图机构在勘察报告提出地基处理方案建议时，要求勘察单位把方案的桩径、桩距、桩长、置换率、单桩承载力等都要计算出来。这显然已超出了勘察阶段的工作范围。

【问题12】 回填土场地，估算剪切波速时，按软弱土考虑是否合理？

【分析与对策】 应根据回填土的厚度、分布范围、场地整平标高及与拟建建筑物的相对位置综合考虑：

(1) 位于拟建建筑物基础范围内，且在场地整平标高以上，而被挖除的可按一般土考虑；

(2) 位于拟建建筑物基础范围内，且在场地整平标高以下，而未被挖除的可按软弱土考虑。

【问题13】 对多层地下水位，如何测量及评价？

【分析与对策】 地下水位测量应符合《建筑工程地质勘探与取样技术规程》JGJ/T 87—2012的规定。当场地有多层对工程有影响的地下水时，应进行分层测量。一般情况下应按《岩土工程勘察规范》GB 50021—2001第4.1.11条第6款的要求，即查明地下水的埋藏条件，提供地下水位及变化幅度；仅在工程需要时，才按《岩土工程勘察规范》GB 50021—2001第4.1.13条的规定，“论证地下水在施工期间对工程和环境的影响。对情况复杂的重要工程，需论证使用期间水位变化和需提出抗浮水位时，应进行专门研究”。

【问题14】 怎样确定抗浮设防水位？

【分析与对策】 《高层建筑岩土工程勘察标准》JGJ/T 72—2017提出了抗浮设防水位的术语。即“为满足地下结构抗浮设防安全及抗浮设计技术合理的需要，根据场地水文地质条件、地下水长期观测资料和地区经验，预测地下结构在施工期间和使用年限内可能遭遇到的地下水最高水位，用于设计按静水压力计算作用地下结构基底的最大浮力”。

抗浮设计应包括两方面的内容，一是抗浮稳定性验算，即保证地下结构在浮力作用下不会发生上浮；二是地下结构构件截面设计时，应考虑由浮力所产生的结构内力，在有些情况下可能是抗浮对结构设计起控制作用。

那么如何确定抗浮设防水位？

应根据工程场地所在的城市或地区的宏观水文地质条件，水位的变化趋势相影响因素，综合确定。在考虑最不利组合情况下以保证建、构筑物安全为目的，按各地区经验给出一个合适的抗浮水位。对重要工程，还应当进行专题研究。一般主要考虑以下因素确定：

(1) 当有长期水位观测资料时，场地抗浮设防水位可采用实测最高水位；无长期水位观测资料或资料缺乏时，按勘察期间实测最高稳定水位并结合场地地形地貌、地下水补给、排泄条件等因素综合确定；

(2) 场地有承压水且与潜水有水力联系时，应实测承压水水位，并考虑其对抗浮设防水位的影响；

(3) 只考虑施工期间的抗浮设防时，抗浮设防水位可按一个水文年的最高水位确定。

【问题 15】 在有地下室的情况下计算土的自重应力时，如何确定深度？

【分析与对策】 验算软弱下卧层时采用的是应力总和验算方法，将附加压力扩散到软弱下卧层顶以后再和该处的自重压力相加，比较总应力和经过深度修正后的地基承载力。

因此，在附加应力和自重应力相加时，这个自重应力是表示土层的常驻应力，即在工程尚未施工时在该处已经存在的应力，还要注意对地下水位以下指的是有效应力。因此，与是否设置地下室没有任何关系，总是从自然地面算起的。

【问题 16】 在多层土条件下，用抗剪强度指标计算承载力时的如何取值？

【分析与对策】 在一般条件下，不能像压缩模量那样采用等效平均的方法计算抗剪强度指标的当量值。

为什么压缩模量可以用等效平均的方法计算当量压缩模量，而对抗剪强度指标却不能采用等效平均的方法？这是因为地基的沉降是各层土的压缩变形的总和，以总沉降量相等为条件，才存在当量压缩模量的概念，从而得出以应力面积等效平均的当量压缩模量的计算方法。

《建筑地基基础设计规范》GB 50007—2011 第 5.2.5 条规定，C_k 和 φ_k 为基底下一倍短边宽度的深度范围内土的黏聚力和内摩擦角的标准值。其实这样规定也没有什么太多的道理，实际上也很难执行。如果是分层地基，可以分层统计每层土的抗剪强度指标。假定划分的力学层是均质体，每层土的所有参数全部参加统计，用数理统计学的方法得到代表性的指标，然后供计算地基承载力时选用。

关于指标的统计，可以按《岩土工程勘察规范》GB 50021—2001（2009 年版）公式（14.2.4-1）和公式（14.2.4-2）计算，也可以按《建筑地基基础设计规范》GB 50007—2011 公式（E.0.1）计算。这两套公式是完全一致的，《岩土工程勘察规范》用的是指标统计的一般公式，而《建筑地基基础设计规范》用的是抗剪强度指标统计的专用公式。

【问题 17】 对地基土物理力学指标进行统计的基本假定条件是什么？

【分析与对策】 对于勘察的场地，首先要从地形、地貌、地质成因和地层年代上区分清楚，是洪冲积的还是残坡积的，是河漫滩还是阶地，是第四纪地层还是老地层。把地质单元划分正确，是进一步考虑布置勘察试验工作和数据分析统计的基础。

《岩土工程勘察规范》GB 50021—2001（2009 年版）早有明确的规定："岩土的物理力学指标，应按场地的工程地质单元和层位分别统计。"按地质单元统计岩土的物理力学指标，是岩土工程勘察的基本原则。在一个地质单元中取一定数量的土样，做一定数量的试验是为了数据有充分的代表性，是数据统计所必需的样本容量，而统计的前提则是子样必须来自同一个母体。如果不承认地质单元可以用平均值来描述某一个属性，那数据处理就无从谈起。

从土的性质来研究土层均匀性，一般认为同一地质单元可以作为均质体来处理，可以采用统计的方法来处理试验指标。如果不承认这一点，即使是最简单的计算平均值的方法也就失去了理论的前提，就不能用平均值来处理试验结果。也失去了钻孔抽样取土试验的理论依据。

将试验指标用于工程计算时，计算公式的推导都有均质土的假定。计算基础中点沉降时，必须承认土层是均匀的，同一土层的深度方向和水平方向都是均匀的，用分层总和法处理的仅是深度方向划分为若干土层，但对每一个土层还是均质土。如果不承认这一点，这个计算公式就不成立。

在均质土假定的基础上，把各个勘探点、各个取样点的数据的差异看成是随机因素造成而不是系统因素造成的，这些随机因素包括当年沉积时物质的差异、年代的差异、沉积条件的差异、取土扰动程度的差异、试验条件的差异等等，这就可以用统计的方法来处理这些数据的随机误差了，数据的离散性或变异性是反映这种随机因素影响的定量指标，通过计算，可以估计这些随机误差对计算结果所造成的影响有多大，这就是误差估计和可靠度分析。

【问题 18】 如何区别潜水和上层滞水？

【分析与对策】 表层耕土、填土（0.5～1.0m）之下为可塑—硬塑的黏土（厚度 5m），黏土层在区域上不稳定，分布范围仅为几十平方公里。从大范围来说，表层土中赋存的水，受大气降水的补给，临近河流的补给，以及人类活动的补给，水位随地形的起伏而缓慢变化。区域上没有稳定的水位，且隔水层（可塑—硬塑的黏土）的分布也不算稳定。区域地质调查定义为"上层滞水"。

过去所做的区域性的水文地质调查，就其目的性来说，主要是为供水工程服务，有时称为"供水水文地质"，研究的着眼点是寻找能提供需要水量的含水层，重点是研究其给水度和水质，而且研究的范围一般比较大，比较宏观。这些成果对于为城市建筑工程的降水工程或抗浮设计有一定的参考价值，但作为工程设计之用，还是非常不够的。

首先是研究的视野和角度不同，从区域地质的角度，几十平方公里的范围是非常小的，但对于工程建设来说，已经是非常大的范围了，对供水来说是没有价值的含水层，但对建设工程来说，已经是举足轻重的地下水条件了。

例如，区域地质调查的结论是"上层滞水"，但根据描述："从大范围来说，表层土中赋存的水，受大气降水的补给，邻近河流的补给，以及人类活动的补给，水位随地形的起伏而缓慢变化”，应为潜水。

根据上层滞水与潜水的主要差别，应该鉴别场地的地层性质究竟是饱水带还是包气带，只有存在包气带的条件下，可鉴别为上层滞水。如果整个地层都是饱水带，局部的隔水层以下也是饱水的，那就不可能是上层滞水。这是上层滞水与潜水形成条件的最本质的区别，至于隔水层是局部的还是稳定的，这种尺寸效应是相对而言的。实际上不可能存在无限大的稳定隔水层，隔水层总是有限范围的，这需要与研究的问题的范围大小相对而言的。

【问题 19】 勘察阶段进行软弱下卧层验算是否有必要?

【分析与对策】 软弱下卧层验算是地基基础设计工作的一部分，不是工程勘察中必做的工作，勘察阶段也没有条件验算软弱下卧层。

在地基基础设计中，必须同时满足持力层和下卧层的承载力，由于在持力层中应力是扩散的，如果下卧层的承载力不比持力层低，就肯定是满足了，不必验算，所以才有软弱下卧层验算的这个说法。

由于勘察工作时还不知道荷载的确切数值，不知道基底压力的大小，基础的埋置深度和基础的尺寸都还没有确定，软弱下卧层顶面的附加压力还无法计算，还不具备进行软弱下卧层验算的条件，所以，软弱下卧层验算是地基基础设计工作中需要考虑的问题，并不是勘察工作中应该做的工作。

在勘察阶段，了解基础形式、埋深和荷载的目的是为了做好勘察方案，确定勘探孔的深度、选择提供设计参数的方法。没有这些资料，勘察方案就带有某种盲目性，所以强调要获得这些最基本的资料。但这些数据在设计过程中还会有很大的调整，而且在前期所了解的这些资料，其精度用于设计计算也是不够的。勘察报告中的各种岩土工程设计内容都是围绕地基基础方案推荐的可行性来进行的，不能代替地基基础设计。

【问题 20】 如何提高地基基础方案建议的合理性?

【分析与对策】 地基基础方案的建议应基于一定的分析评价过程，没有分析评价过程则显得结论过于武断。一般来讲对于天然地基方案，应针对具体的基础形式，结合承载力验算、变形验算的结果，分析天然地基的可行性；对于地基处理方案和桩基础，应根据地层岩性特征、地下水埋藏条件、周边环境，以及常用设备能力等进行必要的分析，确定所建议方案的可行性。

【问题 21】 确定抗震参数的依据有哪些?

【分析与对策】 抗震参数一般包括抗震设防烈度、设计地震加速度、设计地震分组、场地类别、特征周期等。

对抗震设防烈度、设计地震加速度、设计地震分组，县级及县级以上城镇（市、区）应按《建筑抗震设计规范》GB 50011—2010 附录 A 确定；乡镇按《中国地震动参数区域图》附录 A 和附录 B 确定。

对抗震设防烈度，不得随意提高或降低；对于有证据表明确在烈度分区界线附近的，可根据有关规定，按就高不就低的原则采用；对依据地方政府文件调整抗震设防烈度的，应注明所依据的文件号，并注意文件的时效性，地方文件早于国家标准实施日期的，一般来讲对新的国家标准不应有调整作用。

【问题 22】 使用经验公式确定岩土参数应注意哪些问题？

【分析与对策】 勘察过程中我们常根据土工试验成果和原位测试指标，如 N、P_s 等应用各种经验公式确定 f_{ak}、q_s、q_p，以及估算 E_s、φ、C 等参数。对于各种经验公式，一定要搞清楚它的初始条件，首先要进行必要的验证，如果在满足初始条件后，能呈现相同或类似的规律，才能使用。任何的经验公式都有其背景，因人而异，因地而异。比如河北某地的砂类土，用北京的经验公式确定压缩模量，可能觉得偏大、不安全。因此，其他地区的经验公式不能拿过来就用，一定要看是否与初始条件相符、是否有较好的一致性。

8.6.2　图表部分问题

【问题 1】 平面图应包括哪些内容？

【分析与对策】 标明场地的确切位置。拟建工程位置图或位置示意图可作为报告书的附图。当图幅较小时，也可作为文字报告的插图或附在建筑物与勘探点平面位置图的角部；当建筑物与勘探点平面位置图已能明确拟建工程的位置时，可免去该图。

建筑物与勘探点平面位置图应包括下列内容：

（1）拟建建筑物的轮廓线及其与红线或已有建筑物的关系、层数（或高度）及其名称、编号，拟定的场地整平高程；

（2）已有建筑物的轮廓线、层数及其名称；

（3）勘探点及原位测试点的位置、类型、编号、高程、深度和地下水位；

（4）剖面线的位置和编号；

（5）方向标、比例尺、必要的文字说明；

（6）高程引测点应在平面图中明示或做出说明。

地面起伏或占地面积较大的工程，建筑物与勘探点平面位置图应以相同比例尺的地形图为底图。勘探点和原位测试点宜有坐标，坐标数据可列入“勘探点主要数据一览表”，或列表放在本图的适当位置。

【问题 2】 剖面图应包括哪些内容？

【分析与对策】 工程地质剖面图应根据具体条件合理布置，主要应包括下列内容：

（1）勘探孔（井）在剖面上的位置、编号、地面高程、勘探深度、勘探孔（井）间距，剖面方向（基岩地区）；

（2）岩土图例符号（或颜色）、岩土分层编号、分层界线；

（3）岩石分层、断层、不整合面的位置和产状；

（4）溶洞、土洞、塌陷、滑坡、地裂缝、古河道、埋藏的湖滨、古井、防空洞、孤石及其他埋藏物；

（5）地下水稳定水位高程（或埋深）；

(6) 取样位置，土样的类型（原状、扰动）或等级；

(7) 静力触探曲线（当无单独静力触探成果图表时）；

(8) 圆锥动力触探曲线或随深度的试验值；

(9) 标准贯入试验等原位测试的位置、测试成果；

(10) 比例尺、标尺；

(11) 地形起伏较大或工程需要时，标明拟建建筑的位置和场地整平高程；

(12) 图签。

【问题3】 柱状图应包括哪些内容？

【分析与对策】 钻孔（探井）柱状图应包括下列内容：

(1) 工程名称、钻孔（探井）编号、孔（井）口高程、钻孔（探井）直径、钻孔（探井）深度、勘探日期等。

(2) 地层编号、年代和成因、层底深度、层底高程、层厚、柱状图、取样位置及编号、原位测试位置和编号及实测值、岩土描述、地下水位、测试成果、岩芯采取率或RQD（对于岩石）、责任签署等。

(3) 柱状图的岩土描述不应千篇一律，应依据现场钻情况和土样情况有所不同，特别是对工程有重要影响的软弱夹层、孤石、土洞、溶洞等，更应详细描述其深度、厚度、大小，以及溶洞充填情况等内容。

【问题4】 固结试验成果曲线是否应附在勘察报告中？

【分析与对策】 《河北省房屋建筑和市政基础设施岩土工程勘察、岩土工程设计文件审查要点》(2017年版）第（二）节第6.1.3条规定，“室内试验成果图表”应附勘察报告中，固结试验的成果曲线也应提供。

8.7 地基处理及复合地基设计

【问题1】 作为地基处理设计的依据，主要应考虑哪些内容？

【分析与对策】 各种地基处理（包括复合地基）的设计依据一般包括各种规范、标准，岩土工程勘察报告以及结构设计要求等。对于所依据的规范、标准，当地方标准与国家标准有规定不一致时，应遵循从严的原则，哪个要求严格，就按哪个执行。

【问题2】 如何划分复合地基设计等级？

【分析与对策】 由于建筑工程涉及各行各业，地基处理的方法也是五花八门，《建筑地基处理技术规程》JGJ 79—2012和《复合地基技术规范》GB/T 50783—2012对复合地基设计等级均未进行划分。但河北省地方标准《长螺旋钻孔泵压混土桩复合地基技术规程》DB13 (J)/T 123—2011对复合地基设计等级划分进行了规定，主要是考虑了该工艺的广泛应用，并已经更多地用于重要建筑物（如30层以上的建筑等），因此该规程根据建筑规模、功能特征、对差异变形的适应性、场地地基和建筑物体形的复杂性，以及由于复合地基问题可能造成建筑物破坏或影响正常使用的程度，应将复合地基设计分为三个设计等级。具体做法如下：

建筑复合地基设计等级　　表 8-4

设计等级	建筑类型
甲级	(1)重要的建筑； (2)体形复杂且层数相差超过 10 层的高低层连体建筑； (3)20 层以上框架-核心筒结构及其他对差异沉降有特殊要求的建筑； (4)场地和地基条件复杂的 7 层以上的一般建筑及坡地、岸边建筑； (5)对相邻既有工程影响较大的建筑
乙级	除甲级、丙级以外的建筑
丙级	场地和地基条件简单、荷载分布均匀的 7 层及 7 层以下的一般建筑

对于复合地基设计等级为甲级的建筑，提出了更严格的要求。如要求 30 层以上和高度超过 100m 的高层建筑采用复合地基方案时应充分论证；复合地基承载力应按 0.9 进行折减；对复合地基承载力、桩身质量提高检测数量等。

【问题 3】 相邻建筑基桩施工或主体已完工，进行地库开挖是否可行？

【分析与对策】 地库开挖消除了侧限，对主楼的地基稳定造成不利影响，这种做法是不安全的，应尽量避免。应调整好施工顺序，如果是复合地基的桩已施工，甚至主楼已完工，再进行地库基坑开挖，则必须采取有效措施解决好主楼侧限问题。

【问题 4】 基坑采取桩锚支护，在坑壁外侧复合地基中施工锚杆是否可行？

【分析与对策】 原则上不可行，首先是可能会对复合地基的桩产生扰动和破坏，另一方面，对锚杆施工也有影响。应建议其他支护方法，如内支撑、逆作法等。

【问题 5】 周边有地下车库时，主楼地基承载力修正中应注意哪些问题？

【分析与对策】 一般分两种情况。如果周边地库基础为条基或独立基础，承载力修正应从地库室内地面计算，修正的量较小，可以忽略，即可以不修正；如果地库采用整体好、刚度大的筏板基础，则可以将地库部分的荷载折合成土层厚度进行修正，但前提是地库要先施工或与主楼同期施工。

【问题 6】 水（土）对混凝土有腐蚀性，素混凝土桩复合地基应采取哪些抗腐蚀措施？

【分析与对策】 水（土）腐蚀性关系到混凝土的耐久性问题。《工业建筑防腐蚀建筑设计规范》GB 50046—2008 第 4.9.5 条有明确规定，对混凝土桩身的防护可采用抗硫酸盐硅酸盐水泥、掺入抗硫酸盐外加剂、掺入矿物掺和料提高混凝土抗腐蚀性能的措施，以及增加混凝土腐蚀裕量措施。素混凝土桩复合地基设计可依据水（土）腐蚀类型和腐蚀性等级参照使用。

【问题 7】 腐蚀环境下，对素混凝土桩的桩身强度有哪些要求？

【分析与对策】 《建筑桩基技术规范》JGJ 94—2008 中第 3.5.2 条和《工业建筑防

腐蚀建筑设计规范》GB 50046—2008 第 4.2.3（强制性条文）对腐蚀环境下混凝土耐久性基本要求进行了规定，对混凝土强度等级、最小水泥用量等做出具体要求，是在腐蚀性环境下保证混凝土结构耐久性措施，应该严格执行。

【问题 8】 在地震液化场地进行素混凝土桩复合地基设计时，是否需要考虑消除液化的措施?

【分析与对策】 对桩基础来讲，根据 JGJ 94—2008 中第 5.3.12 或 GB 50011—2010 中第 4.4.3 条，液化土的桩周摩阻力必须折减。但复合地基与桩基础不同，上部结构传下来的荷载，桩基础是主要是由桩来承受荷载，而复合地基是由桩和桩间土共同承担，当地震液化发生后，不仅桩侧阻力失效，桩间土承载能力也要减小或完全丧失。因此，《建筑抗震设计规范》规定需要消除液化的建筑物，当采用复合地基时，必须先消除液化，再进行桩设计。